山形県村山市で「お米のパン屋」を開いた高橋隆一さん、秀子さん夫婦がつくるいろいろな米粉パン（撮影　田中康弘）。（本文65ページ参照）

どんどん広がる

米粉の世界

JA福岡中央会による「JA博多ごはんうどん」（福岡農産物通商株式会社提供）。茹で上がったうどんは、真っ白で真珠のようにキラキラと輝く。食べれば、もっちり。ご飯6割、米粉4割の、米100％のうどん。（本文151ページ参照）

青森県トキワ養鶏の、米（玄米・籾）を飼料にして育った鶏の卵。黄身の色が淡く、レモンイエローなのが特徴。（本文154ページ参照）

米粉食品開発先進地に学ぶ

岩手県奥州市　原体ファーム

撮影　黒澤義教

（本文32ページ参照）

山形食パンとバターロール。米粉のパンは、もっちり、しっとりが特徴。

食パンと同じ生地でピザパンも焼くことができる。

米粉食パンづくり

◆**材料**

（食パン1.5斤2個＋ピザパン6個分）

米粉　800g／グルテン　200g／砂糖　80g／塩　20g／脱脂粉乳　50g／イースト　25g／バター　80g／水　750g

①材料を混ぜる

水以外の材料を混ぜ、その後、水を1/3くらいずつ加えながら混ぜる。混ぜ終わりの生地温度を26℃以下に。

②すべて水を加え丁寧にこねる

ボウルの中の生地を外側から内側へ返して押し込むようにこねる。

③グルテンを引き出す

たたきつけながら、丸め、のばしてたたき、また丸める。繰り返しながら40分ほど続ける。

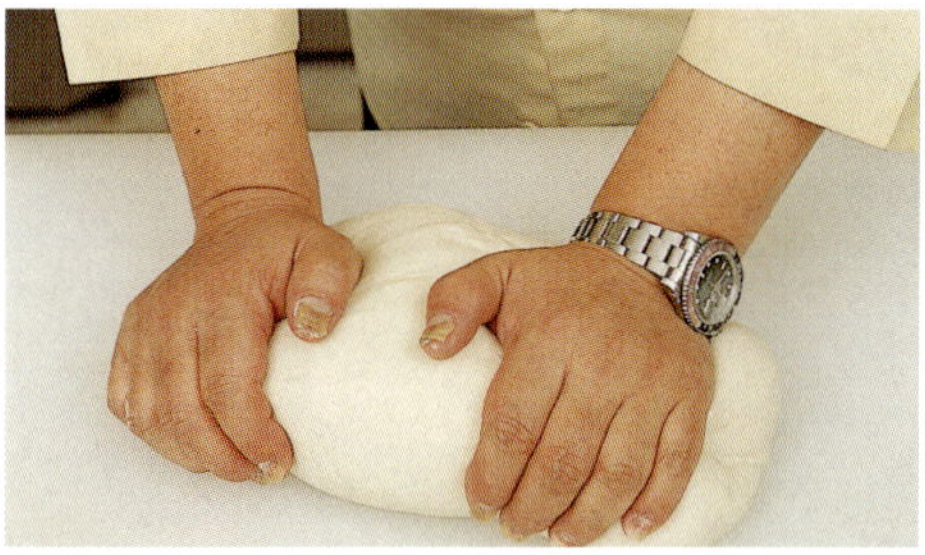

④こね終え時の生地温度は低めに

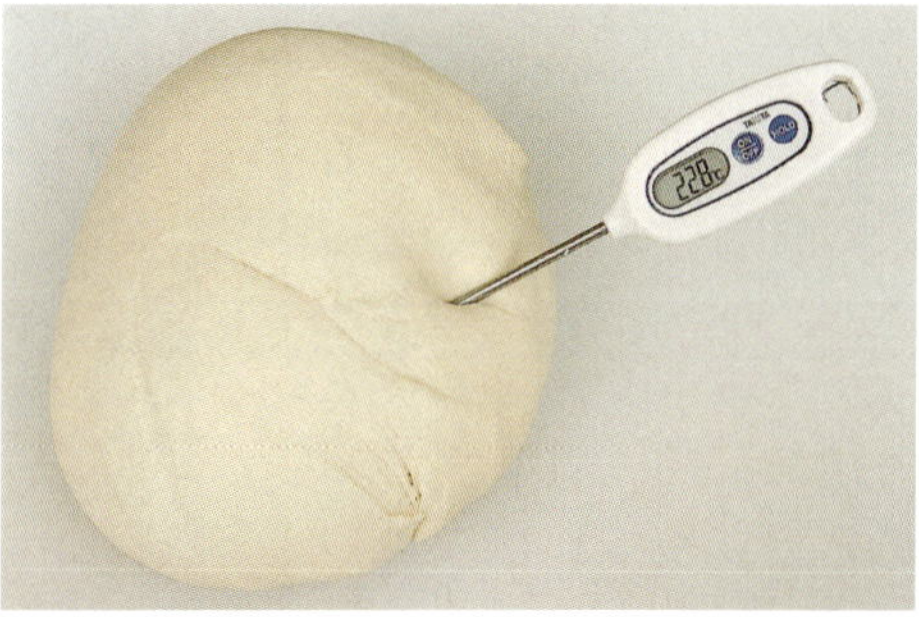

⑤分割とねかし

食パン用には350g×4つ、残りを6つに分けてピザパン用に。ねかせは、冬20分、夏10分。

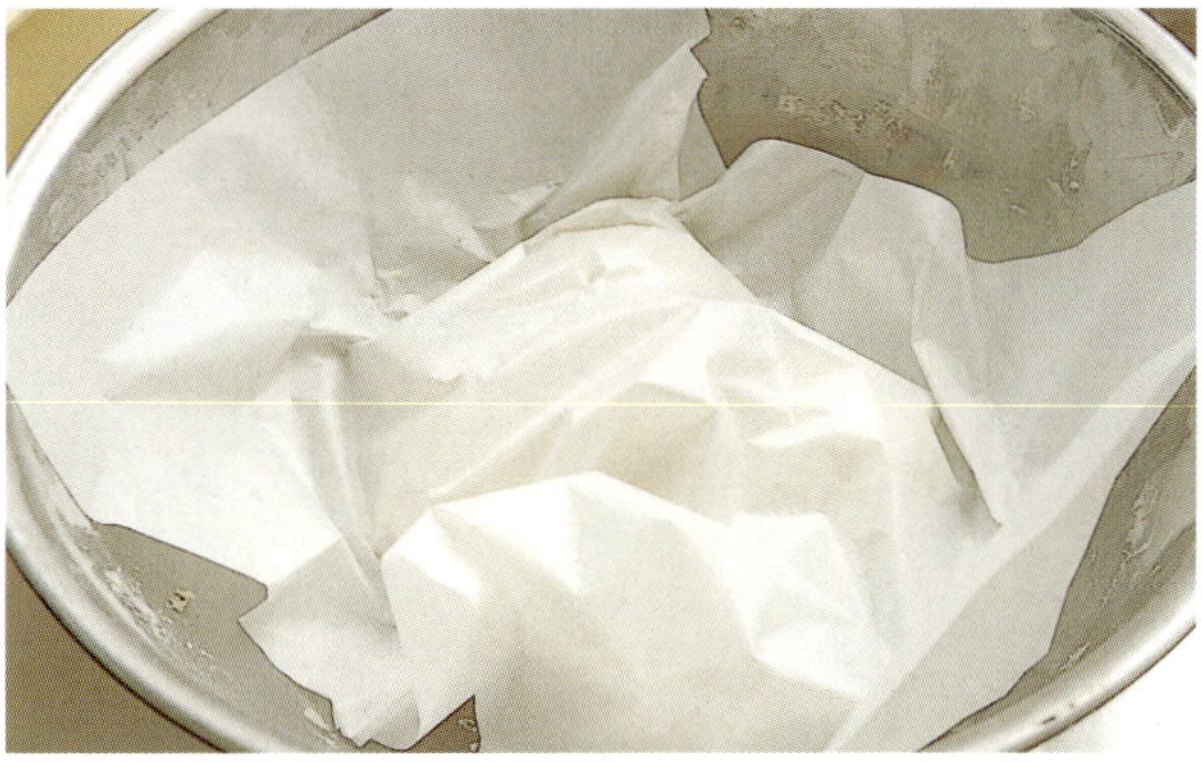

⑥成形

手のひらで押して丸く広げながらガス抜きし、半分、さらに半分に。そして丸める。

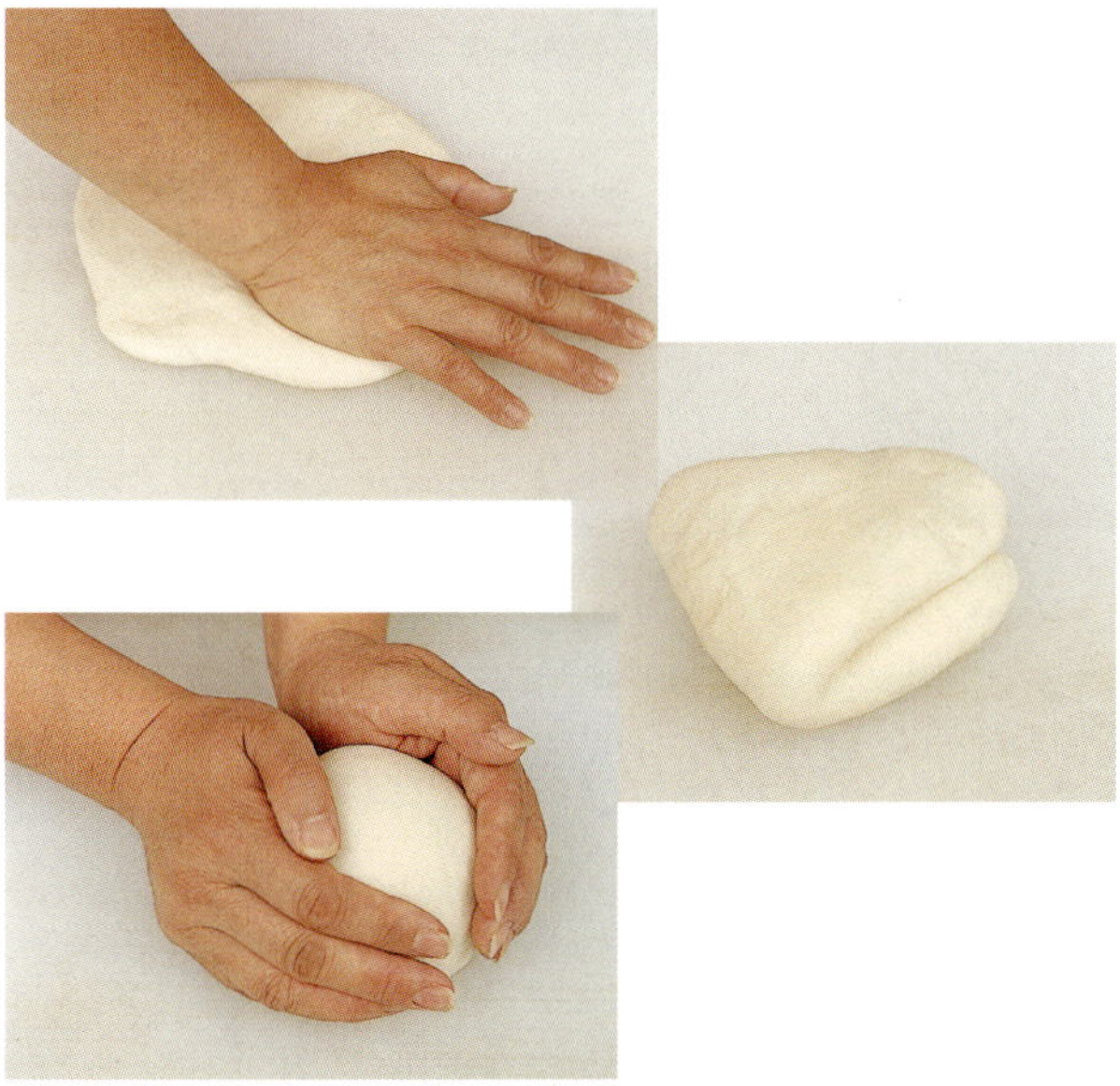

⑦発酵と焼成

食パン用は1.5斤のケースに2個ずつ入れて、発酵（ホイロ）に。45℃・湿度80％で60分。完成の8～9割まで膨らんだ状態に。上火200℃、下火180℃のオーブンで45分。

米粉の天ぷら粉

◆衣の材料

米粉 100g/水 180cc/卵 1個/塩 少々

①油の温度は180℃。材料全体に米粉をまぶす。

②米粉を水と卵で溶いた衣をつけて油の中へ。

③油の中でひっくり返すのは1回だけ。かきあげのときはばらけやすいので注意！

米粉の麺

右は市販の押し出し式の製麺機。米粉に、じゃがいもデンプン20%と熱湯を入れてつくる。

天ぷらと麺は、奥州市内の食堂「四季旬菜天花」の後藤しげ子さんに協力いただいた。

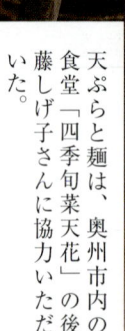

くず米を生かして 農家ならではのパンをつくる

新潟県阿賀野市　遠藤昌文さんご夫婦　編集部

撮影　田中康弘　（本文28ページ参照）

遠藤さんは、年によっては多量に発生するくず米をなんとか利用できないかと、米粉パンづくりを始めた。製粉も、余所に頼むとお金と時間がかかるというので、家庭用の製粉機を使って製粉している。米粉のパンを焼くプロに、「農家のあなたが焼くパンはこれで十分。味があっていい」と言われたという。

製粉回数を変えてパンを焼き比べてみた

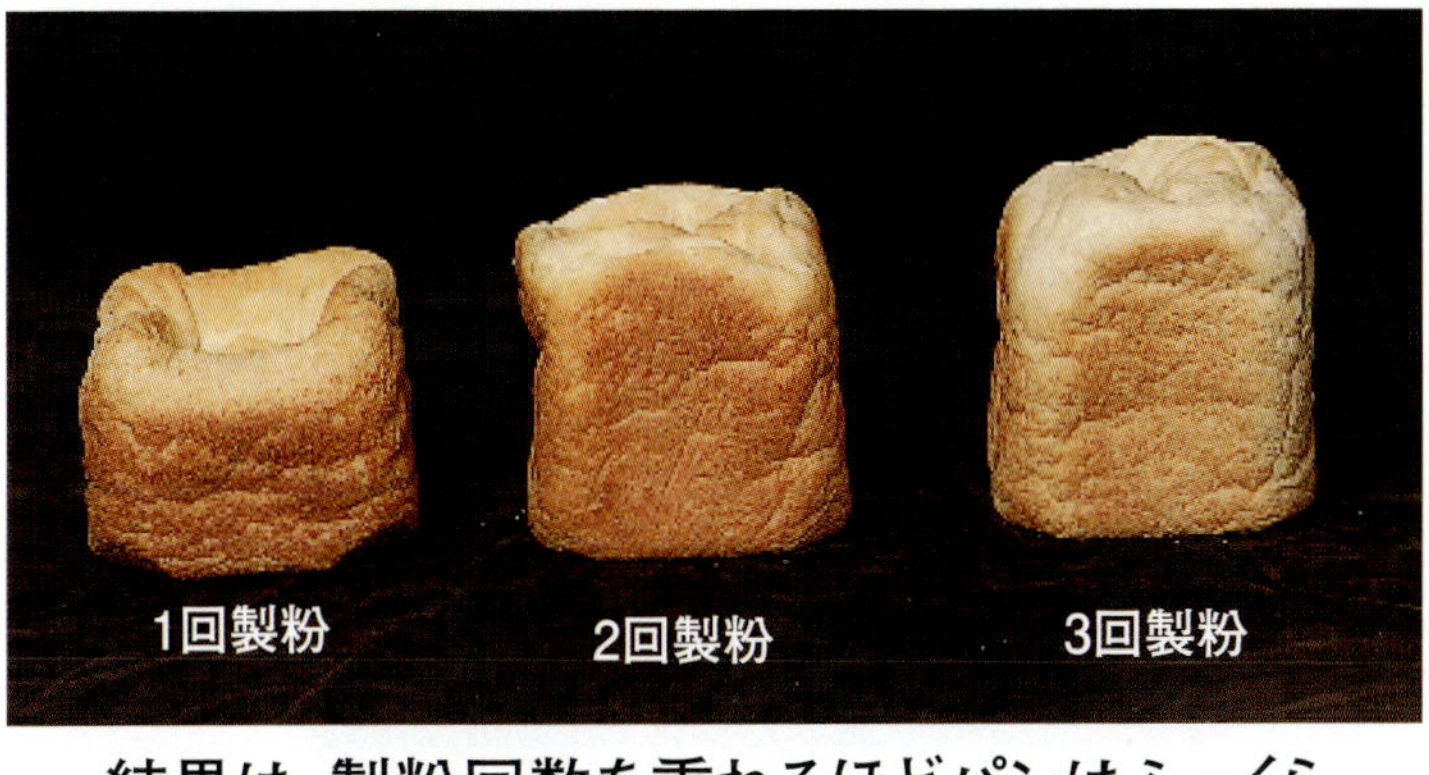

結果は、製粉回数を重ねるほどパンはふっくら

遠藤さんが使っている製粉機は、國光社の「やまびこ号」（約8万円）。3回通しの製粉でパンを焼く。

続々登場！ いろいろな米粉パンとお菓子

白神こだま酵母で100％米粉パン（本文68ページ参照）（撮影　原田崇）

グルテン不要の「ラブライス」（本文70ページ参照）

発芽玄米粉入り米粉パン（本文109ページ参照）

炒りヌカ入り米粉パン（本文72ページ参照）

黒米の穂（本文74ページ参照）

焼き上がった黒米入り米粉パン（本文74ページ参照）

コメワッサン（本文65ページ参照、撮影　田中康弘）

玄米プチロール（本文54ページ参照、撮影　黒澤義教）

米粉のシフォンケーキ
（島根県　永田三知子さん）

米粉のロールケーキ（滋賀県　山本優子さん、撮影　赤松富仁）

米粉のコロッケと
ロースサンド
（本文75ページ参照）

米粉シフォン（長野県　若林むつ子さん）

米粉でお手軽グラタン（本文90ページ参照）

番外編

炊いたご飯でご飯パン

福岡県古賀市　船越美治代さん

グルテンを使わず、炊いたご飯を小麦粉に混ぜて、しっとり、もっちりのパンづくり！

「米は主食」と、家族にはご飯を食べてもらいたいと考えてきた船越さん。パンが好きなら「ご飯をパンにすればいい」と、ご飯パンつくりを始めた。
「米粉は、小麦粉に比べて高いんです。製粉機もないから、粉にするのを頼むとお金がかかる。それに米粉だけでパンをつくろうと思ったらむずかしい」と船越さん。だから、船越さんは「ご飯パン」

ご飯パンでつくったラスク

ご飯パン

しっとりもちもち

ご飯パンの材料とつくり方

材料をすべてホームベーカリーに入れて、ボタンを押すだけ

小麦粉に対して、1／5くらいのご飯（精米重量で）を混ぜる。水分は、ご飯の分を考えて減らす

小麦粉だけのパンより、ご飯を混ぜたほうがよく膨らむのはなぜか？

奥西智哉　食品総合研究所

思いつきから研究テーマにした「ご飯パン」。結論からいくと、「ご飯パンはよく膨らんで、しかもおいしい」ということがわかりました。

パンの膨らみは小麦特有のグルテンのなせる技です。米には（もちろんご飯にも）グルテンは含まれていないのですが、糊化したご飯の粘りがグルテンの役割を果たしているのだと思われます。

パンは膨らまないとおいしくないんですが、「ごはんパン」はちゃんと膨らみます。そして単においしいだけでなく「もちもち」や「しっとり」といったわれわれ日本人が大好きな触感が顕著であることがわかったんです。

（本文73ページ参照）

小麦粉パン、米粉パン、ご飯パン食べ比べの結果

- すだち（きめ細かさ）、色、香り……… 20％ご飯パン
- 触感と固さ……………………………… 20％ご飯パン
- 味ともちもち感………………………… 30％ご飯パン
- しっとり感と甘味……………………… 40％ご飯パン

総合評価で、「小麦粉だけでパンをつくるよりも、ご飯を混ぜたほうがおいしいパンができる」という結果に！

ごはんパンの分量

	〈ふわふわタイプ〉	〈もちもちタイプ〉
ご飯	100g	160g
強力粉	200g	175g
水	130mℓ	95mℓ
砂糖	大さじ2	
塩	小さじ1	
バター	10g	同じ
ドライイースト	小さじ1	

＊常温で冷ましたご飯を使用。温かいご飯や冷蔵庫で硬くなったご飯だと、仕上がりがよくない場合がある
＊ご飯はよくほぐして加える

台所の道具で米を粉にしてみる

実験・写真・文　小倉かよ

（本文110ページ参照）

お米はわが家にたくさんある。もっと気軽に米粉料理に挑戦してみたいけど、米粉にしてくれる製粉所が近くにない。少量ではなかなか挽いてもらえない。

そんなときは家庭にあるフードプロセッサーやミル、ミキサーが使えるかも……。

どこまでできるか、やってみた。

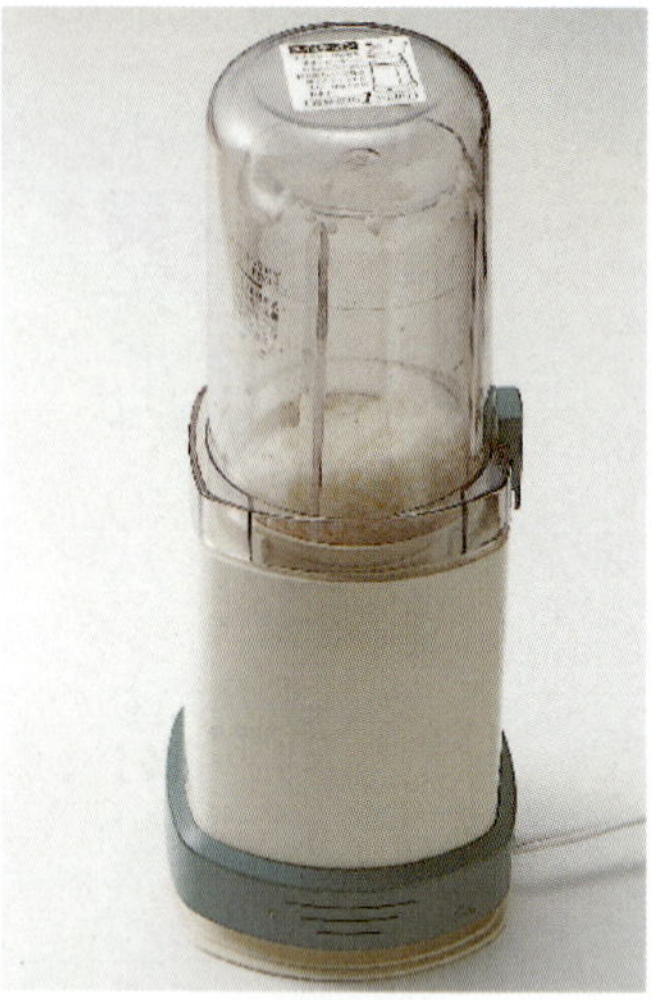

粉挽きが最も得意なミル。「水分を含んでいる米だとうまくいかないのでは」という予想を見事に裏切り、まわる、まわる

ミキサー。「もっと水分が多くないと、まわらないのでは」と思いきや、ちゃんとまわるし米も砕ける

野菜を切り刻んだり、ペーストをつくるのに便利なフードプロセッサーだと、米もみるみるうちに砕けていく。だけど上に跳ね上がって、側面にくっついてしまう米がある。時々ヘラでこそぎ落とすのがいい

とっても細かいサラサラの米粉になった！　ミルの成績が一番いいようだ

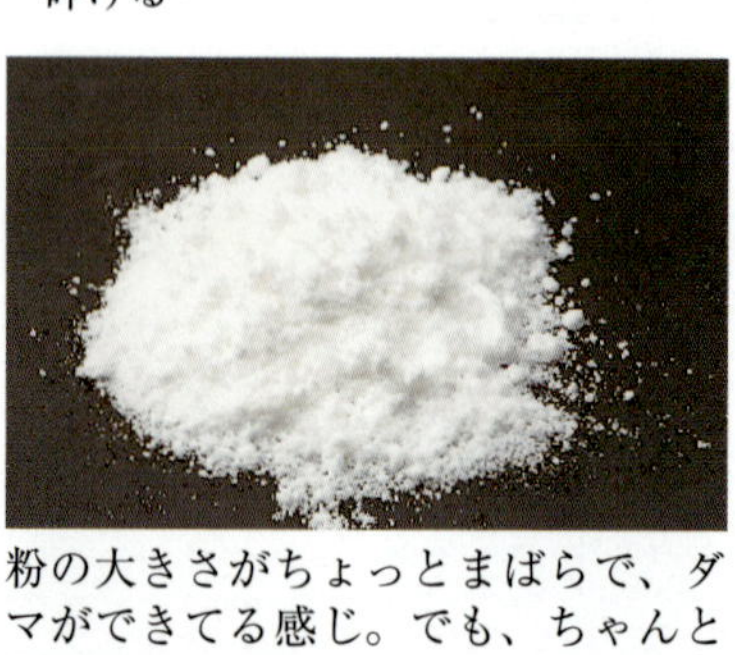

粉の大きさがちょっとまばらで、ダマができてる感じ。でも、ちゃんと「米粉」ではある

少し粗いけど、これぐらいなら料理に使えそう

できた米粉を料理につかってみた

タマネギ（半分）、ニンジン（1本）、トマト（3個）、水（600cc）のペーストを煮立てているところに50g弱の米粉を入れた。火を通すほど、とろみがついて……、うわあ、入れすぎた！　はじめは少しずつ入れていって、様子を見たほうがいい。反省。だけど、ドロドロのスープでも、乳食、病気の人の食事にはもってこいだ。

●スープのとろみづけに

●卵焼きに

卵2個に小さじ1（5g）だとさして変わりはなかった。ふんわり感を出すには10～12gは必要

右が米粉入り。ふんわりと口当たりのよい仕上り

最新式の製粉機

本文140ページ参照

気流式製粉（写真は新潟製粉提供）

ピンミル式製粉

伝統的な米粉と季節の和菓子

（本文132・144・146ページもご覧ください）

（写真提供　全国穀類工業協同組合）

和菓子に用いられている米粉は、その用途に合わせてさまざまに工夫され、ウルチ米やモチ米などの米の種類、加熱するかしないか、粉の粒の大きさなどによって、たくさんの種類がつくり出されてきた。

（編集部）

和菓子に使われてきた、代表的な米粉
左上：道明寺粉、右上：上新粉、左下：もち粉、右下：白玉粉

米粉をつかった和菓子のルーツ、干し菓子（写真は落雁）

春

桜もち

草もち

花見だんご

ちまき

柏もち

夏

あじさいもち

氷白玉

フルーツ白玉

秋

月見だんご

冬

豆大福

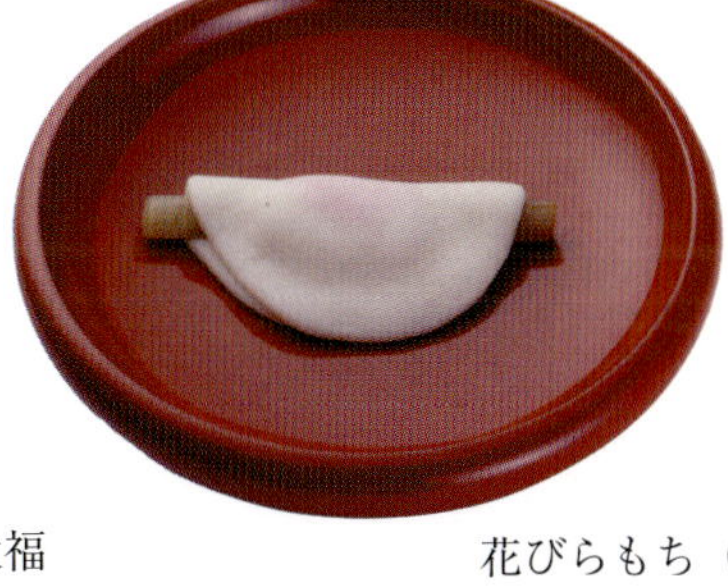

花びらもち（お正月）

なつかしい　米粉の料理とお菓子

『日本の食生活全集』（農文協刊）より

（本文92ページからもお読みください）

あさづけ　うるち米をきれいにとぎ、一晩水に浸してから、ざるに上げ、すり鉢ですって粉にする。なべに粉1杯、水4杯を入れて火にかけ、焦げつかないよう、中火で透明になるまで、かき混ぜながら煮る。砂糖と塩で味をつけ、下ろしぎわに食酢を加えて冷ましておく。　粉あさづけ、こざきねりと呼ぶ人もあり、米を水浸しせず、寒ざらし粉やこざき米の粉などでつくって食べることも多い。（撮影　千葉　寛、『聞き書　秋田の食事』より）

かや巻きだんご　かや（茅）は葉のつけ根からさらに5寸ぐらいをつけて切りとり、洗っておく。もち米粉3にうるち米粉7の割合で混ぜて水でよくこね、小判型のだんごに丸める。かやの葉を少しずつ重ねながら広げて、だんごを2個入れて包み、い草かぬいご（わらの芯）などでしばる。（撮影　千葉　寛、『聞き書　新潟の食事』より）

三日の味噌汁だご　産後3日目に、米の粉でつくっただんごを入れた味噌汁を吸わせ、産婦に力をつけさせる。（撮影　千葉　寛、『聞き書　富山の食事』より）

かたダんご　おこしだんごともいう。うるち白米の粉7にもち米の粉3をよく混ぜて、水を入れてよくこねる。鶏卵大ぐらいに丸めてから丸くのばして中にあんを入れて包み、ぬれふきんの上に並べておく。別にこねたもののほんの一部をとって食紅で赤、黄、緑などの色をつける。木型に粉をつけ、木型の模様にしたがって色づけしたものを置き、その後に、丸めておいただんごの美しいほうを木型に押しつけ、逆にして木型をとんと打つと、模様のついただんごがとれる。（撮影　千葉　寛、『聞き書　新潟の食事』より）

かたダんごの木枠

寒ざらしの粉のだんご
上：〔左から〕きな粉、寒ざらし粉／下：〔左から〕醤油あん、小豆あん（撮影　小倉隆人『聞き書　長野の食事』より）

いりぼら焼き　米粉をお茶わん3杯と黒砂糖軽く1つかみを大きな鉢に入れて、ぽたぽた落ちるぐらいの固さに練る。いりぼら（鉄製のほうろく）をかまどにかけて火をくべ、熱くなったら、練った米粉を全部入れてのばす。ぶつぶつ穴があいてきたら、包丁でひっくり返して両面を焼く。（撮影　千葉　寛、『聞き書　和歌山の食事』より）

やきんぼう　秋から春にかけて、ちゃのこや夕飯に食べるが、稲こぎが終わった11月ころに最もよく食べる。やきもん、いすぬかだんごなどともいう。（撮影　千葉　寛、『岡山の食事』より）

粉ものをつくるねばり臼（石臼）　ただ米ともち米を３対７、あるいは４対６くらいの割合で合わせて洗い、乾かしてねばり臼でひいたものは米の粉といい、盆のだんごや端午の節句の笹巻きに使う。また産後、母乳の出をよくするために、ちぬやおこぜを入れた米の粉のだんご汁をつくり、産婦に食べさせたりもする。（撮影　千葉　寛、『聞き書　山口の食事』より）

はじめに

米粉は庶民にとって贅沢品だった。せいぜい、うるち米を粉にした上新粉で、もち米を原料にした白玉粉など、めったに口にすることはできなかった。それはきっと、米粉が、大切な主食である米（粒）を、わざわざ手間をかけて粉にした特別のものだったからだろう。

今、米粉は変貌を遂げようとしている。ほとんどが和菓子の世界で利用されてきた米粉が、米粉パン、米の麺、米粉をつかった洋菓子、お総菜など、これまで小麦粉がつかわれていた食品に利用され、米粉ブームを生み出しつつあるからだ。背景に、いわゆる「新規需要米制度」があることは間違いないだろうが、本書に登場していただいた農家は、もっとおおらかだ。「くず米がもったいなくて、それを粉にしてパンを焼いてみた」と規格外の米を有効利用する人や、「パンが好きなら、ご飯をパンにすればいい」と小麦粉にご飯を加えてパンを焼く人、もちろん本格的に新規需要米の米粉を核に、製粉業者や製パン・製麺・菓子業者と連携して展開する人たちも各地に生まれている。

下の図は、昭和初期の佐渡における米の利用法を整理したものだ（『聞き書　新潟の食事』より）。「年間に使う米粉はかなりの量にのぼり、粉を石臼で挽くことは主婦の大事な役目になっていた。米の粉は寒中にすっておくと、虫がつかないということで、冬の間に一年分を考え大量にすられたという。また、この佐渡では、芸術的ともいえる「しんこだんご」（うるち白米の粉七にもち米粉三を混ぜてつくるかただんご）もつくられていた。」とある。

米は粉の世界が加わることで世界が大きく広がる。

本書は、月刊『現代農業』、『食品加工総覧』に収録された米粉利用にかかわる論文を中心に、各地で広がる米粉を利用した食品づくりの取り組みと、様々な米粉利用の技、製粉の方法や米粉に適した品種、さらには畜産物への利用など、「米粉」の分野から、米をより豊かに食べていくための最新情報をまとめました。

農山漁村文化協会

- 粒　食
  - かて飯（七分搗き米）
    - さつまいも
    - 大根
    - 大根菜
      - 生葉
      - 干し葉
  - 麦飯（大麦）
  - かゆ，ぞうすい
    - そめげえ（小豆がゆ）
    - 七草ぞうすい
    - そばげえ（塩辛ぞうすい）
    - じゃがいもがゆ
    - おじや（味噌がゆ）
    - おけえ（おかゆ）
  - 白米飯
  - 赤飯（おこわ）
  - ばたもち
- 粉　食
  - くず米の粉
    - こめぜえもち
    - 草もち
  - 上米の粉
    - 彼岸だんご
    - かや巻きだんご
    - かただんご
    - やせごま
- も　ち
  - 混ぜもち
    - こめぜえもち
    - いももち
    - 草もち
    - （以上）かけもち，あられにもする
  - 白もち
    - 吸いものもち
    - 鏡もち（水のもち，うかのもちを含む）
    - 大福もち
    - あんこもち
    - 豆もち ―― かけもち，あられにもする
- こうじ
  - 味噌
  - なめぜえ
  - しょうゆう（醤油）
- ぬ　か
  - 漬物 ―― こぬか漬（たくあん）
  - 家畜の飼料

図　昭和初期の農村での米利用の例（佐渡郡畑野町）

（「日本の食生活全集」・『聞き書　新潟の食事』（農文協）より）

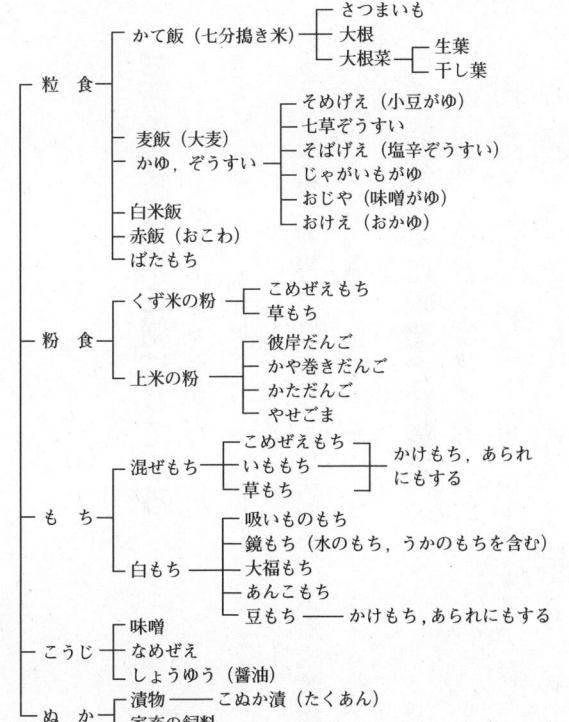

素晴らしき 米粉の世界 目次

PART 3 米を粉にする技術
―家庭用製粉機から本格派まで

レイアウト・組版　ニシ工芸株式会社

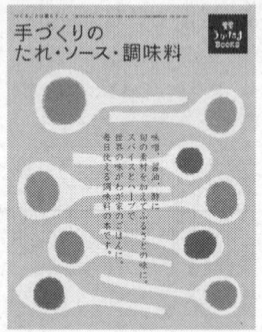

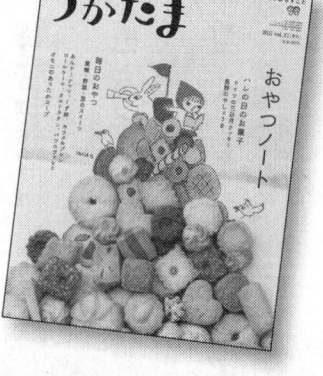

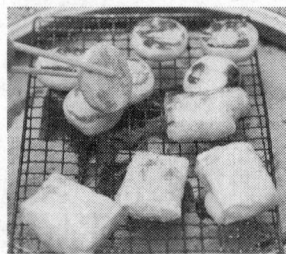

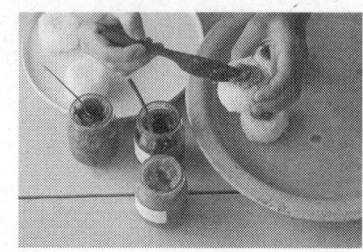

Part 1

広がる米粉の世界
――輸入小麦に替えて新しいパン・麺・菓子の創造

米粉パンをほおばる遠藤昌文さんと妻のヨシミさん（撮影　田中康弘）

農業高校の教員を退職し、小さい頃からの夢だった農業を始めた遠藤昌文さんご夫婦。米粉パンを焼き始めたのは五年前のこと。きっかけは、気象条件によってどうしても大量にでてしまうくず米だった。

遠藤さんは、くず米といわれた米を、家庭用製粉機を使って自分で米粉にし、それで米粉パンを焼く。

どうしたらうまく米粉パンが焼けるだろうか？

悩む遠藤さんに、米粉一〇〇％のパンを焼いている社長さんが言った。

「農家のあなたが焼くパンはこれで十分ではないのか。素人っぽさがあるほうが味があっていい」（二八頁）

各地で米粉を使った商品が次々と生まれ、地産地消の動きが始まっている。

米をとことん食べつくす！

――もち米、玄米、クズ米も粉にして

山口県田布施町　木村節郎《せつお》

小麦粉より米粉じゃろう

平成十六年、山口県は連続の台風で、わが家のイネ・ヒノヒカリ系も大きなダメージを受けた。クズ米の多いこと多いこと。

クズ米とは、主食用として出荷できない米のことで、平年だと、ライスグレーダー（米選機）の網目でＳ一・七五～ＳＳ一・七〇の米粒は味噌造りの材料に、もっと小さいＳＳ以下の米は、田んぼの除草で活躍したアイガモのエサとなる。来年、卵を産むための少々のオスと多くのメスたちには春まで、それ以外のオスは肉になる前にしっかりクズ米を食べてもらう。これでクズ米はほぼなくなるのだが、昨年は例年の三倍近くクズ米が出てしまった。

クズ米とはいえど、アイガモ、ジャンボタニシ、人力で除草した完全無農薬米と、除草剤一回のみの安心・安全な無化学肥料米。もったいない。もったいない。

よおーく考えてみたら、子どもたちが好きなパンやお菓子は、なんで原料が小麦粉なんじゃろう。わが地域は小麦の収穫期は梅雨に重なるし、イネの田植えは早くなっていて、小麦の収穫とかぶる。そもそも小麦は作りにくい。それに、日本の小麦はパンには向いてないものが多い。

クズ米でドブロク造りもいいのだろうが、僕は顔に似合わず酒がダメ。

第一、日本人は米食うてなんぼの民族。唯一自給できている米を（本当はエネルギー自給率はまったく×だけど）、とことん自分のもんとして食べちゃろう!!　クズ米を粉にして食べてみようとトライ!!

これが僕、「生命と緑のネットワーク　百姓・木村」です（48歳）。町の直売所・地域交流館の前で。米をとことん食べつくす――そんな思いで米粉に挑戦

五〇年モノの高速粉砕機で米粉

「パン用米粉」は専用の超微粉じゃなきゃダメというから自分で製粉するのはむずかしいが、粉を通すスクリーンのメッシュ（網目）の大きさが〇・一㎜のまでなら高速粉砕機でも可能だという。

ちょうどわが家に、昔、精米所で使っていた僕の年齢くらいのものを一五年ぐらい前に拾ってきて、箱を作りモーターを付けて再生、使用している高速粉砕機がある。これにあう〇・一㎜メッシュの篩《ふるい》を買い、上新粉を作ってみた。

シフォンケーキ、コロッケ、もんじゃ焼きにも

さて、この年代物の製粉機で粉にした米粉の使い方だが、わが家の一番のおすすめはシフォンケーキ。しっとりとしていて小麦粉よりGOO!!

コロッケは中身はジューシー、外はパリッと揚がって、なかなかええヨ。

天ぷらは衣が薄くついてくれなくて、少しモタついてしまう。女性の服装のようにシースルーのほうがいいのだが、ラクダのももひ

スクリーン内蔵部分を開いたところ(写真はスクリーンを外してあるが)。中とフタの突起の部分に米が当たり、細かくなってまわりのスクリーンの網目から下に落ちる仕組み

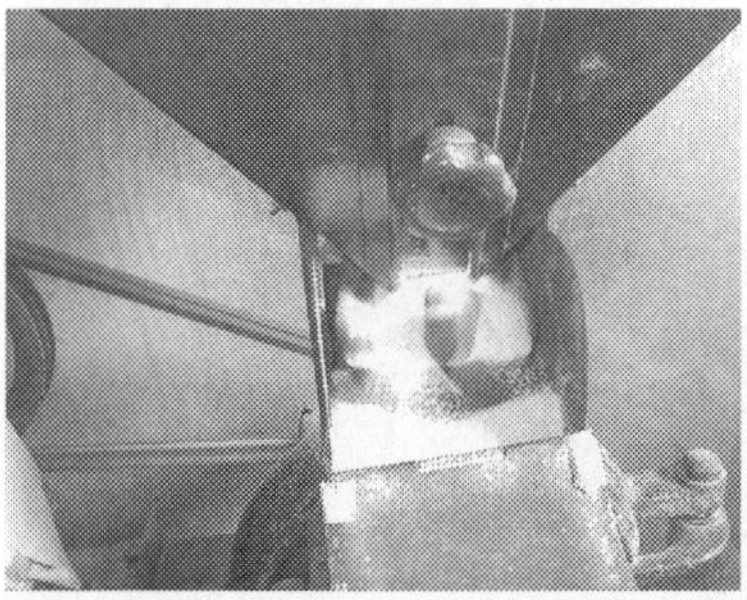

ひいているところ。一気に0.1mmのメッシュを通すより粗びきしてから通したほうが早くひける

これが現在使用中の高速粉砕機。なにせ僕より年上なのでガタがきていたが、台木やスクリーン（ふるう部分）を交換して使用。使用時にはゴミが入らないようホッパーの上にフタをすること（僕はクッキーの空き缶を代用）。また、下にはふるったあとの粉が通る筒状の布袋をつけ、粉が袋の中でつまらないよう時々はたく

きのような感じ。

僕が夕飯も食べずに会合などへ出かけ、夜遅く帰ってきても、食べ物は子どもたちに平らげられている。そんな時も米粉を取り出し、水に溶いてだし汁を加え、熱したフライパンにマーガリンなどをひき、薄焼きを作る。ゴマ油を少したらすと香ばしい。卵があれば入れるとまたうまい。裏返そうと思うが、大体は裏返らずスクランブルエッグ状態に。口でかむ手間が省けたと思えばよろしい。カリッと香ばしいのと、モッチリ感が絶妙のハーモニーと自我自賛、名付けて「お好み焼きなんじゃモンジャ」。

みんなにも試してもらいたい

みんなに米粉のよさを知ってほしい。ドンドン食べて国内自給率を高め、安全なものを食べてもらいたいと思う。

『国産米粉でクッキング』（農文協）の本が出ると聞き、山口県環境保全型農業推進研究会のフォーラム会場へ送ってもらった。みんなにも試してもらいたく、僕の米粉も持参して、本とともにPR。

僕が田んぼの除草を手伝ってもらっているアイガモの卵でロールケーキを焼いている自然菓子工房「欧舌《おおした》」では新潟で作ってもらった米粉の代用にならないかと試してもらったらOKだという。

地元の直売所「田布施《たぶせ》地域交流館」では、米粉そのものを上新粉としてシフォンケーキのレシピをつけて販売。タダ同然の機械からできる安価も手伝って、けっこう買ってもらっている。

地域交流館の中にある惣菜部ではコロッケに使用してもらっている。菓子部はホウレンソウ入りの米粉ケーキを作ったりもしている。町内の喫茶店でもカントリー調のケーキなどに使ってもらっている。わが家のお米を食べ、支えてくれている産直グループにも、自家製米粉を六〇kgの大袋で渡し、心ある人たちに広めてもらっている。個人的には、まんじゅうや蒸しパンなどのモッチリ感のお菓子にはいいのではと思う。

僕の周りだけではアイデアも限られているが、多くの人がトライすれば、いろんな食べ方が発見できると思う。

高速粉砕機でも十分な米粉に

高速粉砕機はわが家のものは一〜二馬力の小型だが、篩が詰まりやすいので、玄米粉や全粒粉（小麦）など、ねばるものは製粉したときに熱がこもってしまい、不向き。一度に

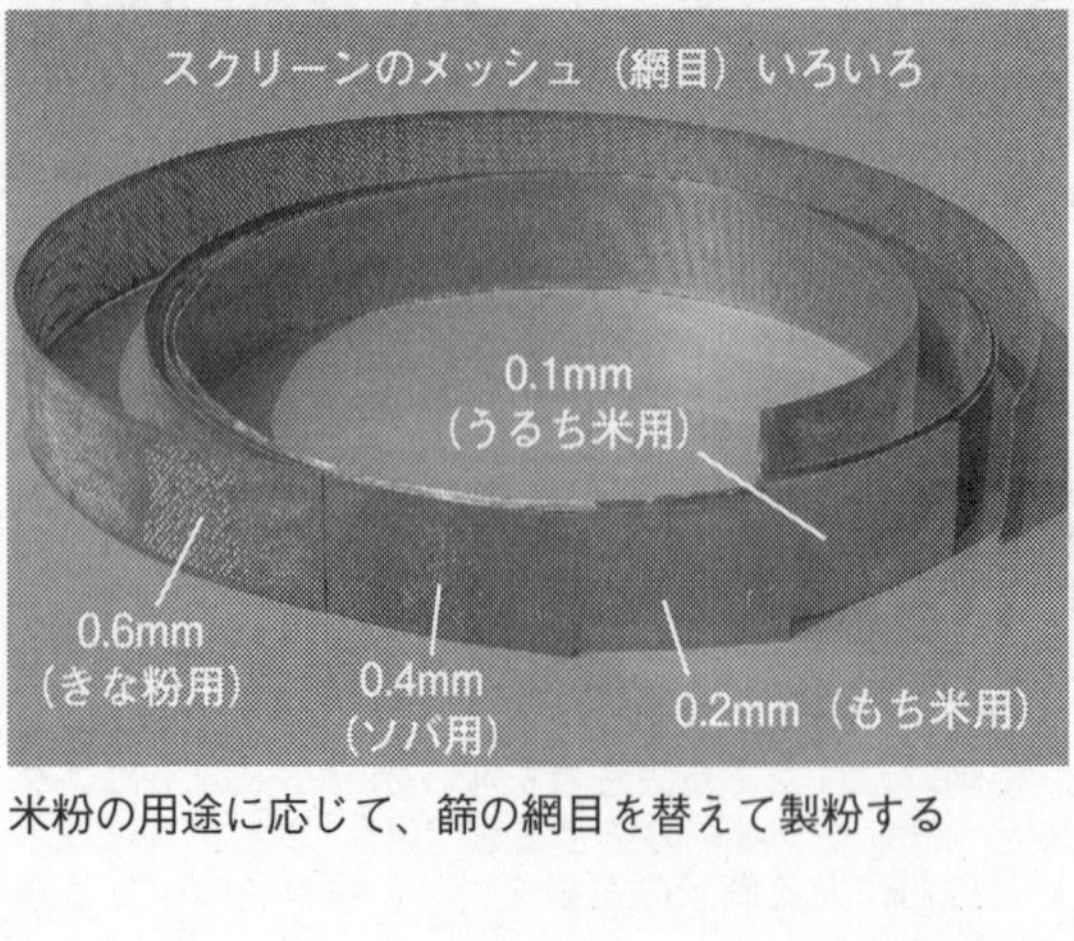

米粉の用途に応じて、篩の網目を替えて製粉する

0.1㎜網目のスクリーン。板が薄いので石が入っていると穴があきやすいので、事前に石抜きをちゃんとやること

一五kgぐらい製粉できるが、少し時間もかかる。

　できれば三~五馬力の大型のほうが幅広く使え、能率も四倍くらい上がるのでは。今使っているものは本体自体が三〇万円ぐらいするものらしいが、三~五馬力の大型となると六〇万~七〇万円ぐらいするらしい。どこか中古品がないかと探しているところだ。

　高速粉砕機のよい点は、米が粉砕されたあとメッシュを通って出てくるので、篩をかけたのと同じ状態の粉ができること。風味は少し落ちるけど。

地域交流館の惣菜部では僕の米粉でコロッケを作り、販売。米粉を使うと外がパリッと揚がる

もち米のクズ米もいける

　うるち米以外にも、もち米のクズ米や半割れダイズなども、粉にすることで新たな命を与えられる。

　メッシュの大きさは、上新粉は〇・一㎜だが、もち米の粉は、細かすぎると練ったときに水分を含んで糊状になってしまうような気がするので〇・二㎜に。きな粉は、メッシュの大きさを〇・七㎜まで上げたほうが風味があっていい。きな粉ぐらいなら高速粉砕機でなくても、家庭用のミキサーやミルでもいいと思う。

　ソバのときは、まず、国光式の粗びき製粉機でひいてから篩にかけ、その後、唐箕にかけ……と、ひく・ふるう・唐箕にかけるのを三度ばかりして、皮を取ったものを高速粉砕機にかける。〇・三~〇・四㎜とメッシュが粗いほうが香りがよく、風味が逃げない。

◇　◇　◇

　米粉文化の普及には、いかに安価に粉を供給できるかが大きな鍵となると思う。加工機械の導入は、産地づくり対策交付金などを利用したり、共同施設の中に設置することで利用率を高めたり、グループで購入したりなど。

　食べ方を広めるのも大事。できた米粉は、地域の祭りや直売所でPRしたり、学校給食へも食材として入り込んだり。今後、「食育」という見地からも、メリケン文化でなく、米を中心とした自給の大切さや、日本の食文化や伝統食を伝えてゆくことも大事。

　日本の米をとことん食べつくすことから日本各地でいろんな動きが起こり、情報と技術交流が生まれ、「瑞穂の国・日本」の再生へとつながればと思う。


『現代農業』二〇〇五年十二月号　もち米、玄米、クズ米も粉にして　米をとことん食べちゃろ

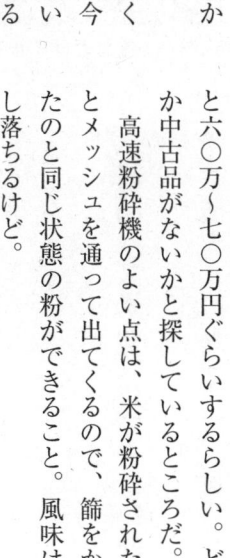

家庭用製粉機二回通し 米粉で食パンも焼ける

新潟県阿賀野市　遠藤昌文

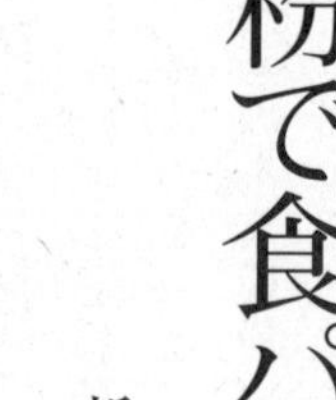

米粉パンをほおばる筆者と妻（撮影　田中康弘）

農業高校の教員を退職し、子どもの頃からの夢だった農業経営に携わって六年が経ちました。

現在水稲八ha、エダマメ一〇a、春秋レタス二〇aを耕作し、自前の直売所を毎週土曜日に開設しています。

農業に関わって疑問に思うことがたくさん出てきました。

（1）自分で作ったものに自分で値段をつけられないこと

（2）生産したお米の評価が見た目で決められること

（3）ものを言わずじっと耐えている農家が多いこと

などなどです。

大量のクズ米を利用できないか

三年前の米の収穫を迎えた時のことです。ライスグレーダーの一・八五㎜の選別網から落ちる米が大量に出ました。出穂期以降の高温により実入りが悪かったのではないかと言われています。このままではいわゆる「クズ米」が大量に発生し、収入に大きな打撃を与えることとなります。

そこで私は考えました。卵にも大きさによってLL・L・Mなどの規格があるように、米にも粒の大きさによって規格があってもよいのではないかと。

現在の米の評価方法では、網から落ちたものはすべて「クズ米」として取り扱われます。米を買ってくださるお客さまに事情を説明し、一・八〇㎜の選別網で拾った米をM規格の米として通常の二割安い価格で販売することとしました。お客様の中には、そのお米でも十分という方がおられ、M規格の米は余すことなく販売することができました。

しかしまだまだ「クズ米」になる米がたくさん出てきます。それを何とか利用できない

▲焼きたてのあんパンとソーセージパン。米粉60%に小麦粉25%、グルテン15%を混ぜてつくる

▲できた!　あんパンなどを焼くのは電気オーブンで。食パンづくりと生地をこねるには、ホームベーカリー 5台を活用

かと考えていたころに、『現代農業』の米粉パンの記事を思い出しました。

製粉を頼むとお金と時間がかかる

最初は単純に、米を挽いた粉で小麦粉と同じようにパンを焼けばいいと思っていたのですが、記事を読み進めていくうちに、米粉は普通の製粉機で挽いたものでは難しいこと、小麦粉を使わない代わりにグルテンが必要なことなど、想像もしていなかったことが次から次へと出てきました。

胎内《たいない》市の新潟製粉さんに製粉を依頼しようとも思ったのですが、ある人から、隣の新発《しば》田《た》市でも同じような粉を挽いてくれるところがある、というお話を聞いて、最初はそこにお願いしました。幸いにもそこでグルテンも譲っていただけるということで、米粉パンの試作を始めることができました。

最初は原料の配合割合がうまくいかず、試行錯誤の連続でした。そんな失敗を繰り返すうちに米粉はどんどん減ってゆきます。新発田市までは車で四〇分。その手間と時間がもったいないと思い、地元の米屋さんに製粉を頼んでみることにしました。挽いてもらった米粉は、素人目には以前のものと変わりはなく、また出来上がったパンも同じような焼き上がりでした。そんなことからしばらくは地元の米屋さんで製粉していただいたのですが、製粉代がばかになりません。

家庭用製粉機でもパン用米粉ができた！

そこで製粉も自分でできないかと思い、教員時代にお世話になった理化学機器メーカーさんに相談しました。そこで紹介していただいたのが「やまびこ号」（國光社）でした。

この頃には、材料の配合割合も確立し、ホームベーカリーを使った食パンがうまく焼けるようになっていました。購入した「やまびこ号」を使って製粉を始めましたが、一回通しではなかなか細かくなりません。そこで最初は四回通して挽いていたのですが、時間がかかり大変でした。最終的には三回通しでも十分パンが焼ける米粉になることを確認し、現在に至っています。

米農家がつくる米粉パンだから味がある

今年の四月に菓子製造業の営業許可も取得し、毎週土曜日の直売所で米粉のパンを販売しています。

現在は食パン・あんパン・揚げパン・ソーセージパンの四種類だけですが、地域の方々

やるぞ　自分のお米で米粉！

1回目の製粉。一度に挽ける米は3kg

3kgの米の3回通し製粉は、約40分で終了

＊國光社について、詳しくは140ページ参照

製粉には「やまびこ号」（國光社、約8万円）が活躍。1回目の製粉は調整ダイヤルをいちばん絞った状態から目盛り2つ半緩めた状態で。2回目と3回目は同じく目盛り1つ緩めて製粉

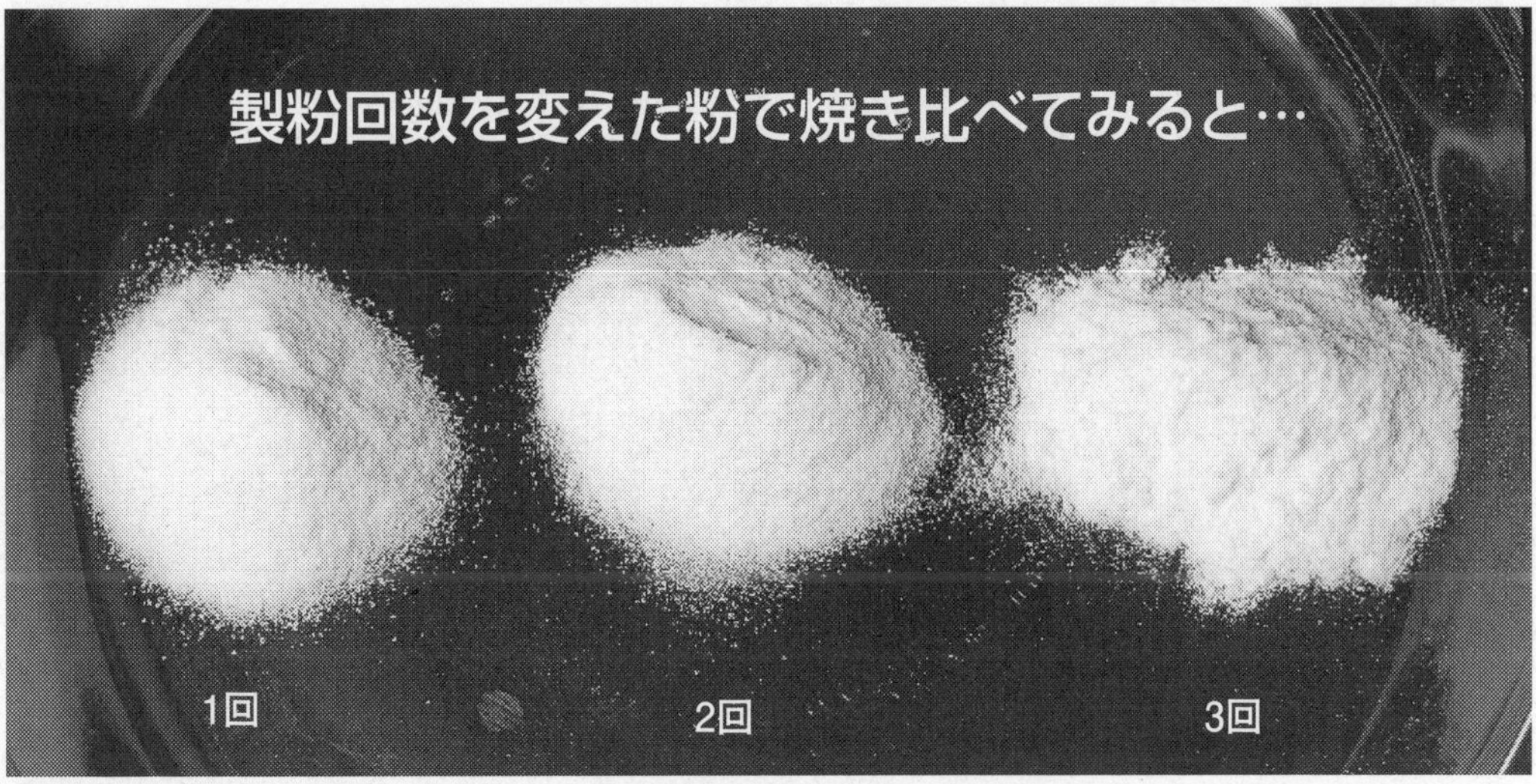

製粉回数を重ねるほど粉は細かくなり、白度が増して見える

製粉を重ねた粉ほど食パンはふっくら

家庭用製粉機でも
ここまでできるんだ！

には大変好評で、直売所での販売日以外でも注文をいただくこともあります。今は米粉に小麦粉とグルテンを混ぜて焼いていますが、できれば米粉一〇〇％のパン、できるだけわが家で生産した材料を使ったパンを焼きたいなという気持ちがあります。

あるとき米粉一〇〇％のパンを焼いているパン屋の社長さんに、わが家の米粉パンを持参してお話をうかがいにいったことがあります。その社長さんに「遠藤さん、あなたは農家であってパン屋ではない。私はパン屋だからいろいろと研究をしておいしいパンを焼く。農家のあなたが焼くパンはこれで十分ではないのか。素人っぽさがあるほうが味があっていいのではないか」と言われ、なるほどと思いました。

それ以来、「米をつくっている農家がつくった米粉パン」というスタンスで取り組んでいます。形はいびつ、味もまちまちですが、それがいいと思っています。素人でも、個人の家でも粉が挽け、パンが焼ける。こんなわが家の取り組みが大勢の方に広まって、米を有効に活用し、米の需要が高まることを願っています。

『現代農業』二〇〇八年十二月号　家庭用製粉機、三回通しで食パンも焼けるぞ！

先輩に学ぶ米粉パン・米粉の天ぷら

岩手県奥州市　農事組合法人・原体ファーム

編集部

やっぱり米どころの人はみんなお米が好きなのか、西日本で先行した米粉パンが、このところは東北地方で急速に広まっている。

その核の一つになっているのが岩手県奥州市の集落営農法人・原体《はらたい》ファームだ。原体ファームの米粉パン店「夢の里工房はらたい」の起業を支えた齋藤貞二さんのアドバイスを得て、秋田や山形、福島で、農家や農協が米粉パン・米粉ケーキなどを製造・販売する店を次々立ち上げている。

山形県の高橋隆一さんが、わずか二か月足らずで「お米のパン家」を開店した。米で地域を元気にしたいと思っていた高橋さんは、原体ファームの米粉パンに「これだ！」と直感したらしい。福島県須賀川市の農家も、「田園の米パン屋」をオープン。同様の例は南会津町でも予定されている。

「日本が、外国から輸入してまでたくさんの小麦を使うようになったのは、戦後、アメリカによって普及させられたから。米をつくれる田んぼを減反してまで、なぜ大量の小麦を輸入しなければならないのか」と齋藤さん。この言葉を受けるかのように、稲作農家がいよいよ本気で米粉利用に取り組みはじめた感がある。

秋田県の稲作農家に生まれた齋藤さんは、飲食店経営のコンサルタントを長くやってきた人だ。縁あって原体ファームの及川烈《いさお》組合長と知り合い、米粉利用のおもしろさに引き込まれた。パンについては小麦のパンも焼いたことのない素人だったが、おいしい米粉パンや米粉ケーキ、米粉麺をつくる方法を研究しながら、各地の米粉加工を応援している。

新潟県で開発された酵素処理と気流粉砕による超微細粉が、米粉パンブームに火を付けて八年。その後、高速粉砕機などで製粉したもう少し粗い米粉でも、食パン以外のパンやケーキ、麺をつくれる方法が考案されて、米粉加工は誰でもできる時代になりつつある。

ではその齋藤さんに、米粉を使ったパンや天ぷらのつくり方、楽しみ方を教えてもらおう。

齋藤貞二さん
（写真は「粉」以外すべて黒澤義教撮影）

簡単！　米粉でパン

ここがポイント！

ポイントは、小麦粉に比べて水分を多めにすることと、生地温度が上がりすぎないように（二二～二六℃）水温で調整すること、一次発酵がいらないこと、発酵時のホイロの温度と湿度を四五℃・八〇％と高めに設定することだ。あとはいたって簡単。

米粉食パンのつくり方

■材料
（食パン1.5斤2個＋ピザパン6個分）
米粉800g／グルテン200g／砂糖80g／塩20g／脱脂粉乳50g／イースト25g／バター 80g／水750cc

①水以外の材料をいっしょに混ぜる（小麦粉のパンと違って油脂分をあとから加える必要はない）。

②水を3分の1くらいずつ加えながら、さらに混ぜる。水温は、こね終えたあとの生地温度が26℃以下になるように。このときは氷を入れて2℃にした水を使用（室温24℃）。

③水を全部たして丁寧に混ぜる。

④ボウルの中の生地を外側から内側へ返しては、手のひらに体重をかけて押し込む。これを繰り返しながらこねていく。

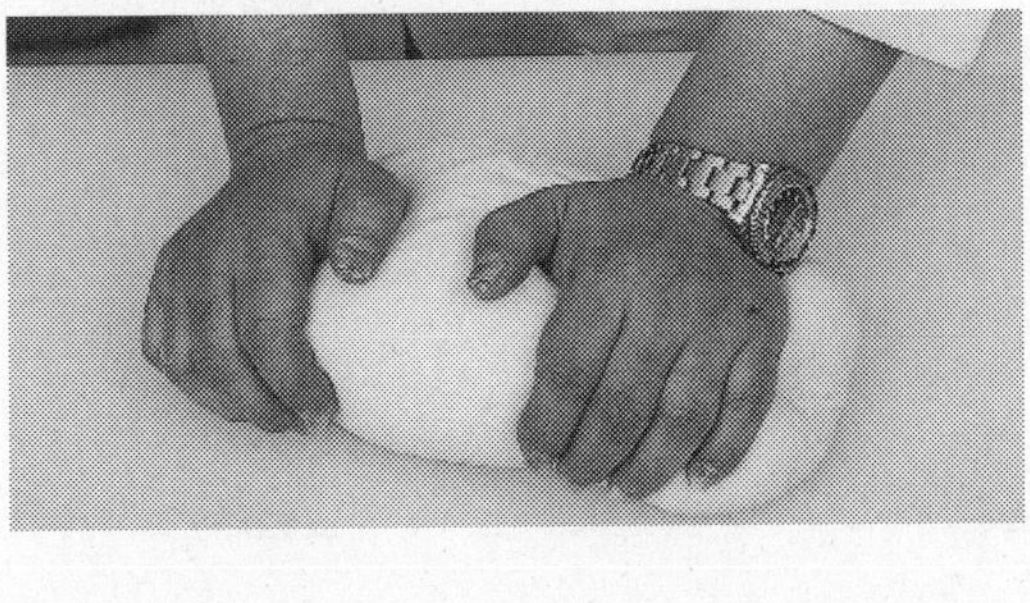

⑤生地がまとまってきたら、たたきつけながらこねる。丸める、のばしてたたく、また丸める、の繰り返し。これを40分くらい続けてグルテンの特性を発揮させる。
（以上の工程を機械でやる場合は、水以外の材料を入れて低速で2分、水を入れて低速で2分、中速で8分）

ここでは生地温度は低めが安心

生地温度が
高すぎると、
パンの肌が
凸凹に
なるよ

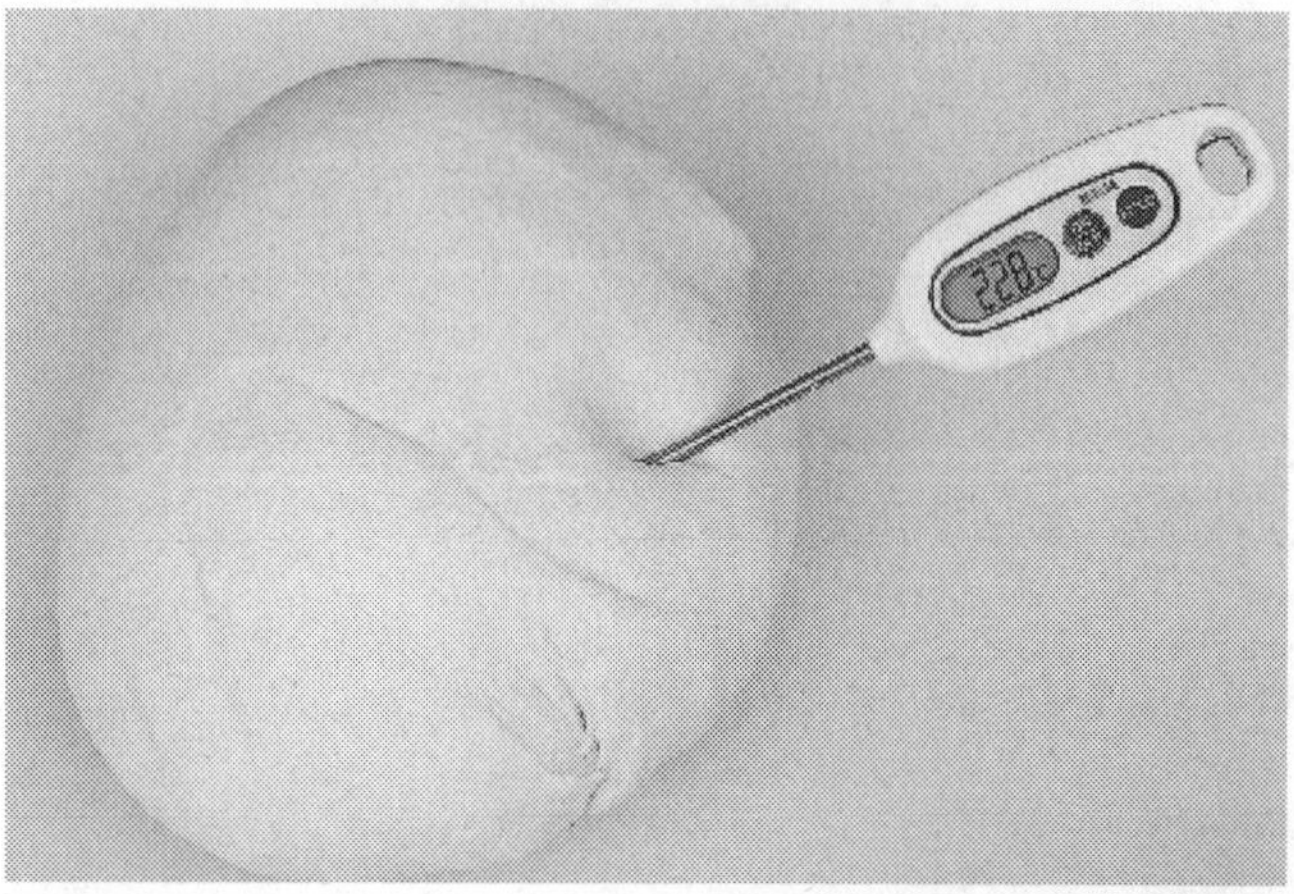

⑥こね終えた時点の生地温度は22.8℃だった。米粉生地は発酵力が強いので、この段階の生地温度は小麦のパンより低めが安心。生地温度が上がりすぎると、パンの表面が凸凹になってしまう（成形したときからわかる）。

⑦生地を分割。食パン（1.5斤2個）用には350ｇずつ4つ。残りは6つに分けてピザパン用にする（ロールパンやコッペパンにしてもいい）。分割した生地は、もう一度こねてから丸める。

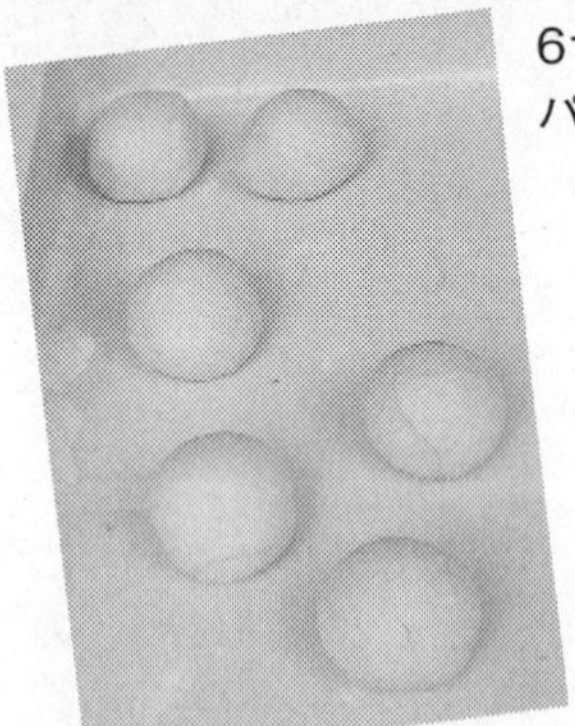

6つに分けたピザパン用の生地

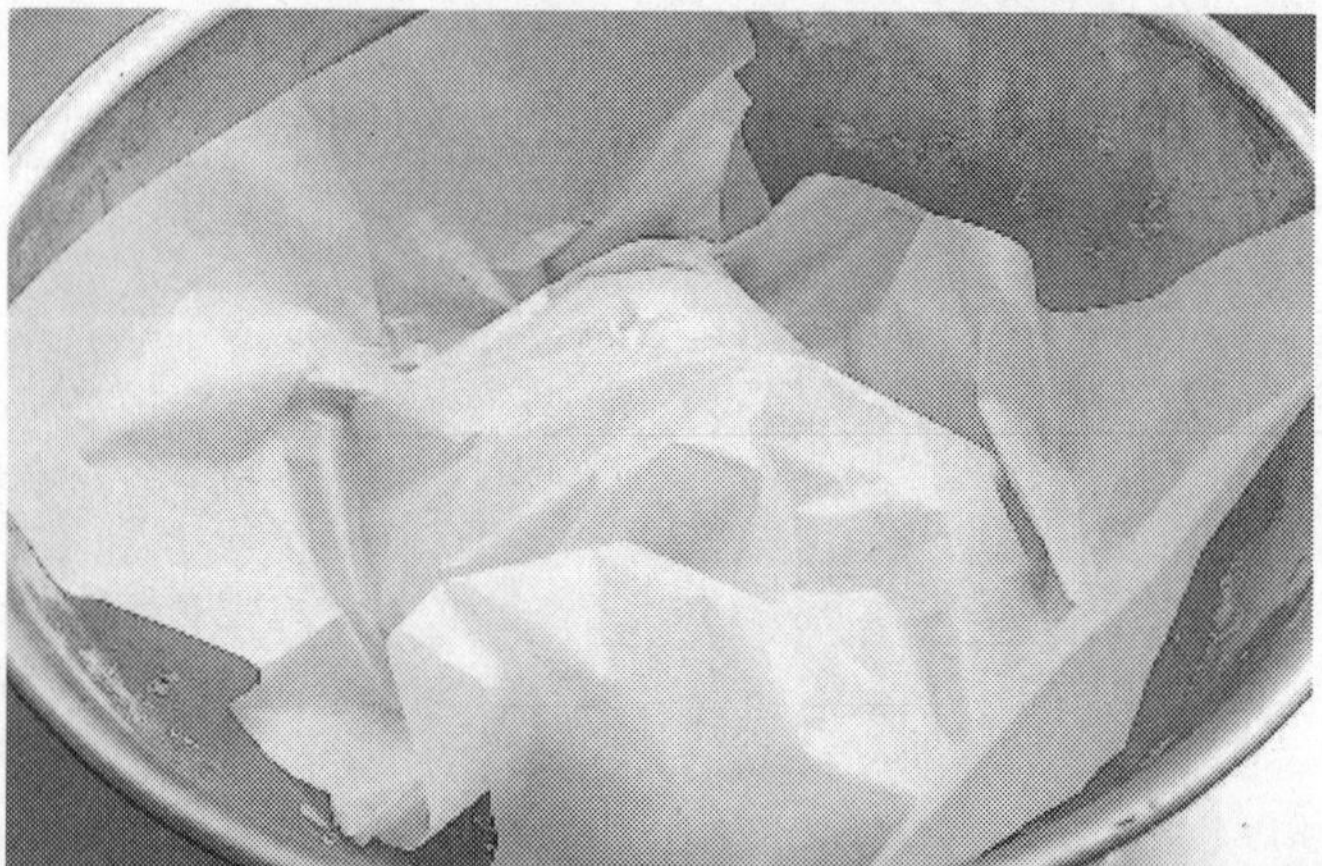

⑧ねかせる。乾かないように覆いをして。冬なら20分、夏なら10分。

半分に、そのまた半分にたたんで四つ折りに

⑨成形。食パンは、手のひらで押して丸く広げてガスを抜いてから、半分に、さらに半分にたたんで四つ折りにする。

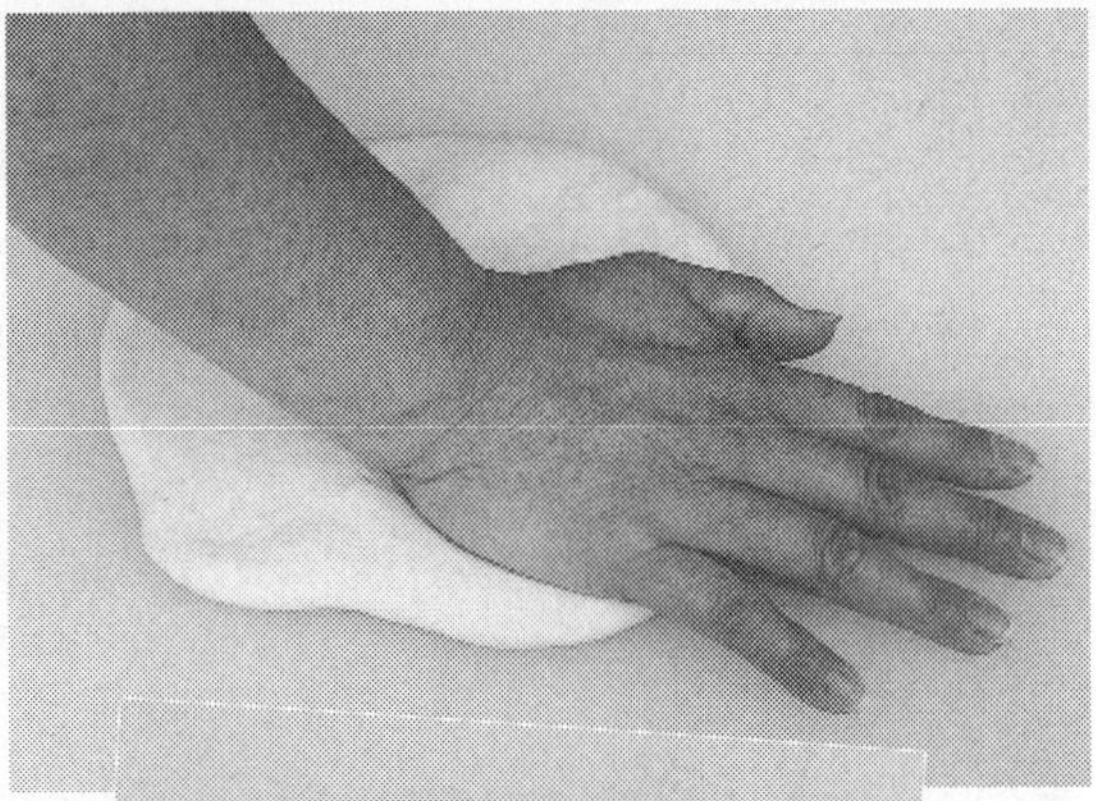

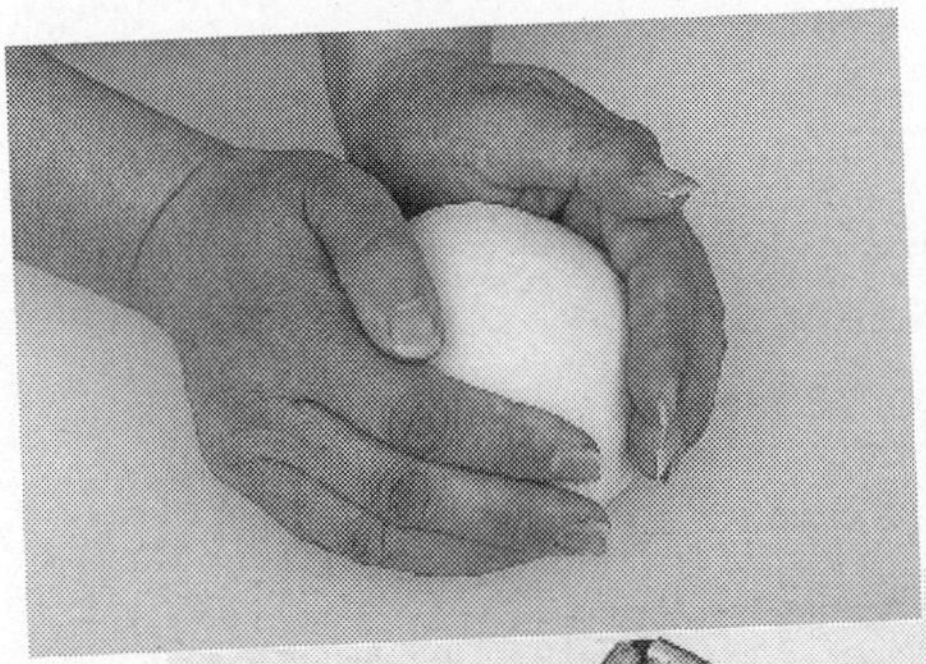

⑩これをふたたび丸めて、1.5斤のケースに2個ずつ（1個350ｇ）入れる。

⑪発酵（ホイロ）。45℃・80％で60分。完成品の8～9割まで膨らんだ状態にする。

⑫焼く。上火200℃、下火180℃のオーブンで45分。

※米粉でパンをつくるには小麦グルテンを加える方法が一般的ですが、小麦アレルギーの人でも食べられるようにグルテンを使わないでつくる方法もあります。『現代農業』2005年11月号や『別冊 現代農業』「自由自在のパンづくり」（2007年10月）には、大塚せつ子さんの白神こだま酵母を使ったやり方が紹介されています。材料の米粉の一部を糊状にしたものとタピオカ粉を加えてグルテンの代わりにします。

ピザパンのつくり方

分割してねかせておいた生地を丸くのばしたら、ピザソースを塗り、具をのせて焼くだけで米粉ピザの出来上がり。

指の腹で押しながら丸く広げていく。ただし、いちばん外側はソースが流れないように高く

ピザソースを塗った上へ、ピーマン・タマネギ・マッシュルーム・ベーコン、最後にチーズをのせオーブンへ

【簡単米粉利用メモ1】

米粉は吸水量が多い

米粉パンをつくるときの水の量は、小麦パンより一〇%以上多くする。しかし、米粉パンの簡単なつくり方を最初に考案した福盛幸一さん（パン工房青い麦）によると、これは「見かけの吸水」で、一次発酵の時間をとると、その間に一度吸われた水分がしみ出して「生地ダレ」を起こすという。そこで生まれたのが一次発酵を省くやり方で、おかげで米粉パンづくりは小麦でパンをつくるより単純になった。

ただ、出来上がったパンの水分も米粉パンは小麦パンより四～五%高い。それゆえ米粉パンは、しっとりしていて飲み物なしでも食べられる、年配の人に好まれるという特徴がある。

【簡単米粉利用メモ2】

米粉パンのおいしい食べ方 ―熱を加える！

米粉パンには、冷えて時間が経ったとき小麦パンより硬くなりやすいという弱点がある。これを防ぐのにいちばんいいのは、ラップで包んでジャー（保温状態の炊飯器）に入れておくこと。これは齋藤さんが、「はらたい」に米粉パンをよく買いに来るばあちゃんから教わった方法だ。

小麦のパンと同じく冷凍庫で保存してもいい。トースターで加熱して食べれば、出来立てには及ばないが、もっちりしっとりした食感が味わえる。また、少々硬くなった米粉パンも、電子レンジやオーブンで加熱すればもちもち感が復活する。

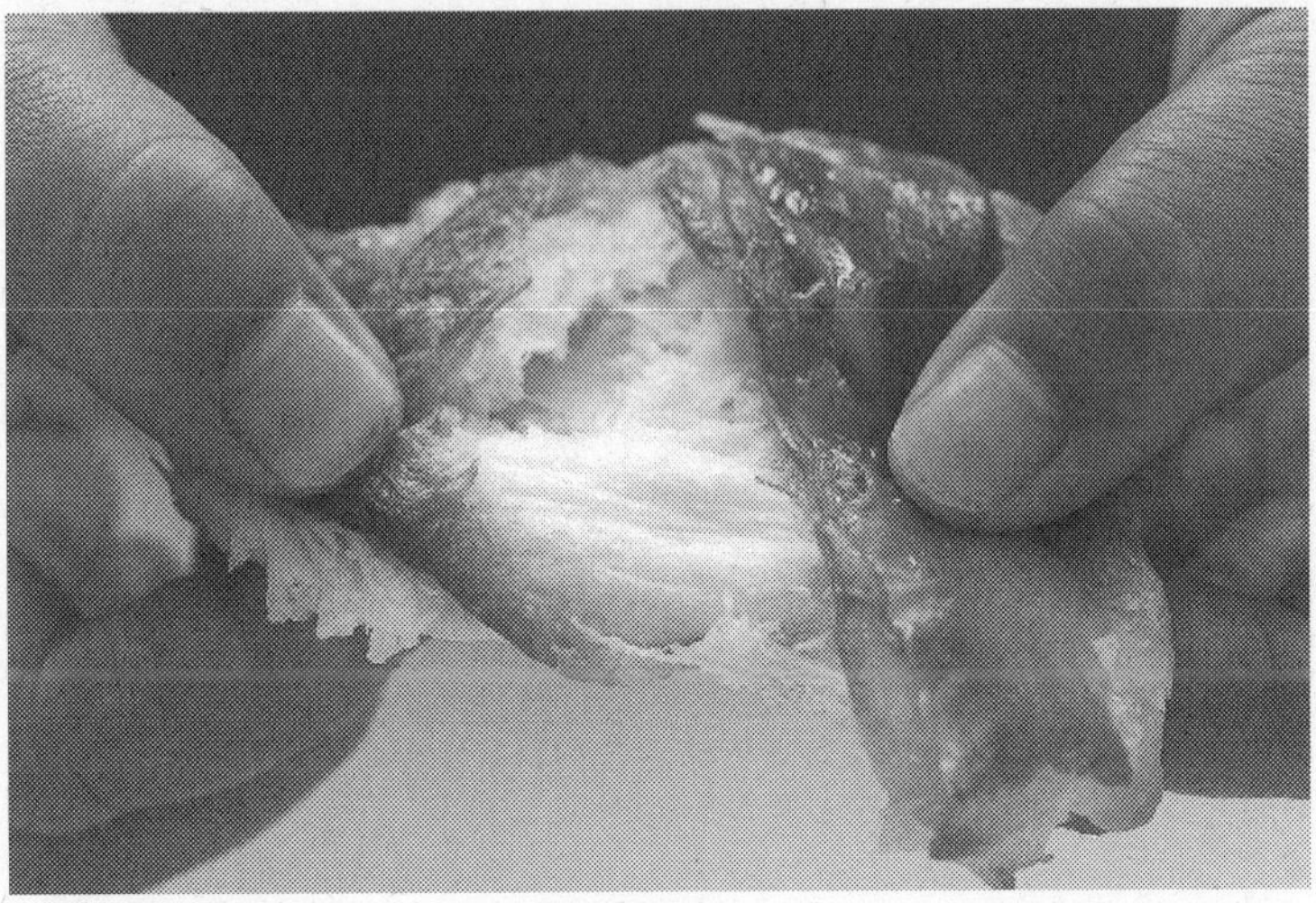

米粉パンはもっちり、しっとりが特徴

しっとりしているので
飲み物なしでも食べられる

ラップで包んで
ジャーに入れれば、
いつまでも軟らかい

冷蔵庫で保存して
トースターで
加熱するのもいい

【簡単米粉利用メモ3】

製粉のしかたと米粉加工

▼高速粉砕機

原体ファームのパン屋「夢の里工房はらたい」で使う米粉のほとんどは、自前のふるい付き高速粉砕機で製粉したものだ。粉砕された米粉は、〇・一㎜幅のスクリーンと一〇〇メッシュ（〇・一㎜目）のふるいで二段階に選別されるが、最近はふるいに残った粉もゴミだけ除いていっしょに混ぜて使うことがほとんどだ。したがって〇・一㎜より大きい粉（スクリーンは〇・一㎜幅のスリット状なので細長い粉は通り抜ける）も混じっているが、食パン以外のパンをつくるには問題ないという。

左が超微細米粉を半分混ぜた食パン、右は高速粉砕機の米粉のみ。見た目はいまひとつの右のパンも、もちもち、しっとりの食感は左と変わらない

▼気流粉砕機

それに対して、縦方向の膨らみがとくに求められる食パンだけは、もっと細かい粉のほうがいい。米粉の中では、米の細胞をつなぐペクチンを酵素分解したうえ気流粉砕機にかけた「超微細粉」（二〇〇メッシュ＝〇・〇七㎜目の網を九五％通過）がいちばん適している。新潟製粉や大阪の片山製粉、岡山の哲西町などが導入している製粉方式だ。

高速粉砕機の米粉でも発酵の段階では同じように膨らむが、釜のびで差が出る。あるいは膨らんだとしても腰折れしやすい。そこで「はらたい」では、高速粉砕機製粉の粉と新潟製粉から購入する超微細粉を半々に混ぜて使っている。

▼胴搗き製粉

もうひとつ、米粉の製粉量が増えている方式に胴搗き製粉がある（宮城・菅原商店など）。昔からある製粉法で、三〇～四〇％の水を加え、文字どおり臼でもちを搗くように粉にする。この粉は、粒子が比較的細かいうえ丸く、米粉のパンやケーキをつくるのに向いている。超微細粉の粒子よりは大きいので食パンの膨らみは劣るが、「パンに甘みがある」（菅原商店）という。

◆

食パン以外のパンやケーキなどは、胴搗き製粉はもちろん高速粉砕機で製粉した粉であってもつくることができる。ただし、食パンにかぎっては、気流粉砕機の超微細粉が優れていることは明らかなようだ。

米粉利用を広げるための地域の製粉所構想

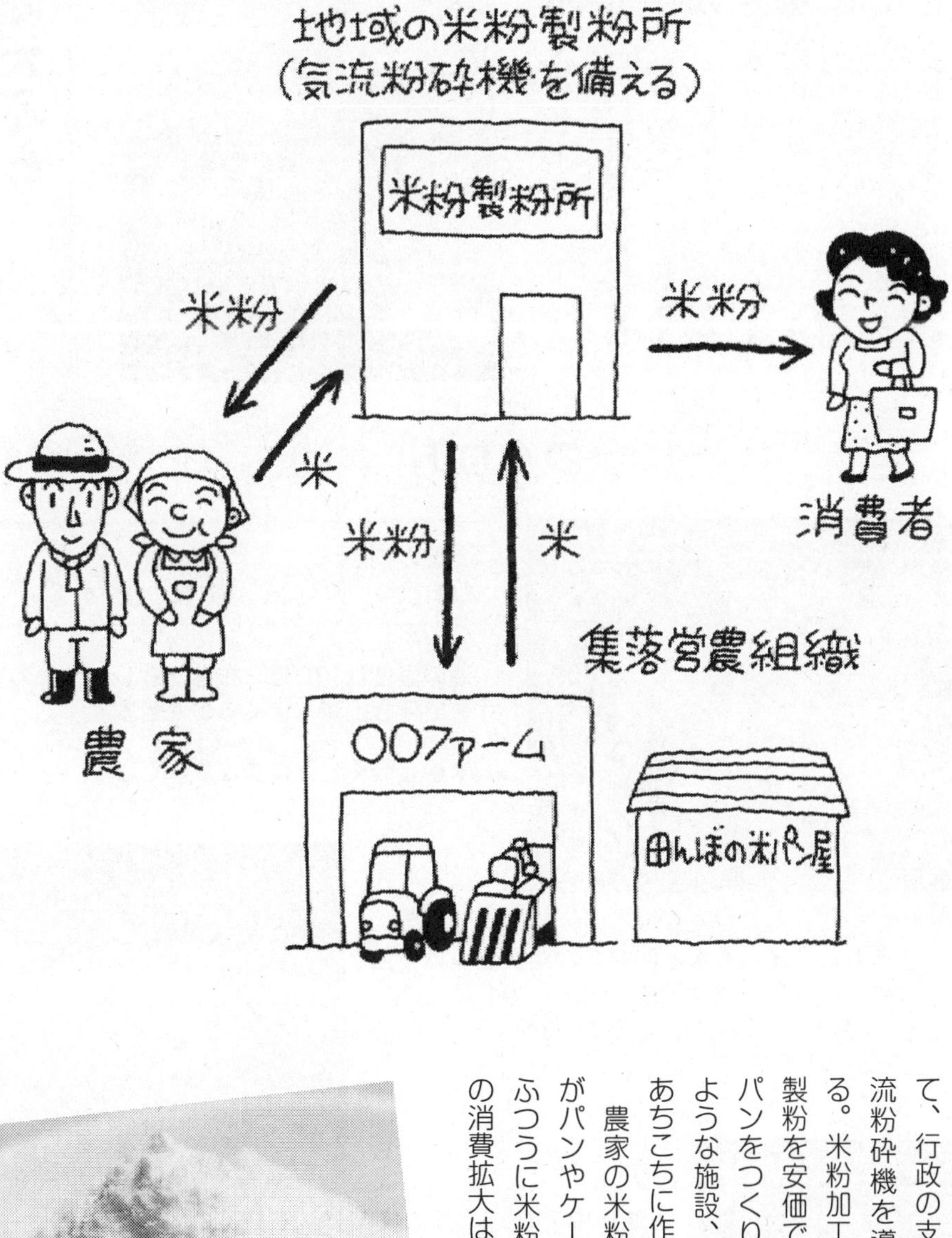

原体ファームの及川組合長や齋藤さんは、各地で米粉パンに先進的に取り組んできた農家などと新しい組織を立ち上げて、行政の支援を得ながら各地にこの気流粉砕機を導入できないかと考えている。米粉加工品の製造販売をする農家が製粉を安価で委託できたり、家庭で米粉パンをつくりたい消費者が米粉を買えるような施設、いわば地域の米粉製粉所をあちこちに作りたいというのだ。

農家の米粉加工が増えたうえ、各家庭がパンやケーキや天ぷら（次ページ）にふつうに米粉を使えるようになれば、米の消費拡大は夢ではないだろう。

（撮影　赤松富仁）

ホントに簡単、米粉で天ぷら

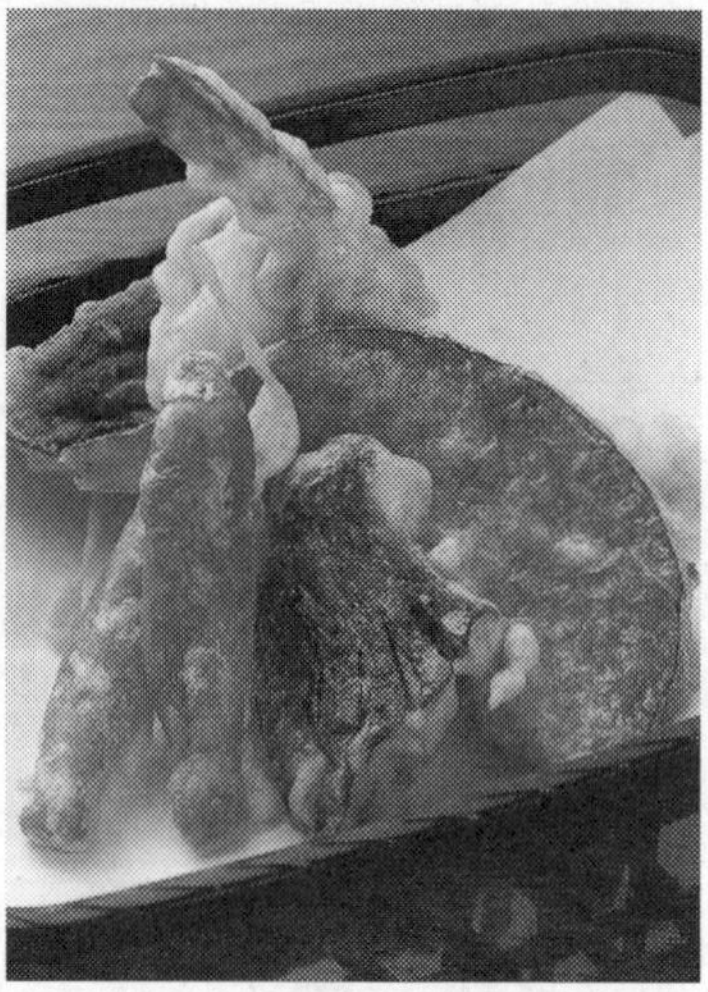

ここがポイント！

じつは天ぷらには、「小麦粉（薄力粉）より米粉のほうが向いている」と齋藤さん。天ぷらの衣をつくるときは、粘らないように冷たい水を使うとか、強くかき混ぜるなとかいわれるが、これすべてグルテンの影響。グルテンを含まない米粉ならこんな気遣いはいっさい無用だ。そのうえ米粉は小麦粉より油を吸わないので、衣がベタッとならず、時間が経ってもサクサクの天ぷらが揚げられる。弁当のおかずにもなりそうだ。

つくり方

■衣の材料

米粉100ｇ／水180cc／卵1個／塩少々

①油の温度は170℃。衣をたらして、鍋の底に着く寸前で浮き上がってくるのが目安。

②米粉を軽く全体にまぶす。

③それに、米粉を水と卵で溶いた衣をつけて油の中へ。米粉の衣は温度が上がっても粘ったりしないから、冷水で溶く必要はない。

④油の中でひっくり返すのは1回だけ。最初は大きかった泡が小さくなったら出来上がり。材料に箸を当てて下に押してみたとき、ブルブルと細かい振動を感じるのも出来上がりの目安になる。

なお、かき揚げをするときはグルテンがないので材料がばらけやすい。うまく揚げるには、底を抜いた空き缶を油の中に立てて、この中で揚げるといい。

米粉加工で売り上げも消費も増やす

まずは地元から輪を広げる

米粉の天ぷらを齋藤さんに実演してもらうのに、奥州市内の食堂「四季旬菜天花」の厨房をお借りした。じつはこの店では、齋藤さんの勧めでふだんも米粉の天ぷらや唐揚げをお客さんに出している。使う米粉は原体ファームが提供したものだ。

最近は米麺も始めた。専用の製麺機を導入するには数百万、数千万単位の資金がいるが、齋藤さんが市販の押し出し式の製麺機でも米麺ができることを発見した。これなら約九〇万円。馬鈴薯デンプンを二〇%混ぜた米粉と熱湯をこの機械に入れるだけで、ちゃんと米麺ができる。

「四季旬菜天花」の後藤しげ子さん

十一月初めには、やはり原体ファームが米粉を提供して、知的障害者通所授産施設の作業所が、米粉のケーキや菓子を製造販売する店「e米《いーまい》菓匠館」が開業する。原体ファームを核に、地元、奥州市の江刺区から米粉利用の輪を広げていく作戦だ。

米粉が集落営農を支える

原体ファームが米粉パンの製造販売を始めたのは、二〇〇四年の米価下落がきっかけだった。米をつくりそのまま農協に販売委託するだけでは法人経営は成り立たないと思った組合長の及川さんが、齋藤さんと組んで、田んぼの真ん中のような立地条件のところに米粉パンの店を開業した。二〇〇五年五月のことだ。一年目から売り上げは三〇〇〇万円を超えた。二年目はそれを上回っている。補助金なども含めた法人の収入全体の四割を占める大きな柱になった。

そこに米価再下落だ。二〇haつくるイネの仮渡し金は三〇〇万円くらい下がることになる。原体は米粉パンがあるからやっていけるものの、収入に占める米の系統販売の割合が大きい集落営農ほど影響が大きいはずだ。

家族経営と違って法人経営では人件費がかかる。家族経営なら収入が減った分を我慢したり切り詰めることができても、作業に出た組合員の日当はそうはいかない。家族経営なら「冬にハウスでホウレンソウ作って稼ぐか」という手もあるが、法人はその分の人件費もみなければならないから、気軽には始められない。

中米は米粉にしよう

今年の米の作柄は、地域によっては登熟が悪くて中米・クズ米が多いところや、出穂後に高温が続いたために胴割れ米が出ているところもありそうだ。中米は、農協や業者に売るだけなら一kg一〇〇円にもならないが、製粉して粉にすれば米の粒の大小は関係ない。事実、原体ファームでは、ふつうの米はすべて農協に出荷する代わりに、中米を農協から購入してこれを米粉加工の原料にしている。

米一俵の仮渡し金が、今年は七〇〇〇円とか一万円とかいわれている。中米なら、その半分くらいにしかならないだろう。しかし米粉パンに加工すれば、同じ一俵の米が粒の大きさにかかわらず五万〜一〇万円にもなる。

製粉した米粉はすべてパンや麺にして売らなくてもいい。おいしい天ぷらが簡単にできる米粉は、一kg三〇〇〜四〇〇円でも売れるのではないか。米粉利用が広がれば米は余らない。もっと売れる。

『現代農業』二〇〇七年十二月号　原体ファームに教わる米粉パン、米粉で天ぷら

子育て中の主婦五人で 米粉食堂 開店！

長野県松川村　吉森里和（こめのこ工房なごみや）

米粉料理の食堂をスタート

信州安曇野の北部に位置する松川村は県内有数の米どころで、自然と田園風景の広がる豊かな土地です。そんな村の中心地に、二〇〇六年十二月十日、子育て中の主婦五名で有限責任事業組合「こめのこ工房なごみや」をオープンしました。米粉の料理と加工品を提供するお店です。

店舗は、米粉パン・菓子の加工所と飲食の厨房、販売および食堂スペースの三つに分かれています。食堂では毎日、米粉を使ったピザ生地とラザニア生地を手打ちして、数量限定でランチタイム営業しています。ワンコインを謳《うた》っていますのでメインメニューは五〇〇円、サイドメニュー（スープや小鉢、サラダなど）は一〇〇円という低価格です。

子どもたちの記憶に残る郷土のおやつを

パンは毎日一二～一三種類を各八～一〇個ずつつくっています。価格は一〇〇～三〇〇円です。菓子類は、三種類のクッキーを一袋五枚入りで一〇〇円、マドレーヌ五個入りで五〇〇円、シフォンケーキ（プレーン・黒豆きなこ）一切れ二〇〇円、一ホール七〇〇～一〇〇〇円で販売しています。黒豆きなこは村内に生産組合があり、村の特産品です。それを使ったシフォンケーキは、香ばしい香りでしっとりした仕上がりになっており、プレーンタイプと同様に店の看板商品です。

どの商品も余計なものは一切加えず、素材の味を感じてもらえるよう甘みも抑えてつくっています。材料のコストが小麦粉よりかかるため、包装も極力シンプルにしてあります。ただ、消費期限がたいへん短いのがつらいところです。

自分たちの店舗以外にも、村内の観光施設で扱ってもらったり、農協の直売所で販売しています。

また、県の補助金をいただき、米粉のパン・菓子の講習会を毎月二回、村内二か所の保育園でおやつの提供を月に二回ずつしています。

将来、松川村の子どもたちが大人になったときに「子どもの頃のおやつといえば〝米粉のパン（菓子）〟だったなあ」といってもらえるよう、そして「おやき」に負けない郷土

店内で食べられる米粉ピザや米粉ラザニア

のおやつにできるよう、活動をしていきたいと思っております。

（長野県北安曇郡松川村一五―六）

『現代農業』二〇〇七年十二月号　米粉食堂も開店　米粉ラザニア・米粉ピザほか

こめのこ工房なごみやの米粉

どんなお米：県内産中米、粉砕米、ブランド米（コシヒカリ）。ピザ・ラザニアや菓子には中米、コッペパンには粉砕米（中米ではコシが弱くパンには不向きと思う）、食パンにはブランド米

どんな米粉：県内の高山製粉に製粉を委託、または同社から購入した米粉

米の使用量：現在までのところ、米粉で月100kg

米粉入りプリン

■材料（20個分）

米粉	30g	バニラエッセンス	少々
牛乳	1000cc	カラメルソース	
全卵	450cc	砂糖	150g
砂糖	160g	水	75cc

■つくり方

①米粉に牛乳100ccを加えて溶かす。
②そこに砂糖1/3量を加えて温める。これで米粉を糊状に溶かしておく。
③残りの牛乳と卵を加え、よく溶いて、残りの砂糖、バニラエッセンスも混ぜながら加温。40～50℃くらいまで温めればOK。
④ふるいで漉す。
⑤上に泡ができるのでクッキングペーパーで取る。
⑥カラメルソースを底に入れたプリン型（耐熱性）に入れる。
⑦バットなどにお湯を1cmくらい張って、プリン型をのせ、上にクッキングペーパーをかけてオーブンへ。120～130℃で45～50分で完成。冷蔵庫で冷やす。
※米粉は、少量の牛乳と砂糖であらかじめ糊状にしてからほかの材料と混ぜると均一にできる。

（写真　田中康弘）

■カラメルソースのつくり方

砂糖2（150g）、水1（75cc）の割合で混ぜたものを煮詰める。
毎回カラメルソースをつくるには時間がかかる。茶色くなるまで煮詰めたところで火を止め、熱湯を50cc入れておくと固まらずにストックできる（そのままカラメルソースになる）。熱湯を入れたとき、ジュワッとはねるので火傷しないように注意。

（岩手　齋藤貞二さん提供のレシピ）

新規需要に向く多収米品種情報

飼料用および米粉用の多収水稲の生産を安定的に行なうには、高い収量性と低コスト栽培への適性を備えた専用品種の利用が不可欠です。

多収米品種について

多収米品種には、加工用として育成された品種と飼料用として育成された品種があります。一般的に、加工用としている品種の玄米品質は、飼料用より優れ、主食用の品種よりは劣ります。しかし、加工用飼料用を区別する具体的な指標はありませんのでここでは区別せずに紹介します。

また、米粉利用については、現在、研究に注力し始めたところであり、米粉用の米とはいかなるものか、という問いに明確な答えを出すことは困難です。ここでは多収米品種に限定したなかで、米粉に向く品種について紹介します。

品種の主な特性は表を参照してください。同じ品種でも、栽培地域によって早晩生が異なります。表では栽培地域における熟期を載せていますが、以下の各品種の文中には、出穂の前後がわかるように記載しています。玄米収量については、精玄米（クズ米を除く玄米）の収量を記載しています。ただし飼料用米は、クズ米を含めた利用ですので、粗玄米（クズ米を含む玄米）の収量で説明している箇所があります。

きたあおば（平成二十年育成）

北海道での出穂期が「中生の早」で「きらら３９７」とほぼ同じ時期に出穂します。玄米収量が「きらら３９７」より二〇％以上多収の品種です。飼料用米、稲発酵粗飼料用、バイオ燃料用として期待されています。

耐倒伏性がやや弱いので直播栽培には向きません。耐冷性は「きらら３９７」並みで、冷害の発生しやすい地域での栽培には注意が必要です。

べこごのみ（平成十九年育成）

東北での出穂期が「早生の早」で「アキヒカリ」「あきたこまち」より早く出穂します。玄米収量が「アキヒカリ」より五％ほど多収の品種です。飼料用米、稲発酵粗飼料用に適します。

耐倒伏性が強く直播栽培にも適します。耐冷性がやや弱いので冷害の発生しやすい地域での栽培には注意が必要です。

表　多収イネ品種の特性（育成地のデータ）

品種名 系統名	育成地	草型	熟期	稈長 (cm)	耐倒伏性	精玄米重 (kg/a)	玄米 千粒重 (g)	玄米 品質
きたあおば	北海道農研	穂重	中生の早	79	やや弱	72.7	21.7	下上
べこごのみ	東北農研	穂重	早生の早	79	強	68.6	22.0	下上
ふくひびき	東北農研	穂重	中生の中	75	強	70.3	23.2	中中
べこあおば	東北農研	穂重	中生の晩	70	強	73.2	30.6	下上
夢あおば	中央農研	穂重	早生の晩	86	極強	72.2	26.5	下上
北陸193号	中央農研	極穂重	晩生の晩	80	極強	76.7	22.9	中下
タカナリ	作物研	極穂重	中生の早	74	極強	73.2	21.0	下上
モミロマン	作物研	極穂重	中生の晩	89	極強	76.5	24.1	下中
ホシアオバ	近中四農研	極穂重	中生の中	90	やや強	69.4	29.4	下上

注1）品種登録成績書より抜粋
注2）品質は上上、上中、上下、中上、中中、中下、下上、下中、下下の順に9段階で評価

ふくひびき（平成五年育成）

東北での出穂期が「中生の中」で「あきたこまち」よりやや遅く出穂します。玄米収量が「アキヒカリ」より八％ほど、「あきたこまち」より約二〇％多収の品種です。飼料用米として利用されています。

耐冷性はやや弱い。

べこあおば（平成十七年育成）

東北での出穂期が「中生の晩」で「ひとめぼれ」とほぼ同じ時期に出穂します。玄米収量が「ふくひびき」より六％ほど多収の品種です。飼料用米、稲発酵粗飼料用に適します。

短稈で耐倒伏性が強く直播栽培にも適します。イモチ病に弱く、一般品種と同等の防除が必要です。耐冷性は弱い。

大粒のため、移植栽培での箱当たり播種量は一般品種より多くする必要があります。

夢あおば（平成十六年育成）

北陸での出穂が「早生の晩」で「ひとめぼれ」とほぼ同じ時期に出穂します。玄米収量が「ふくひびき」並みの多収品種です。飼料用米としても利用可能です。主に稲発酵粗飼料用として利用されています。

耐倒伏性が極強で直播栽培に適します。耐冷性はやや弱い。

北陸193号（平成十九年育成）

北陸での出穂が「晩生の晩」で「日本晴」とほぼ同じ時期に出穂します。玄米収量が「日本晴」より一七％ほど多収の品種です。加工原料や飼料用米に適します。

種子の休眠性が深く、発芽苗立ちに問題が生じるおそれがあるため、直播栽培では苗立ちの確保に注意する必要があります。

平成十八年に実施された新潟県での現地栽培では標準栽培で九〇kg／a、多肥栽培で九六kg／aを記録しました。

米粉パンの原料に適していることがわかったきた多収品種タカナリ（写真提供　長田健二）

タカナリ（平成二年育成）

関東東海での出穂が「中生の早」で「コシヒカリ」より遅く、「日本晴」より早く出穂します。玄米収量が「日本晴」より一八％ほど多収の品種です。加工原料や飼料米に適します。近年では、米粉を使ったパンの原料に適していることがわかってきました。

種子の休眠性が深く、発芽苗立ちに問題が生じるおそれがあるため、直播栽培では苗立ちの確保に注意する必要があります。耐冷性は弱い。

モミロマン（平成二十年育成）

関東東海での出穂が「中生の晩」で「日本晴」とほぼ同じ時期に出穂します。クズ米を含めた粗玄米の収量が「日本晴」より四〇％ほど多収の品種です。主に飼料用米として期待されています。

耐倒伏性が強く直播栽培にも適します。白葉枯病に弱く、縞葉枯病に罹病しますので、白葉枯病および縞葉枯病の発生しやすい地域での栽培には注意が必要です。

ホシアオバ（平成十四年育成）

近畿中国四国での出穂が「中生の中」で「日本晴」とほぼ同じ時期に出穂します。玄米収量が「日本晴」より二九％ほど多収の品種です。飼料用米、稲発酵粗飼料に適します。

大粒のため、移植栽培での箱当たり播種量は一般品種より多くする必要があります。

以上のほか、新品種として検討中の系統には「北陸218号」と「西海203号」があります。「北陸218号」は直播栽培における多収について検討中です。「西海203号」は飼料用米、米粉用として検討中です。

※種子の入手先について……べこごのみ・べこあおば・夢あおば・ホシアオバについては、日本草地畜産種子協会（TEL〇三―三五六二―七〇三二）の取り扱い品種になります。それ以外の品種については、農研機構の各育成機関へお問い合わせください。

（太田久稔　農業・食品産業技術総合研究機構作物研究所）

『現代農業』二〇〇九年二月　日本の超多収イネ一覧

みなゆたか

冷害に「極強」の飼料用米

【来歴】青森県農業試験場藤坂支場（現青森県農林総合研究センター藤坂稲作研究部）で青系一三五号（ふゆげしき）とふ系186号の雑種後代から育成。

【品種の特徴】中生で「むつほまれ」熟期の飼料用米専用品種。「むつほまれ」は低温年に不稔が発生して減収することがあるが、「みなゆたか」は耐冷性が「極強」。しかも「むつほまれ」より多収。

【栽培適地】寒冷地北部の冷涼地帯、寒冷地の山間地、関東以西の山間冷涼地など。青森県で奨励品種に採用予定。

つぶゆたか

飼料用米・イネWCS・米粉など多用途に使える

【来歴】岩手県農業研究センターで「江70」と「ふくひびき」を人工交配、以後選抜・固定して育成。

【品種の特徴】「ひとめぼれ」並の「晩生の中」で、耐冷性・耐倒伏性が強く、飼料用米・イネ発酵粗飼料（WCS）、バイオエタノール用米、米粉用米など多用途に使え、「ふくひびき」よりも多収できる。イモチ病にも強い。

【栽培適地】岩手県の盛岡以南、標高二〇〇m以下の北上川流域。

ミズホチカラ

米粉パンのふくらみ抜群、飼料用米にも

【来歴】九州沖縄農業研究センターで奥羽326号と86SH283長の交配組み合わせ後代から育成。

【品種の特徴】暖地では「中生の晩」、耐倒伏性は「極強」で一般主食用米より約二〇％多収できる。これまでの栽培試験での最大収量は一t／一〇a。

米粉パンにするとふくらみがよく、腰折れが少ないなど優れた特性を示す。直播栽培による低コスト生産にも向き、飼料用米としても使える。

【栽培適地】九州平坦部の普通期作（六月植え）地帯および関東以西の平坦部の早植え（五月植え）地帯。

（編集部）

『現代農業』二〇一〇年二月号　続々登場、新規需要米向き新品種

越のかおり

高アミロース品種で麺離れ良好

【来歴】旧系統名、北陸207号。越のかおりは、平成二年に中央農業研究センター・北陸研究センターにおいて、インド原産の在来種「Surjamukhi」サージャンキのWx座を、分子マーカーを指標とした連続戻し交配により、日本型品種「キヌヒカリ」に導入した高アミロース米品種である。

【品種の特徴】白米のアミロース含有率はキヌヒカリ、コシヒカリより一五ポイントほど高い三〇％以上のため、主食用としては適さないが、麺離れがよいため米粉麺適性は高い。

短粒の日本型品種のため、選別や精米などの作業で従来の日本型品種と同じ調整方法が使える。

【栽培適地】栽培適性地は東北中南部以南。

（編集部）

米の機能性に着目すれば もっともっと広がる米粉の可能性

大坪研一　新潟大学

米粉は、従来、米菓の原料や料理の副資材として使用されてきた。白玉粉や道明寺粉、寒梅粉や上新粉といった呼び名は、こうした伝統的加工原料としての利用から生まれてきた言葉である。しかし最近では、和菓子や煎餅といった伝統的な利用の枠を超えて、小麦粉分野への利用も含めた新しい利用の可能性が追求されている。

米粉が秘めた健康機能性

米粒と米粉　両方を使いこなす時代

米は、和食、洋食、中華料理など、幅広い食材と良く調和すること、炭水化物の割合が高くて脂質の過剰摂取になりにくいこと、粒食であるために食後の血糖上昇が緩やかであることなど、多くの利点がある。しかし、国民が食事から得るエネルギーはほぼ一定であり、急激な米消費の増加は困難である。

そこで、これまで、米があまり消費されてこなかった粉末としての利用を増加させて、国産米の消費を増加させることが、農林水産省や新潟県などの取り組みとなって重視されるようになってきた。

米は、従来、米飯を中心に、粒食用として利用されてきた。しかし、タイやフィリピンなどでは以前から米麺が盛んに食べられており、ベトナムなどではライスペーパーが食用とされている。パン、麺、菓子のような粉食の分野は、わが国でも約六兆円という巨大な市場であり、米粉の特長を生かしたパンや麺ができれば、米の消費が拡大するものと期待されている。粉として利用することにより、従来とは異なる形態での利用、新しいコンセプトの商品開発が可能となる。食用に限らず、食品包装用のフィルムや、バ

図1　米粉利用の意義

1. 利用形態変更による消費の拡大

新市場開拓：パン、麺、菓子は６兆円以上の大きな市場

2. 機能性の向上、用途の拡大

高栄養・高機能性素材との混合利用が可能

3. 長期的視点での水田の確保、食料自給率の向上

穀物投資、バイオ燃料等によるコーン、小麦等の価格が急上昇
中国、インドなどの畜産物消費増、水不足等による穀物不足になる
日本の高い稲作生産性（水、気温、基盤整備）を活かしたい

⬇

米は小麦と比べて硬くて粉砕しにくい、グルテンを作らないので、パンや麺に向かない。そこで、新しい特性の米、新しい米粉製造技術、米粉の新しい利用技術を開発し、輸入小麦粉を国産米粉で置き換え、食料自給率を上げていきたい！（R10プロジェクト）

ルク形態での薬品副資材としての利用など、幅広い用途開発が可能になる。

米を米粉として利用することにより、①新規な米消費用途を創成できる、②輸入農産物を国産農産物で置き換えることができる、③高栄養・高機能性素材との併用が可能となる、などの効果が考えられる（図１）。

米粉に含まれる健康機能性成分

米に含まれる機能性成分の例を図２に示す。

図2　米の機能性

1. 生理機能性

1）食物繊維：穀粒、米ぬか、ヘミセルロース画分など
（整腸、大腸ガン抑制、コレステロール抑制など）

2）フィチン酸：米ぬか、玄米、胚芽米など
（酵素阻害、金属結合、制ガン、抗酸化性）

3）γ-オリザノール：米油、米ぬか、玄米など
（成長促進、コレステロール抑制、性腺刺激など）

4）フェルラ酸：米ぬか、玄米、発芽玄米など
（抗酸化性、コレステロール低下、制ガン）

2. 物理機能性

1）咀嚼性（脳刺激）、粘性（老人）、性膜性

細胞壁成分を中心とする食物繊維はセルロース、ヘミセルロース、ペクチンなどからなり、血中コレステロールの上昇を抑え、腸内有用細菌を増殖させ、大腸癌の発生を抑制するとの報告がある。

フィチン酸は米糠に多く含まれており、酸化防止、免疫機能の強化、癌の抑制等の効果が報告されている。

γ—オリザノールは米糠油に多く含まれており、成長促進作用、間脳機能調節作用、性腺刺激作用などが報告されており、臨床的にも、自律神経失調症や更年期障害に有効とされている。

さらに、米糠に多く含まれているフェルラ酸やトコール類は、抗酸化作用があり、老化防止や生活習慣病の予防効果が期待されている。

黒米や赤米に含まれるポリフェノール類も活性酸素消去機能が報告されている。玄米や胚芽を浸漬すると増加するγ—アミノ酪酸（ＧＡＢＡ）も高血圧防止や脳における血流促進等の機能性が注目されている。

米粉の利用は「地産地消」で

地域における米粉利用を促進するには、①当該地域で生産される米を原料として利用する、②地域で可能な施設、装置を行政の支援も受けながら設備し、地域で加工を行なう、③地域の直売所や道の駅、地元スーパーでの販売など、当該地域での販売促進に務める、④地域の学校給食に導入を図る、⑤地域ブランドを確立し、地域外の大消費地に輸送して販売を拡大する、⑥中国やインドを始め、発展しつつある海外市場への輸出を振興するなどの視点が考えられる。

小麦粉の製造は、現状では輸入小麦を前提にした大規模な製粉工場での製造が主体となっている。しかし、米粉の場合、「地産地消」を基本におくとすれば、小規模であっても、その地域での加工目的に応じて一定の品質の米粉を製造できる機能をもった米粉の製造工場が求められる。現在はまだ、そうした技術をもった昔からの米粉製粉工場に遠方から米を送って製粉してもらっている例も多いが、これは新規需要米および加工原料のコストを押し上げることにもなり、好ましいことではない。しかし、二〇〇九年度からスタートした新規需要米の制度を活用して、地域の農協や、新規事業として米の製粉業を立ち上げる地元業者の例も現れてきている。また、地域の直売所や学校給食への利用など、新しい販売チャンネルも増えてきており、農工商が連携した、地域一体となった展開が望まれ

る。

新しい用途を拓く米粉は、地域内での米粉の製造と流通・加工を基本としながらも、特殊な需要に向けての高度な製粉の技術を必要とするものや大量流通が欠かせないものについては、新規需要を開拓する米粉としての一定の規格を作り、新しい米粉流通のシステムを構築していくことが求められる。

小麦粉代替を超えた米粉利用

【ライスパワー】

徳島県の勇心酒造では、酒造技術を活用して各種の米発酵エキスを開発し、徳島大学や九州大学と共同で、アトピー皮膚炎の発症予防・悪化防止効果や、入浴剤としての温浴効果、リラクゼーション効果について報告している。

【膨化発芽玄米】

名古屋市の吉村穀粉（株）では、農林水産省の助成を受けて、筆者らのグループと共同研究を行なった。機能性の期待される発芽玄米を高温高圧押出し装置（エクストルーダー）を用いて膨化加工し、その後に粉砕することによって、粒度が細かく、殺菌された粉末が得られる。

膨化発芽玄米粉末は、消化性が精米粉末より優れており、GABAや食物繊維、イノシトール、フェルラ酸などの機能性成分が多く含まれている。さらに、麦芽や酵母と混合膨化することで、機能性を一層向上させることも期待できる。この膨化発芽玄米を利用した製品は、動物飼育試験ではあるが、有意の高血圧抑制効果が認められた。

【お米ペースト】

静岡県立大の貝沼らは、米粉パンや米粉菓子を製造するに際し、米をそのまま使用するのではなく、水に浸漬して吸水させた後にマスコロイダーで水挽きし、一～一〇㎛の細かい粒度の米ペーストとして加えることで、パン生地も軟らかくなり、パンや菓子の品質が小麦一〇〇％のパンや菓子に類似したものとなることを報告している。

【糊化デンプン組成物としての米の添加】

一九七八～一九八〇（昭和五三～五五）年の農林水産省事業「米の新加工食品の開発」の中で、食総研の高野がエクストルーダーなどによるα化米粉添加パンは老化しにくいと報告している。

筆者らはこの報告を基礎に、前任地の食総研において、二〇〇一年頃からα化米粉のパンへの添加を試み、発芽玄米のエクストルーダー膨化物およびそのパンや麺への添加に関する研究を行ない、昨年になって特許化された。

その後、高アミロース米を中心とするMA米の在庫の活用を図るべく、高アミロース米のミルク炊飯、ヨーグルト炊飯の研究を行ない、その炊飯米粉を添加したパンを試作し、二〇〇六年に特許を出願した。この炊飯技術が普通の日本米にも有効とわかり、民放テレビでも、「ヨーグルト炊飯でおいしい高GBAごはん」として放映された。

一昨年には、小麦価格の高騰などが起こり、米粉研究の必要性が増した。三種類の新形質米の混合による米粉配合パンを研究し、特許出願（二〇〇九年二月特許化）および論文投稿を行ない、二〇〇九年二月にJ. Food Science に論文掲載された。この特許明細書や論文の中にも、生の米粉としてではなく、炊飯した米粉やかゆとして添加することによってパンの膨張性が向上し、食味向上と老化性改善という効果が得られることを報告した。

筆者は、一昨年に食総研から新潟大に異動したが、現在も、新潟県農業総合研究所や多くの食品企業と共同で米の利用研究に取り組んでいる。昨年の五月には炊飯やかゆのように糊化させた米に肉や魚、野菜やキノコなどの各種の素材を練り込んだパンや麺の製造技術を開発し、特許を出願した。米を粉としてパンや麺に利用することも新規食品の開発にとってきわめて重要な技術開発であるが、本研究の場合は、米を糊化組成物として利用することによって、各種の食品素材を混合・添加できるという特徴があり、パン生地や麺生地そのものの呈味性を増すとともに、栄養機能性を付与することが可能となる。

米を未糊化の状態で利用する従来の技術に加えて、米飯や糊化組成物として利用する技術は、製品の食味、衛生性、耐老化性などの点で魅力的な技術であり、今後、さらに発展していくことが期待される。

【赤タマネギ発芽玄米】

発芽玄米の利用拡大を図るために、迅速発芽技術の開発に取り組んだ。米は発芽によって軟らかくなり、白米と一緒に炊飯することが可能になるとともに、GABAをはじめとする機能性成分も増加する。このため発芽玄米の消費が増加してきた。しかし、通常の発芽玄米製造においては、三〇℃以上の温水に一晩以上浸漬するため、発酵臭が発生したり、衛生面での懸念が生じる。そこで、各メーカーでは、製造後に加熱殺菌したり、乾燥工程を加えることで品質を確保してきた。

図3　赤タマネギ抽出による玄米発芽促進

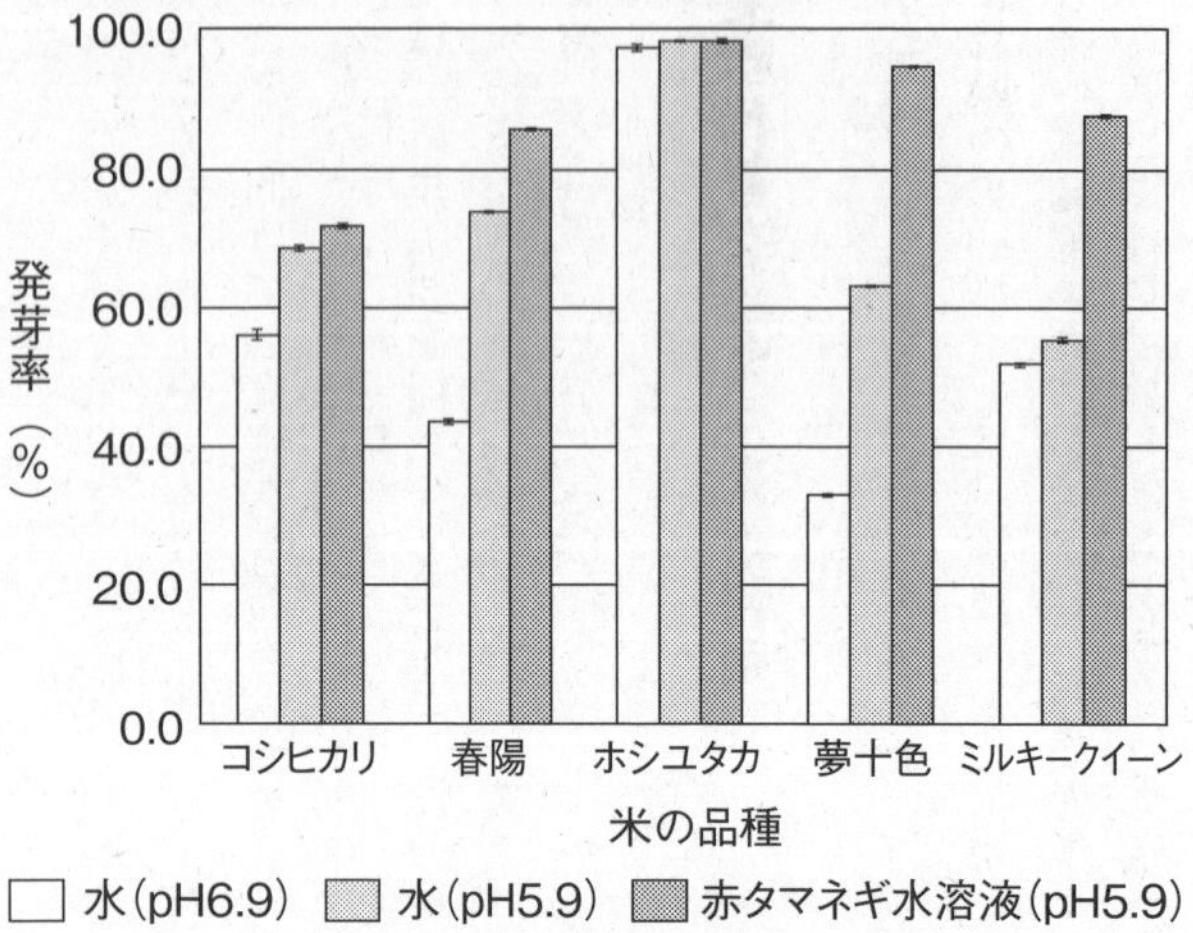

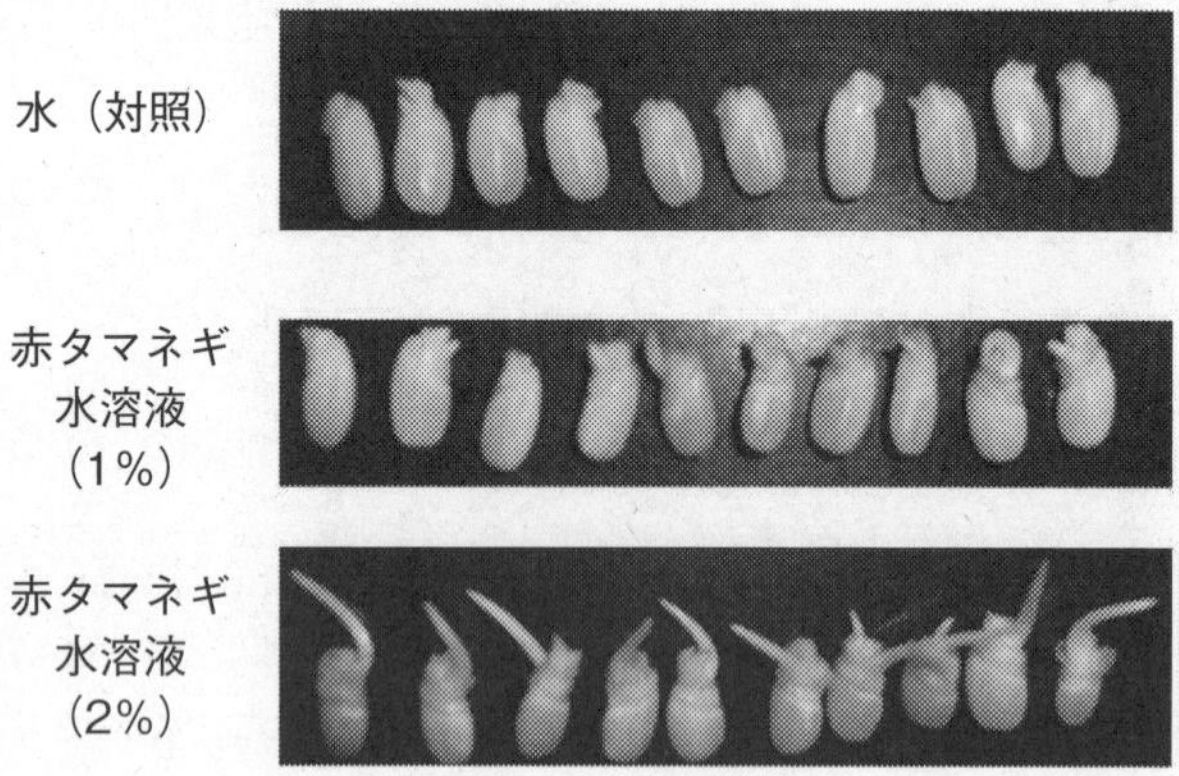

当研究室では、タマネギ、特に赤タマネギを加えて浸漬することによって玄米の発芽が促進され、発芽工程での微生物繁殖も抑制されることを見い出した。これによって発芽性の劣る原料米品種の場合にも発芽率が向上し、数時間で発芽することがわかった。さらに、浸漬中にタマネギの有用成分であるケルセチンなどの機能性成分も発芽玄米中に吸収されることが明らかになり、タマネギ浸漬液中で発芽させた玄米は、発芽玄米とタマネギの両方の機能性成分の効果が期待できる（図3）。

【焙煎炊飯粉末】

筆者らの研究室では、最近、米を焙煎炊飯後に粉砕することで特徴的な米粉を製造する技術を開発した。米粉を添加した小麦粉加工食品を製造するに際し、物性、味、機能性の点で優れた食品が求められている。

本技術は、硬質米を焙煎した後に各種の副原料と混合炊飯し、色素、食物繊維、グルコースなどを増強し、炊飯後に乾燥して粉砕することで、外観、機能性、呈味性に優れた加工食品とする点にある。すなわち、色彩鮮やかで優れた味と生理機能性とを兼ね備えた米粉を製造することができる。たとえば、天然植物色素、リコピンや食物繊維などの機能性成分、グルコースやアミノ酸などの呈味性成分を多く含む新規米加工食品およびその製造技術である。硬質米を用いることで、炊飯後の乾燥作業性がよく、高レジスタントスターチ（難消化性デンプン）含量の製品となる。

焙煎することにより、原料精米の表面に細かいひびが生成し、調理時の呈味成分や機能性成分の吸収を促進する。副原料としては、たとえば、トマト、味噌、イチゴ、枝豆、エビ、豚肉などと混合炊飯することにより、味と機能性を向上させることができる。これらの副原料を前述の焙煎米と一緒に混合炊飯する。副原料と混合炊飯することで味、外観、機能性を強化することになる。炊飯後、乾燥し、デンプンの老化を促進しながら粉末化を容易にする。乾燥後、粉末化することにより、パン、麺、菓子、トッピングなど、多様な用途に利用が可能となる。

【てんぷら粉】

新潟大では、日本精米工業会の依頼を受け、米粉の油ちょう（調）時の吸油性の試験を行なった。本研究においては、バッター（編注・揚げ物の際、素材と衣をくっつける働きをするもの）用途としての各種米粉の適性評価を行なった。

天ぷらのバッターは、材料に直接高温を伝えない材料成分を糊化膜で完全に被い、材料成分を逃がさないなどの効果がある。適当に揚げたものはよい香りを含み、舌ざわりが良い豊かな滑転味を呈す。

このような揚げもののバッターをつくるには、粘りが少ないグルテンの少ない米粉および薄力粉を冷水（五℃以下が良く二〇℃が限界）と混ぜる。高温で揚げることにより、バッターの水分が急激に蒸発し、油と水の置換が起こりバッターに油が吸着される。この、油と水の置換の良いほうが、一般にからりと軽い感じに揚がったとして好まれる。

各米粉の含水吸油率を測定した結果、水分含量・吸水力・損傷澱粉・糊化粘度特性値（コンシステンシー）と一％の危険率で有意差を示し、アミロース含量とは五％の危険率で有意差を示した。もち米粉を除いた全ての米粉の含水吸油率は、小麦粉（薄力粉）の約六〇％と低い値を示した。

また、米粉および小麦粉のバッターによる天ぷらの官能検査（パネル一二名）の結果、サクサク感と総合評価において五％の危険率で有意に米粉の評価が高かった。アミロース含量および糊化特性値（コンシステンシー）が高い米粉は、官能検査においても高い評価が得られ、これらの物理化学測定値がバッターの食味の指標になる可能性が示された。

食生活の西欧化が要因とされる生活習慣病（糖尿病・高血圧など）や肥満予防のためにも、バッターとして米粉を使用することにより、吸油量の少ない食感の良い天ぷら料理ができると推測された。

試料は、市販小麦粉を対照とし、もち米、一般米、高アミロース米を静岡製機（株）によって微細製粉したものと、当研究室の衝撃式小型粉砕器で粉砕した物を用いた。また、

図4　各種米粉および小麦粉の含水吸油率

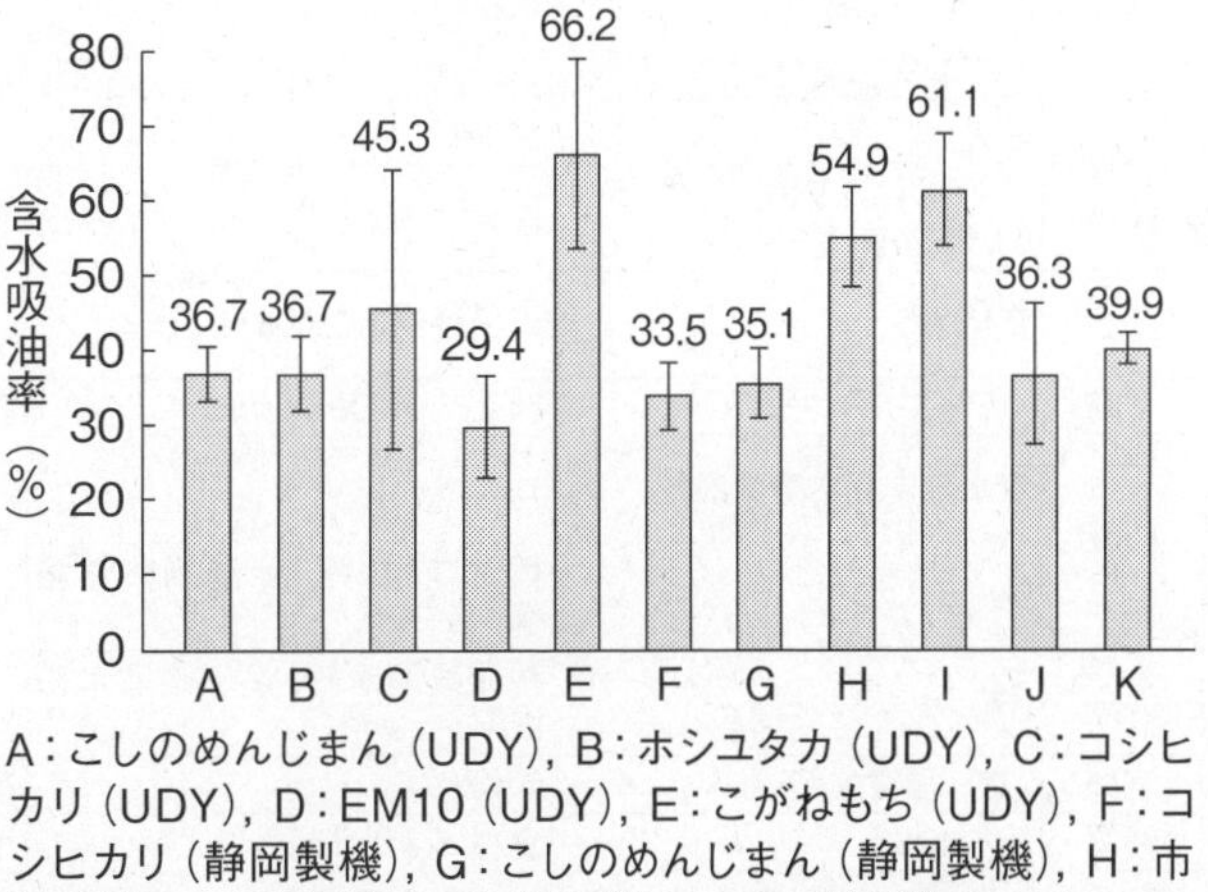

A：こしのめんじまん（UDY），B：ホシユタカ（UDY），C：コシヒカリ（UDY），D：EM10（UDY），E：こがねもち（UDY），F：コシヒカリ（静岡製機），G：こしのめんじまん（静岡製機），H：市販米粉A，I：薄力粉，J：市販米粉B，K：市販米粉C

市販の米粉も用いた。試料粉の糊化特性は、もち米の粘度が低く、一般米（コシヒカリ）の粘度が高かった。高アミロース米の場合は、最高粘度はコシヒカリより低いが、冷却時の粘度増加は著しかった。

試料粉を水と混合し、キャノーラ油を用いて一八〇℃で揚げた。吸油量は、市販小麦粉（薄力粉）ともち米で多く、一般米はそれよりも少なく、高アミロース米は著しく少なかった（図４）。米粉パンの場合は損傷デンプンが多いと製パン性が低下すると報告されているが、今回の試験では、高い相関は認められなかった。さらに、米のアミロース含量と糊化特性が吸油量の良い指標になることが明らかになった。

米粉あるいは小麦粉をバッターとしてグリーンアスパラガスを揚げ、食味試験を行なった結果、米粉のほうが小麦粉よりもサクサク感があり、食味が良好であった。

ほんの一部だが、表１に各地で取り組まれている米粉新規用途の例を挙げた。

『食品加工総覧』第四巻　新用途米粉　二〇一〇
追録より抜粋

表1　地域における米粉新規用途への取組み

県名	企業・団体	米粉加工製品	販売	原料調達
北海道	まるみ食品合同会社	米粉の焼きドーナツ	道の駅・物産館	地元産米
	来夢館	シフォンケーキ	地元	食品加工研究センターで製粉した米粉
	(株)あきもり	餃子	札幌市のカフェ	
青森	とわだぴあ（道の駅）	パン，ケーキ	道の駅「とわだぴあ」	青森県産米
岩手	一野辺製パンと岩手ふるさと農協	米粉パン	地元	岩手県産米
秋田	JAンビニannan（JA直営コンビニ）	コメワッサン，米粉餃子	店頭	地元産米
	こめっこ工房輝楽里（きらり）	米粉80%の米粉パン	店頭	地元産米（特別栽培米）
山形	農事組合法人りぞねっと	GABA入り発芽玄米ビーフン，りぞねっと米粉麺，汁なし担々麺	道の駅，インターネット	国産米粉
新潟	パン工房妙高（障害者就労施設）	米粉100%のパン	妙高市内14小中学校	地元産米
富山	富山ブランド開発研究会（富山市菓子工業組合）	赤米の米粉を使用した菓子	富山市内11店舗	富山県産赤米
石川	(株)ヤマト醤油味噌	米粉甘酒（玄米あま酒）	自社店舗，インターネット	国産米（有機）
福井	(株)アジチファーム	ミルク米パン	県内のスーパー，直売所，学校給食	福井県産米，稲発酵粗飼料給与した牛の牛乳
岐阜	（有）レイクルイーズ	米麺（べーめん）	インターネット，地元の生協、道の駅	岐阜県産米
愛知	どんぐりの里（道の駅）	お米の粉入りあんぱん	道の駅「どんぐりの里」	愛知県産米
滋賀	里山パン工房	米粉パン	道の駅（マキノ追坂峠）、地元保育所レストラン、ホテル	地元産米
京都	京・流れ橋食彩の会（NPO法人）	米粉パン、100%米粉のロールケーキ、マドレーヌ	宿泊施設（四季彩館），アンテナショップ	地元産米
奈良	そにこうげんファームガーデン「お米の館」	ほうれん草パン	お米の館	地元産米の自家製粉
広島	食協(株)	米粉麺「おこめん」	広島県内を主体に、首都圏スーパー，学校給食	米粉，馬鈴薯デンプン
長崎	パティスリーオオムラ	緑茶、米こめロール	店頭，県内の各種物産展	地元の棚田米，地元のお茶
熊本	熊本県立鹿本農業高校	コメロンパン	地元パン店，地元百貨店、空港、駅、首都圏百貨店	熊本県産米，メロン
	味千ラーメン	熊本コメ拉麺，米麺馬肉炸醤麺	自社3店舗	熊本県産米
大分	(株)ライスアルバ	地元県産米粉パン，県産米粉ロールケーキ	自社および県外スーパー	地元県産米
宮崎	（有）福富農産	米粉パン	近隣スーパー	自家産米
沖縄	オキコ(株)	食パン「米まる」	地元生協でカタログ販売	

（農林水産省「米粉利用の推進について」平成22年9月より，一部改変）

Part 2 米粉パン、米の麺、米のお菓子

高アミロース米「越のかおり」を用いた麺による海鮮塩味米めん（写真提供　自然芋そば）

Part2は、米粉をつかったパンや麺、お菓子、惣菜など、農家のお母さんたちや米粉加工のプロが考え出したレシピ集！

伝統の寒ざらし粉のつくり方はもちろん、用途別の各種米粉の入手情報も収録。

いろいろな米粉パン（撮影　田中康弘）

超簡単、玄米粉パンのつくり方

長崎市　ウィルキンソン五月

ミキサーで製粉

まず玄米をサッと洗い、ざるにあけて水を切る

自然乾燥でもいいが、急ぐときは120℃のオーブンに20分入れて乾燥。扇風機などで冷ましてから製粉

（撮影　黒澤義教（＊を除く））

玄米粉一〇〇%のパンができた

私の本職は薬剤師なのですが、学生時代から薬品よりパン・ケーキの材料を計るほうが大好きでした。仕事に携わる中で、あまりにも生活習慣病で苦しんでいる方を見てきましたので、病気になってから対症療法の薬に頼る前に、日常の薬で病気にならないようにする食べ物はないかと考えていました。これが玄米でパンやケーキをつくろうと考えたきっかけの一つです。

玄米の良さは皆さんもご存知のとおり。現代人に不足しがちな食物繊維の宝庫で、若さを保つビタミンEや、脂肪の分解代謝をよくするビタミン、ミネラルも豊富に含んでいます。現代人にとって、まさにパーフェクトな健康食品です。

だからわが家も玄米食にしてるのですが、アメリカ人の主人はご飯も好きですがやはりパンが好き。なんとか玄米でパンやケーキがつくれないかと思い始めました。しかしインターネットで調べても、パン職人さんに聞いても否定的な答えばかりでした。

職業柄、研究・実験には慣れています。失敗しても、それはこのやり方ではダメだという発見だという精神でやってきましたので、あきらめる気にはなりません。グルテンを別にして玄米粉一〇〇%のパンにこだわり続け、やっと満足のいくパンやケーキがつくれるようになりました。

身近な人に食べてもらうと、「玄米だけでできているなんて信じられない」「食感がよい」「おいしい」「飽きがこない」「クセになる」という味や食感についての評価とともに、「血圧が下がった」「体調がよくなった」「化粧のりがよくなった」「ぐっすり眠れる」「体重が減った」「血糖値が下がった」「便通がよくなった」など、玄米ならではの答えが多く寄せられました。健康・美容にもよいというのが、玄米粉でつくるパン・お菓子の大きなポイントです。

『現代農業』二〇〇八年十二月号　超簡単、超健康、玄米粉パンの作り方

玄米プチロールのつくり方

材料（12～15個分）
ドライイースト6g、玄米粉300g、小麦グルテン60g、塩5g（小さじ1/2）、砂糖30g、牛乳100cc、水95cc、バター 40g
※マーガリンでもよいがバターのほうが風味がよい

製粉は、100g程度ずつミキサーにかければいい

菓子用の粉ふるいでふるって玄米粉の出来上がり。網に残った粗い粒はもう一度ミキサーにかける

玄米粉にグルテンを均一に混ぜる。ざるで2～3回ふるいにかけることでよく混ざる

バター以外の材料をボウルに入れ混ぜる。生地がまとまってきたら両手でもむようにこねる。この間約3分（ホームベーカリーを使って撹拌するときは材料を全部いっしょに入れて2分）

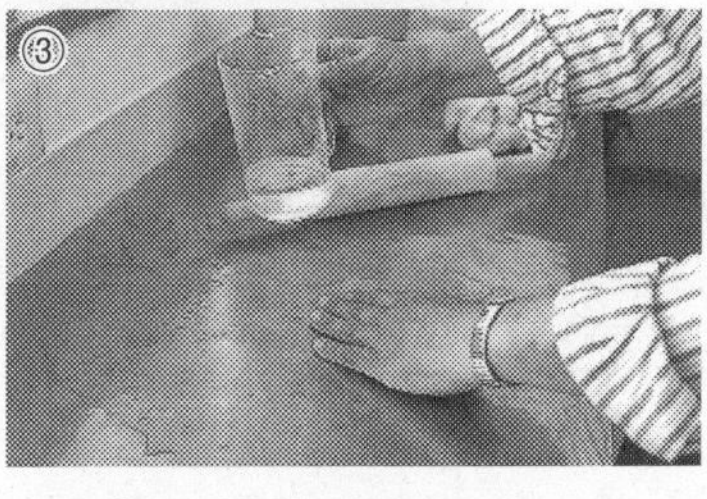

③取り粉が不要なのが玄米粉のいいところ。少量の水で濡らせばいい

生地を平たくしてバターをちぎりのせ、折りたたむようにこねる（④→⑤→⑥）。最初はベタベタしているが、グルテンが形成されなじんでくる。その後も折りたたむようにこねたり、両手でこねたりして、この間10～13分。夏場はラップで包み冷凍庫に入れ10分ほど休ませる（生地が温かいと発酵が進みすぎる。ただし、凍らないように注意）

水で濡らした台に生地を置き、濡らしためん棒で平たくのばす

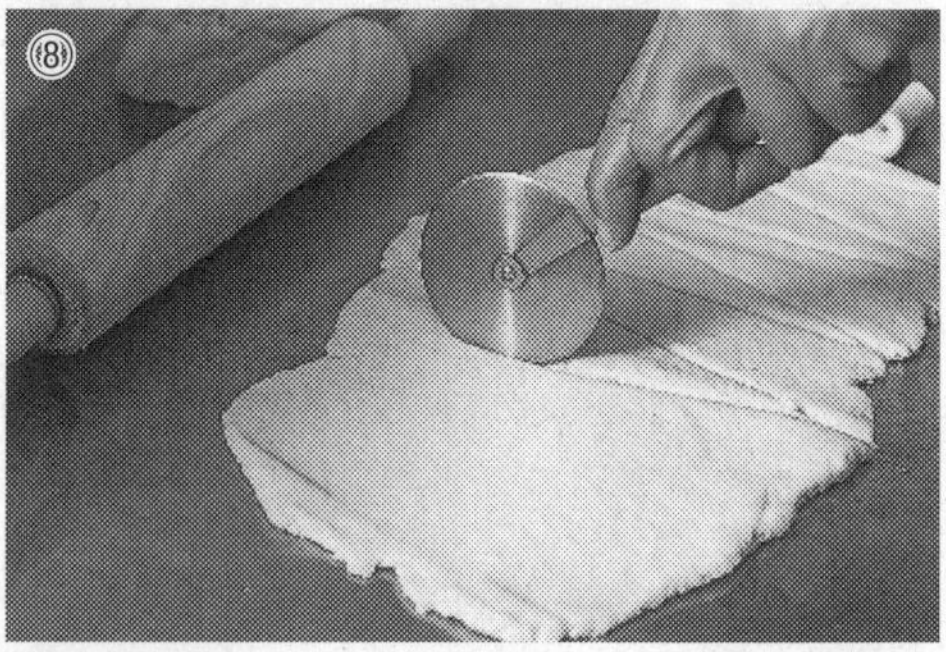

ピザ用カッターで12～15等分

二等辺三角形に切った生地を、広がっているほうから先が鋭いほうにゆっくり転がして丸める

成形した生地をポリ袋に入れて冷凍、食べるときに取り出して最終発酵させれば、いつでも焼きたてを味わえます。

焼きたてを冷凍しておいて解凍しても、ふわふわのパンが味わえます。

最終発酵。35℃で約60分（2倍に膨らむまで）。180℃のオーブンで10分焼く（小麦粉でつくるバターロールは溶き卵を表面に塗るが、玄米の素朴さを出すためあえて塗らない）

玄米粉山形食パンのつくり方

（＊）

■材料（パウンド型1本分）
玄米粉300ｇ、小麦グルテン60ｇ、ドライイースト6ｇ、塩5ｇ、砂糖大さじ1、水200g

発酵終了時。ミキサーで製粉した粗い粉なのに、型から飛び出すほど膨らんだ（＊）

●つくり方●

①玄米粉とグルテンをよく混ぜる（プチロールの場合を参照）
②ボウルのなかで残りの材料を加え、手で混ぜながらひとまとめにする
③台の上で両手でもむようにこねる。グルテンが形成され、だんだんなめらかな表面になり、弾力が出てきたら終了。15分程度（ホームベーカリーで攪拌する場合も15分）
④2等分して丸めて型に入れる
⑤35℃で50分～1時間発酵
⑥ふっくらとなったら、キリフキで霧を吹き、玄米粉をふりかける
⑦180℃のオーブンで25分焼く

ウィルキンソン五月さん。パン好きが高じて、今年5月にはバス通りに面した知り合いのガレージを借りてパン屋も開店

84ページには、玄米粉でつくるお菓子のレシピを紹介しています。

『現代農業』2008年12月号　超簡単、超健康、玄米粉パンの作り方

うちのお米でパンを焼く

山形県遊佐町　小野寺律子さん

編集部

も〜っちり、し〜っとり。どことなく噛みごたえがあって、ふんわりとお米の香りが鼻に抜ける。パンの格好はしているが、これまでのパンとは別のもの。まさに新・食感！

「うちのお米で焼いたパンがこんなにおいしいなんて、農家として最高の幸せじゃない？」小野寺律子さんは今、わが家の簡単米粉パンに、かなり自信を深めている。

パンは買うものだと思っていた農家だってパンを食べる

山形県遊佐《ゆざ》町で水田五町歩をつくる小野寺律子さんがパンを焼こうと思ったのは、三年くらい前のこと。当時まだ勤めだった旦那さんが、毎日早朝五時に朝食抜きで家を出ていた頃だ。「途中でおなかがすくだろうな」と案じた律子さんが、おにぎりを持たせて見送るのが長年の習慣だった。

だが旦那さんは、朝早い分、帰宅も早い。夕方五時にはいったん家に戻り、それから田んぼへ出かけていく。夏なんて、そのままたっぷり三時間は帰ってこないわけで、田んぼに行く前に軽く何かおなかに入れさせたい……とは思うのだが、朝もおにぎりを持たせておいて、夕方もまたおにぎりというのもなあ、というのが律子さんの悩みだった。

「でもお父さんは途中でコンビニで買い食いする人でもないし、ラーメン屋に入る人でもないし……」。そこで浮上してきたのが、気軽につまめるパンだった。

が、やってみるとパンというのは意外に高い。一〇〇〇円買ってもすぐなくなるし、甘いものが多くて、毎日食べるのは身体によくない感じがする。

ホームベーカリーなら勝手にパンが焼き上がる

そう思っているところに娘が「お母さん、自分でパン焼いたらいいんじゃない？」と発言。「ええ!? 私、パンなんか焼けないよ」——頭に思い浮かべたのは、力まかせにこねたり、じーっと発酵させたり、オーブンの火加減を調整したり……の様子。とてもじゃないがそんなこと、毎日毎日やれるわけがない。律子さんはJA庄内みどりの女性部長で、山形県レベルの女性部組織でも副会長を務める。スケジュール表はいつも満杯の超多忙人間なのだ。

小野寺律子さん（写真はすべて宮野明義撮影）

「何言ってんの。いまどきは『ホームベーカリー』っていう自動パン焼き器があるんだよ。自動炊飯器でご飯炊くのといっしょ。小麦粉入れて水入れて、スイッチポンであとは勝手にパンが出来上がるんだから。タイマーだってついてるよ」

娘に連れられて電気屋さんに行ってみた律子さんは、ホームベーカリーなるものを約二万円で購入。

初めてパンが焼けたときは、それはそれは感動した。フワフワ焼きたてのパンは本当においしい。それまで買ってた菓子パンなんか、比べものにならなかった。

自分でパンが焼ける、しかもこんなに簡単に。「パンは買うものだ」と長年思いこんできた律子さんは、「買わなくていい。つくれる」のは素晴らしいことだと思った。すぐに農協の共同購入で、ホームベーカリーを扱よう進言。女性部のみんなに広めることにしたのだ。

だって何だかんだ言ったって、農家は結構よく菓子パンを買って食べている。「自分でつくれたらこんなに簡単だし、おいしいよ」ということに、ものすごく意味があると思ったからだ。

粉は買うものだと思っていた誰でも使える米の製粉機

だがすぐにＪＡ内で批判も上がった。「小野寺は米農家のくせに、何でパン焼き器を広めるんだ」。実際に自分でおにぎりを握ったりもしないだろう男性理事が、特にそう言った。

ホームベーカリーで米粉パンが焼き上がった

「そんなこというなら、庄内でも早く米粉を使えるようにしてよ！　そうしたらお米のパンが焼けるようになるわ！」。当時、米粉でパンが焼けることが世間で話題になり始めており、翌年は女性部でも、新潟まで米粉の視察に行ったりした。

念願かなって今年の四月、ＪＡ庄内みどりと酒田市が共同で、米粉製粉機を導入。酒田市の有名な観光地・山居倉庫の横にある直売所「山居館」に設置され、希望すれば誰でも一kg二〇〇円の製粉代で、自分のお米を製粉できるようになった。

小野寺さんが最近ハマっている米粉パンの材料（1斤分。米粉・強力粉・グルテン以外はホームベーカリー付属のレシピに従ったもの）
材料は、写真中央が米粉120g、時計と逆回りにグルテン30g、強力粉100g、砂糖大さじ 2、塩小さじ 2、バター10g、スキムミルク大さじ2、水 180.、ドライイースト小さじ1

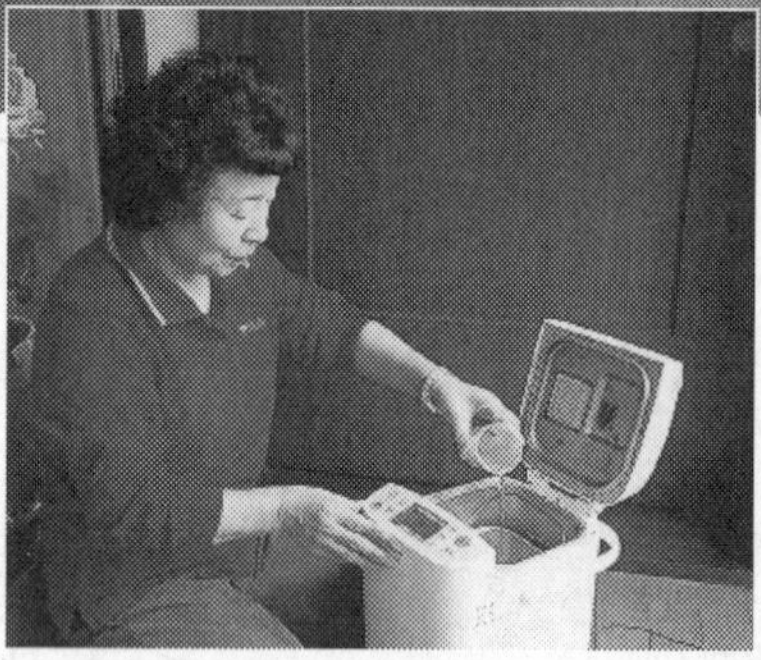

イースト以外の材料は一度に全部入れて、スイッチポンでおしまい。ちなみにこのナショナル製ホームベーカリーは、イーストの投入口が別になっており、「練り」が終わった段階で自動投入されるようになっているのが、律子さんが気に入っているところ。
最近は、米粉パン専用コースのあるサンヨーのホームベーカリーも注目されており、農協でも扱うようになった

米粉の割合が増えるほど米粉パンは重たい

粉の総量 250gのうち、左が米粉 120g入り、右は 50g入り。米粉が多いとパンがどっしり重たくなる。米粉が水分をよく吸うからだろう

できた！簡単米粉パン

さあ、さっそく米粉パンだ。「米粉さえあれば」と啖呵を切ったものの、ホームベーカリーで本当に米粉パンも焼けるだろうか？

最近は米粉パン専用コースがついている機械も販売されているようだが、律子さんが持っているのはそうではない。

律子さんは、まず小麦粉全体二五〇gのうち五〇gを米粉に置き換えて焼いてみた。うん。米の香りがして、しっとりおいしい。腹持ちがよくなって、おなかがすかない。これいける！

その後はいろいろ試行錯誤。米粉にはグルテンがないので、米粉だけでパンはふくらま

酒田市の直売所「山居館」横に設置された「お米の製粉機」

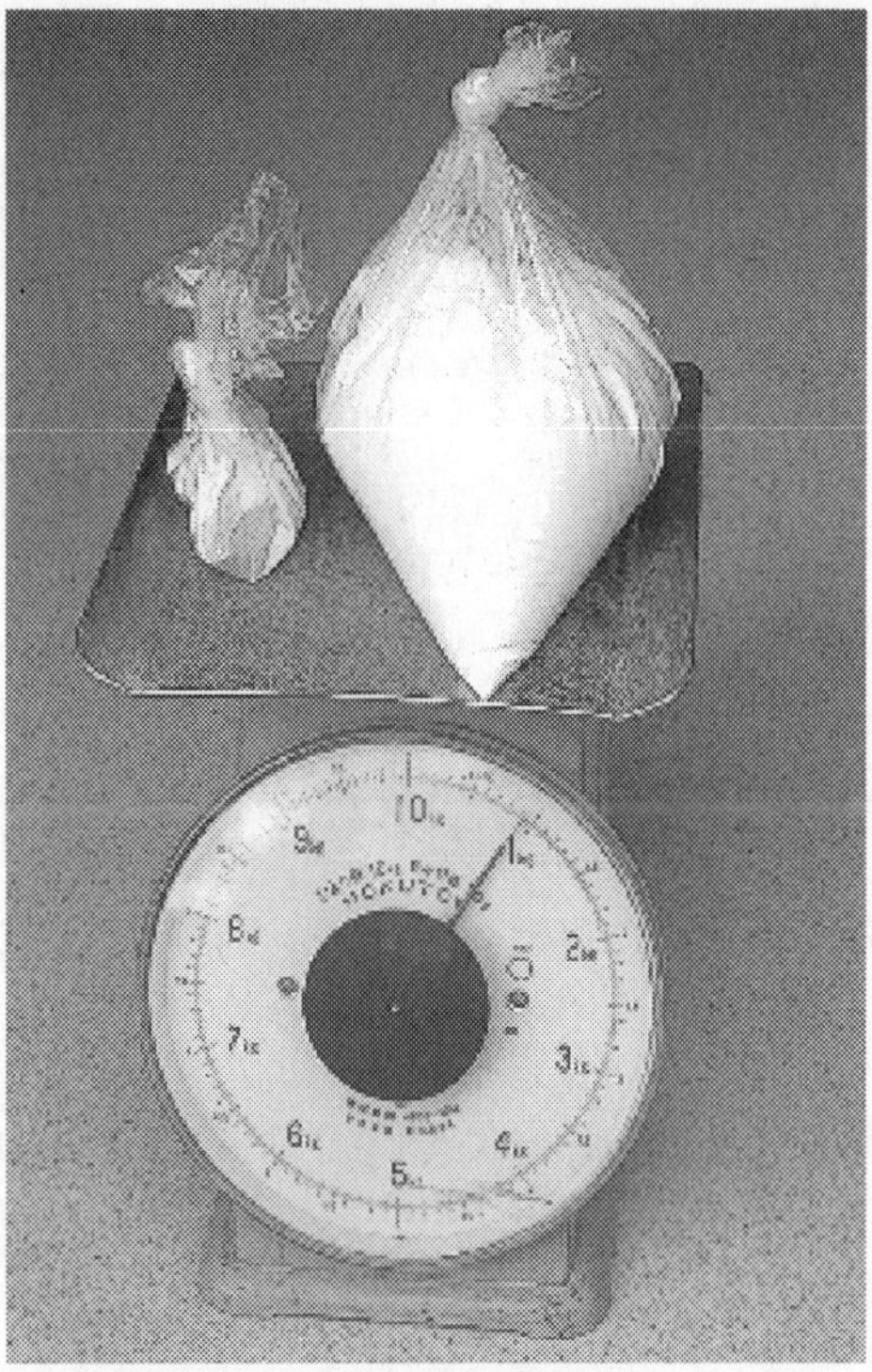

1kgの米を試しに製粉してみたところ、歩留まりは9割くらいだった。できた粉は、最後のふるいで粗い粉（左）と細かい粉（右）に分かれる。ただ「細かい粉」といっても0.1㎜くらいで、気流粉砕ほどには細かくならない。米粉だけで、よくふくらむ食パンをつくろうと考えない限り、このくらいの米粉で何でもできる

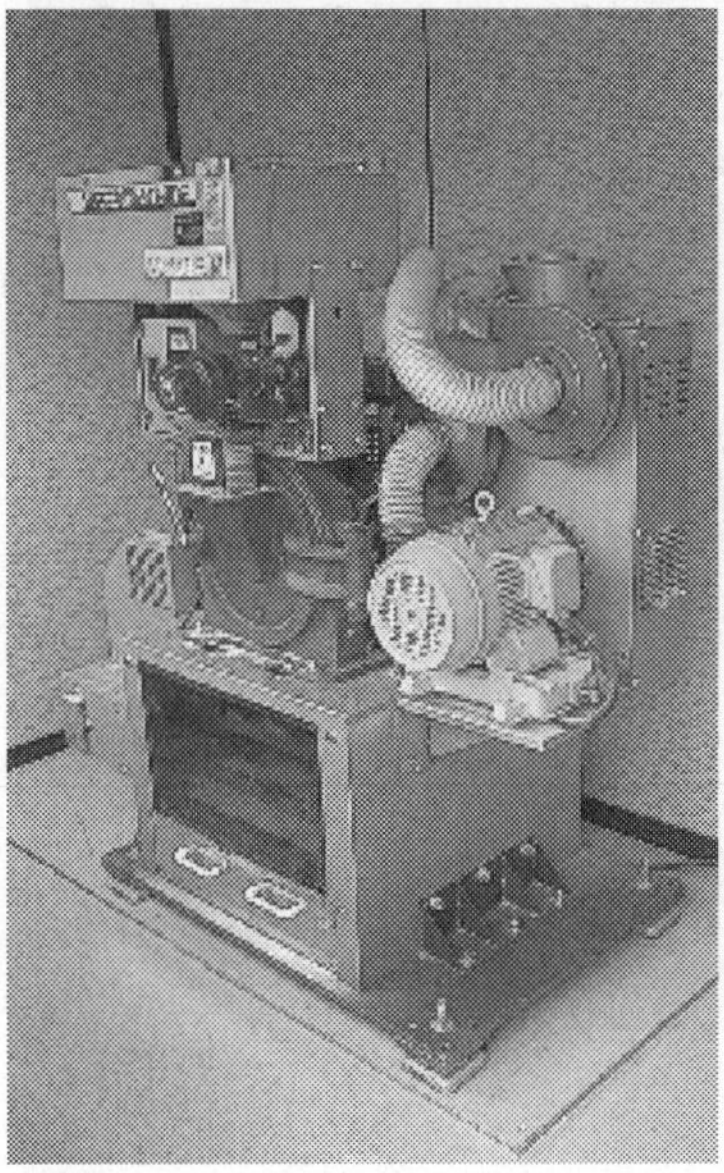

設置された製粉機（高速粉砕機、宝田工業 141ページ参照）

1kg 200円 で、来た人は誰でも自分で製粉できる。ただし立ち会いが原則。郵送受け付けなどはしていない

ない。だから小麦粉と混ぜて焼くくらいがちょうどいいとは思うのだが、どのくらいの割合がいいのかは、まだ結論が出ていない。

　律子さんが最近ハマっているのは、米粉一二〇g、小麦粉（強力粉）一〇〇g、グルテン三〇gの割合だ。

　もしかしたらグルテンは添加しなくてもいいのかもしれないが、とりあえず、これでちゃんとふくらむし、「もっちもち」の最高においしい「お米のパン」になるのは証明済みだ。持ってみてもどっしり重い。おにぎりに対抗できる米粉パンの完成だ。

買わない幸せ、つくれる幸せ

　稲作農家だ。せっかく米をつくってるんだから、それを使えたら、こんなにいいことはない。米価急落時代、農家は買うものをなるべく減らして自分でつくることが大事だし、自分でつくれたら何より楽しい。

　JA庄内みどりでは、ホームベーカリーがこれまで五〇〜六〇台は普及した。米粉の製粉機ができた今年に入ってからだけでも、軽く二〇台は売れたそうだ。


『現代農業』二〇〇七年十二月号　うちのお米でパンを焼く一番簡単な方法

私のパンは地元の米屋さんが強ーい味方

青森県十和田市　古舘留美子さん

編集部

米粉にはそれぞれ得意分野がある

　ちょうど五年前、古舘《ふるだて》留美子《るみこ》さんは、地元十和田市の道の駅に加工施設ができたことをきっかけに米粉パンづくりを始めた。

　今では米も、米粉も、米粉パンも、はたまた米粉を使ったチーズケーキなんかもみんな自分の米でつくって売る。その名も「田んぼシリーズ」。

　留美子さんは、地元の精米所二軒と、秋田の製粉業者と、合計三か所で米粉を挽いてもらっている。三種類それぞれの米粉の特徴を生かして、団子用、パン用、ケーキ用と上手に使い分けている。

　地元の「相坂《おさか》農産加工」の米粉（胴つき製粉）は、団子や郷土料理の豆しとぎにすると粉っぽさが残りにくくおいしい。もう一つの地元の「丸井精米工場」の米粉（ロールミル製粉、一八〇メッシュ＝〇・〇八㎜粒くらい）はパンにするとこねやすく、しっとり焼けるので気に入っている。秋田の「おぐら製粉所」の米粉（ジェット製粉機、〇・〇二㎜粒）はチーズケーキなどのお菓子にするとふんわりする。

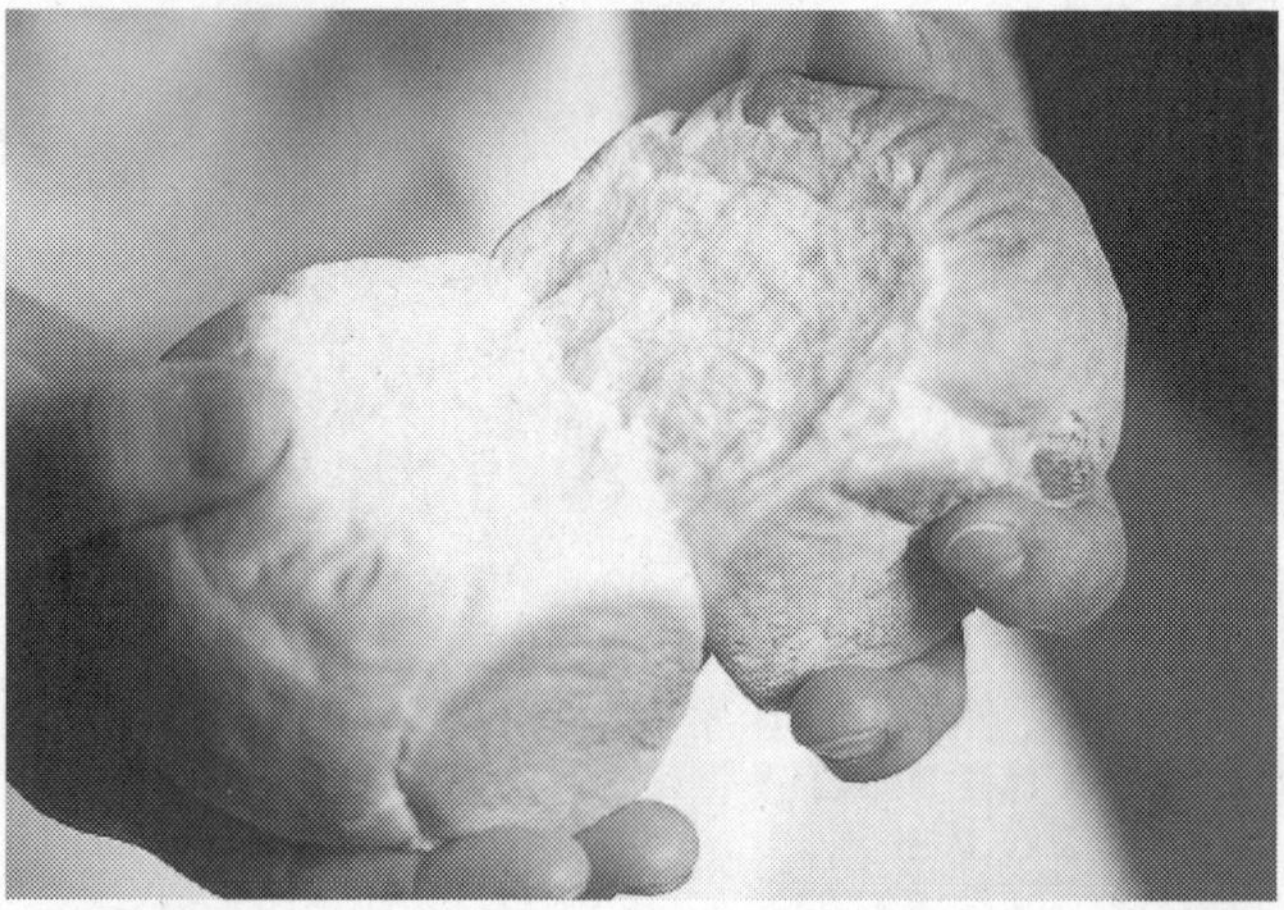

ロール製粉した米粉で焼いたパンは、微粉砕の米粉ミックス粉のようにふんわりとはいかないが、しっとりもっちりと焼ける

　製粉代は三か所とも一kg二〇〇円でやってもらっている。

パンは自分の米でつくりたい

　米粉パンをつくるようになった最初の一年間は、胴つき米粉を使っていた。だがそこは、自分が持ち込んだ米と同量の米粉を交換でもらえる仕組みなので自分の米粉ではなくなってしまう。団子やしとぎにすると他の米粉では出せないおいしさが出るのだけれど、パンとなると話が違った。水分量が毎回違って難しい。それでも留美子さんは、『現代農業』を参考にして、それなりに満足いく米粉パンを焼いていた。

　一年経ったころ、丸井精米工場から「うちでも粉を挽いてみませんか」と声をかけられた。改良型のロール製粉だとかで、従来の

自分のお米でつくった「田んぼのパン」（田中康弘撮影、以下も）

ロール製粉みたいなざらつき感がないというのがそこの売り。なによりも持ち込んだ自分の米をそのまま挽いてくれるのが嬉しかったので、さっそく試しにパンを焼いてみたら、とてもこねやすい！　発酵も窯伸びもいい！　自分の米だから水分量はいつも一定なので、パンの品質も安定した。

一度だけ新潟県の有名な製粉会社の米粉ミックスを使ってパンを焼いたことがある。焼いてみたら今まで見たこともないくらい、ふんわり膨れた。まるで小麦パンみたいにおいしそう。ところが食べてみたら、どうも違う。おいしくなかった。友達もすぐ気がついた。「なんだか違う」米が違えばこんなに味が違うんだってことだけははっきりわかったかな。それ以来、自分の米でなければ！っていう想いがうんと強くなりました」

三年前、今度は秋田のおぐら製粉所が売り込みにきた微粒の米粉は、お菓子の原料に向いていた。いろいろな米粉情報はおぐら製粉所が教えてくれる。自分の米以外の米粉やタイ米の米粉なんかも試しに持ってきてくれて、とてもいい勉強になったけれど、それでもやっぱり自分の米が一番おいしかった。

遠くの製粉業者より地元の粉屋を味方に

丸井製米工場の社長さんが「自分とこで挽いた米粉で十和田の古舘さんがおいしい米粉パンをつくっているんだ」とあっちこっちで喋るもんだから、パンのお客さんはどんどん

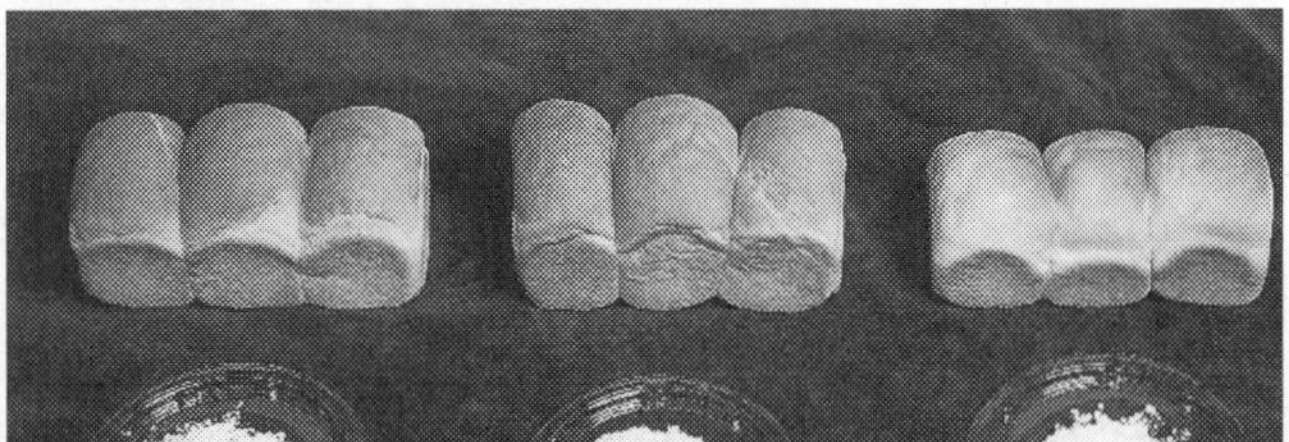
ロール製粉
胴つき製粉

なるほどー。粉によって使い分けるんだ。ロール製粉もジェット製粉も、粉の粒子が細かいからなのか、ふっくら、しっとりしたパンができるわよねぇ

3種類の米粉で同じパンを焼いてみました。
いつも使うロール製粉の米粉とケーキに使っているジェット製粉は膨らみ方はほぼ同じ。焼き色はジェット製粉が一番よかった。胴つき製粉は他と比べて膨らみが弱い

2日に1回焼いて出している。焼いただけ売れてしまう人気商品

増えている。

かつて留美子さんは、自分で製粉機を買ってみようかと考えたことがある。でも結局買わなかった。

自分には粉を挽く技術はないけれど、地元には粉挽きのプロがいる。たった一人でお客さんに応え続けることに限界を感じていたという留美子さんは、「何もかも自分でやらなくても、技術ある人に任せることも大事なんだ」と思えるようになった。今では、自分の米でつくるパンにとって、地元の粉屋の存在は欠かすことができない。

わざわざ遠くの製粉業者に頼まなくとも、地元にだって熱心な粉屋さんはいるはずだと留美子さんはいう。

中米だって大事な私の米

今年は減反で去年の半分しか作付けしなかったので、米粉にまわす米が足りなくなりそうだ。そこで古舘さんは、網から落ちる中《ちゅう》米《まい》や上等なクズ米を製粉しようと考えている。

クズ米はひどいと、一kg五五円で地元のクズ米業者に買いたたかれる。

クズ米業者はそれを精米して一kg一〇〇円でビール工場に売っているのだそうだ。もう一度ふるいにかけた中米なら十分良質の米粉になる。

去年試しに、中米を丸井精米工場で製粉してもらった。すると、同じようにパンが焼けたし、味も変わらなかった。こういう融通がきいちゃうのも、地元の粉屋ならではのことだろう。

実は留美子さんが嫁いだ先のおじいちゃんは、米の検査員だった。そのおじいちゃんに米の見方を仕込まれたという留美子さん、米への想いが人一倍強い。

「どうせ安く買いたたかれるくらいなら、私の中米は、私がパンにして売りたい。そうじゃなきゃもったいないですよ」

留美子さんの「田んぼのパン」のコーナー

『現代農業』二〇〇八年十二月号　私の「田んぼのパン」は地元の米屋さんが強ーい味方

第二の人生「お米のパン屋」

山形県村山市　高橋隆一さん

田中康弘

高橋隆一さんと妻の秀子さん。「お米のパン家」の米粉パンは、米粉80％にグルテン20％を混ぜたパン

山形県村山市で米粉を使用したパン屋さんが今年の六月にオープンした。経営者の高橋隆一さんは建築関係の仕事に長年携わってきた。それが引退を機に選んだ第二の人生はなんとパン屋さん。

「『現代農業』に米粉のパンの話が載ってるのを読んでね、すぐこれだと思ったよ」

建築業のかたわら田んぼ（一町二反）と畑仕事をこなしてきた兼業農家でもある高橋さんは即断即決の人でもある。なにしろ米粉パンを初めて知ってから開業までに二か月弱しかかかっていない。地元の在来線区間を走る新幹線「つばさ」よりまちがいなく速い(!?)。しかしなぜ米粉パンだったのだろう。

「村山市を中心に三〇年以上仕事をしてきたからね。その地元にね、少しでも恩返しをしたかったんだよ」

地元村山産の「はえぬき」を使って、安全で健康的、そしてなによりおいしいパンを食べてもらいたい。米どころの地元を応援するには「これだ！」とひらめいたそうだ。

実際に米粉のパン「コメワッサン」をいただいてみる。こぶりだが重量感があり、サクサクした歯ごたえはクロワッサンそのものだ。これを食べて米粉ですねという人はまずいないだろう。それにしても「コメワッサン」のネーミングがなかなかいい。店の名前だって「お米のパン家」。聞けば、この店名は高橋さんのひらめきによるものだというから、やはり即断即決のスピード男なのである。

都会の流行りのパン屋さんとはかなり違う立地条件（田園地帯の国道沿い）、そしてどちらかというと地味な店内。これで商売が成り立つのだろうか。

「いやあ、第二の人生だからね。儲けは度外視だよ。地元への恩返しだから」

とはいうものの、そんな話を聞く間にもお客さんが引きも切らない。なかには四〇〇〇円近い買い物をした人もいる。土日・祝祭日にはほとんどの商品が昼過ぎには売り切れるというから、なかなかどうして。

「一八〇度違う商売を始めて、最初はね、『いらっしゃいませ』のあいさつができなくてね。でも、お客さんと会って話すのはすごく好きだから楽しいよ」

おいしいパンと笑顔、これが「お米のパン家」繁盛の秘訣のようである。

「コメワッサン」プレーンタイプとチョコ入りタイプ

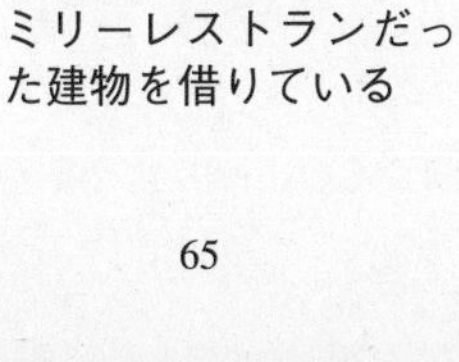

国道沿いの店は、ファミリーレストランだった建物を借りている

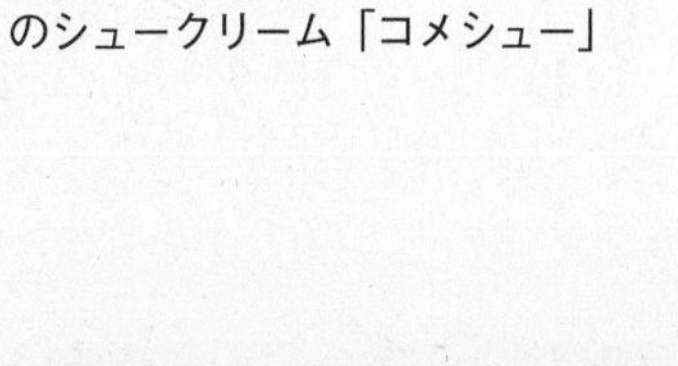

米粉パンの生地でつくったモチモチのシュークリーム「コメシュー」

『現代農業』二〇〇七年十二月号　第二の人生「お米のパン家」

グルテン不要！米粉一〇〇％パンができた
—もう輸入小麦は食べません

宮城県七ヶ浜町　星　陽子

昔、小学校に入ったばかりの頃、生家（福島市）の祖母にこんな話を聞きました。秋が来てイネを刈り取ったもののさっぱり重たぐね、こいでみたら（モミすりしたら）実が入ってねい、からモミばかりで一〇人家族で食ったら一か月ももたねいくらいしかとれなかった。じいさまが『この米は来年のタネにする』と語ってその年は一粒の米も食わなかった」

ご先祖たちが、荒れ果てた土地を開墾し田んぼにしてくれました。トラクタもなく鍬で、長靴もなくワラぞうりで。それなのに、区画整理された田んぼが減反とやらで今は雑木が生い茂る荒地となっている。あげくの果てに米価の下落で農家は生活ができなくなり、米を作るのをやめ始めました。

筆者。有機無農薬で減反を拒み、2haの米を全量自己販売。月2回（各30kg）岐阜の米粉食品開発研究会へ米を送り、米粉とうどんにしてもらう。製粉代は1kg当たり80円、製麺代は1袋250g）当たり220円。

小麦加工品を一切やめた

これでいいのですか？　命を次世代につなげなくなりますよ。パン、パスタ、焼きソバ、ラーメン、カップ麺、そんなもの食べるな！　米があるでしょう。ご飯があるでしょう。米を食べなくなったから高血圧、高血糖、高コレステロールと悩まなければならないのでは。

米の消費量が減り、米余りになったのはパン、パスタのせいと思ったらやけに腹立たしくなり、小麦加工品を食べるのをやめました。でも私一人がやめても世の中変わりはしない。だったら小麦よりおいしいものをつくればいい。米粉だ！　そう思ったのです。

小さい頃、石臼で米を粉にしてだんごやうどんにしていた母や祖母の姿を思い出しました。その石臼どうなったかなと物置を探したら、なんと漬物石になっていました。そこで家庭用製粉機を買い、だんごに、天ぷら粉、お好み焼き粉もすべて米粉でつくってみました。ただ、パンだけはうまく膨らまない、なぜだ？　ここでグルテンを使うのは癪にさわる。

四苦八苦していた時、友人からもらったのが米粉一〇〇％のパンと微粉の米粉でした。答えが見つかりました。私の製粉機では微粉は無理だったので、一〇kgから受け付けてくれる岐阜県の米粉食品開発研究会に自分の米を送り、改造型高速粉砕機で比較的細かい米粉にしてもらいました。こねる具合、発酵温度などクリアして、ようやく膨らむようになりました。米粉の種類によっても多少違いがあると思いますが、私がつくる米粉一〇〇％のパンでは、こねをしっかりやることと、発酵温度を下げないことが成功のコツです。

焼き加減も完璧。……と思ったら、今度は味に？がついてしまいました。砂糖、塩の種類、量を変え、やっとお客さまにも「どうぞ」と言えるようになったのが、左のつくり方のパンです。
わが家は海苔屋なので、最近米粉パンをちぎって海苔をまいて食べる「海苔パン」にはまっています。そんなわけでパウンド型でのパンがちょうどいい具合。米粉パンは小麦パンと違い腹もちがよく、低カロリーで中年の私たちには最高です。

（宮城県七ヶ浜町松ヶ浜字浜屋敷）

『現代農業』二〇〇八年十二月号　グルテン不要！　米粉一〇〇％ができた　もう輸入小麦は食べません

星さんちの米粉 100%パンのつくり方

■材料（パウンド型1本分）

上の写真の材料のほかに、
ぬるま湯（35℃）30cc、熱湯（85℃以上）400cc

①酵母をぬるま湯（35℃）に入れ、よくかき回して溶かす。

②熱湯に米粉Aを入れ、よくかき混ぜてのり状にして冷ましておく。

③②に米粉B、グラニュー糖、自然塩、①で溶かした酵母の順で入れ、5分くらいよく混ぜ合わせる。

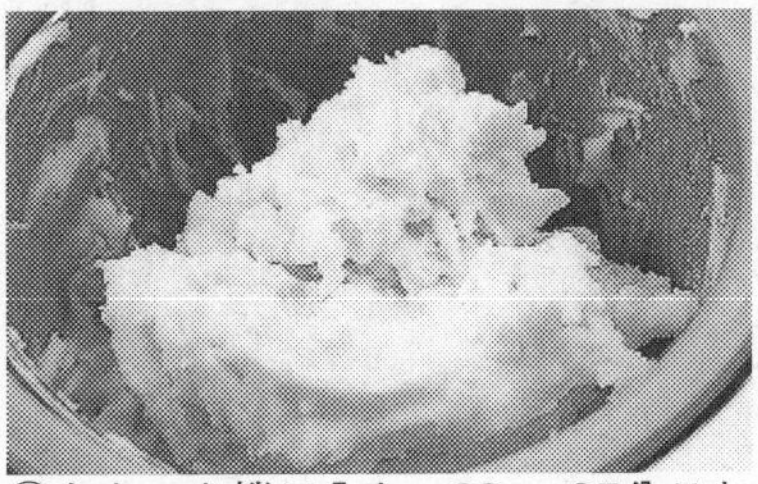

④もちつき機に入れ、20 ～ 25分こねる。※30分以上こねると、もちになってしまう。

20 ～ 25分後

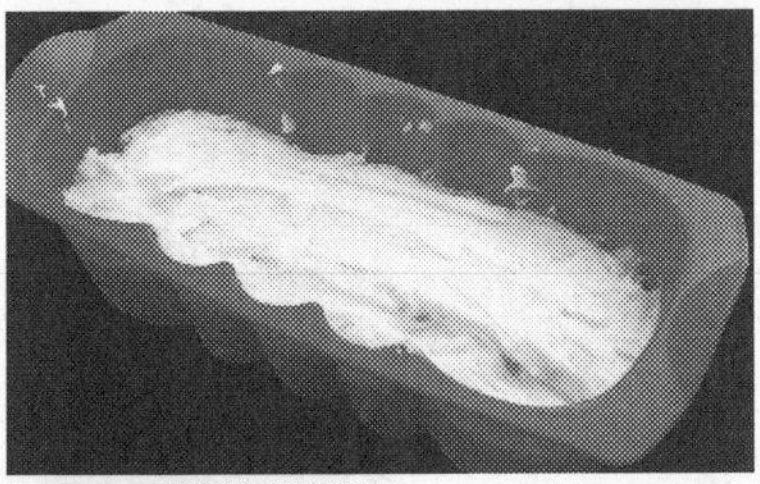

⑥生地を型に入れて、表面が乾燥しないようにクッキングペーパーでくるみ、電子レンジで35℃をキープし発酵させる。発酵は電子レンジ、炊飯器、発泡スチロール、何でもいい。発酵時間は40 ～ 50分。膨らみをみて加減する。

⑦生地が1.5倍くらいまで膨らんだら、オーブン170℃で30分焼き、さらに180℃で20分焼く。

米粉をのり状にして、
グルテンの代わりに
しちゃうってことネ。
ふっくら膨らんだパ
ンとは違うけど、米
粉パンにはこんなの
もありよネ

星陽子さんのお店「星のり店」のホームページ　http://www.hoshinori.jp

グルテンいらず 白神こだま酵母で一〇〇%米粉パン

大塚せつ子

翌日もやわらかな米粉食パンへ

小麦アレルギーの人も食べられるノングルテン米粉パンのつくり方を紹介したのは、二〇〇五年のことでした。(『ふんわり自然派、からだにやさしい　白神こだま酵母パン』農文協)。小麦粉のパンはグルテンを柱にガスをしっかり包み込むことによって、ふっくらしたパンになりますが、残念ながら米粉にはグルテンがありません。そこで、米粉で「のり状」にしたものを加えることで、発酵したガスを包み込むようにしたのです。

しかしこれは、いわゆる「パン」とはかけ離れたものでした。一番の大きな理由は「翌日固くなる」ことでした。また、ガスを包み込む生地の力が弱いため、背の低いパウンド型の大きさで焼くのが主流でした。サンドイッチをつくれるような、大きなパンが焼きたい！」多くの皆様からいただいた課題でした。

野菜種法の完成

この課題を解決してくれたのが、野菜に含まれるデンプンや食物繊維など、自然が持つ偉大な力でした。「デンプンそのもの」の力だけではなく、野菜たちが持っているすべての力を借りることで、なんと翌日もふわふわで、おまけにガスを包み込む力が強いパンができました！

とくに、ジャガイモ・サツマイモ・カボチャ・ヤマイモ・レンコンなど、デンプンが多く含まれる野菜たちが向いています。中でもジャガイモは、品種や産地にもあまり左右されず安定しています。またカボチャだと、綺麗な黄色のパンになります。

また、従来「のり」として使用してきた「米粉のり」や「おかゆ」は、水分にブレが出やすく安定しにくかったのですが、「ポン菓子」を使うことで水分が安定し、さらにつくりやすくなりました。

(写真はすべて原田崇撮影)

見た目はパン、でも噛めば噛むほどご飯と同じく飽きない甘さとおいしさ、これぞ日本のパンの味。炊飯器で炊いてみると、もっとふんわりしたパンが出来上がりました。

パンから始まった米粉の研究は、現在煮込んでも溶けないうどんやパスタの完成にまでつながっています。これからも、新たな米の食文化を発信していきたいと思っています。

(料理研究家・サラパン教室主宰)

『現代農業』二〇〇八年十二月号「グルテン不使用白神こだま酵母で作る一〇〇%米粉パン」が、さらにおいしくやわらかく。その秘密は野菜種法

ジャガイモとポン菓子で、やわらか米粉パン

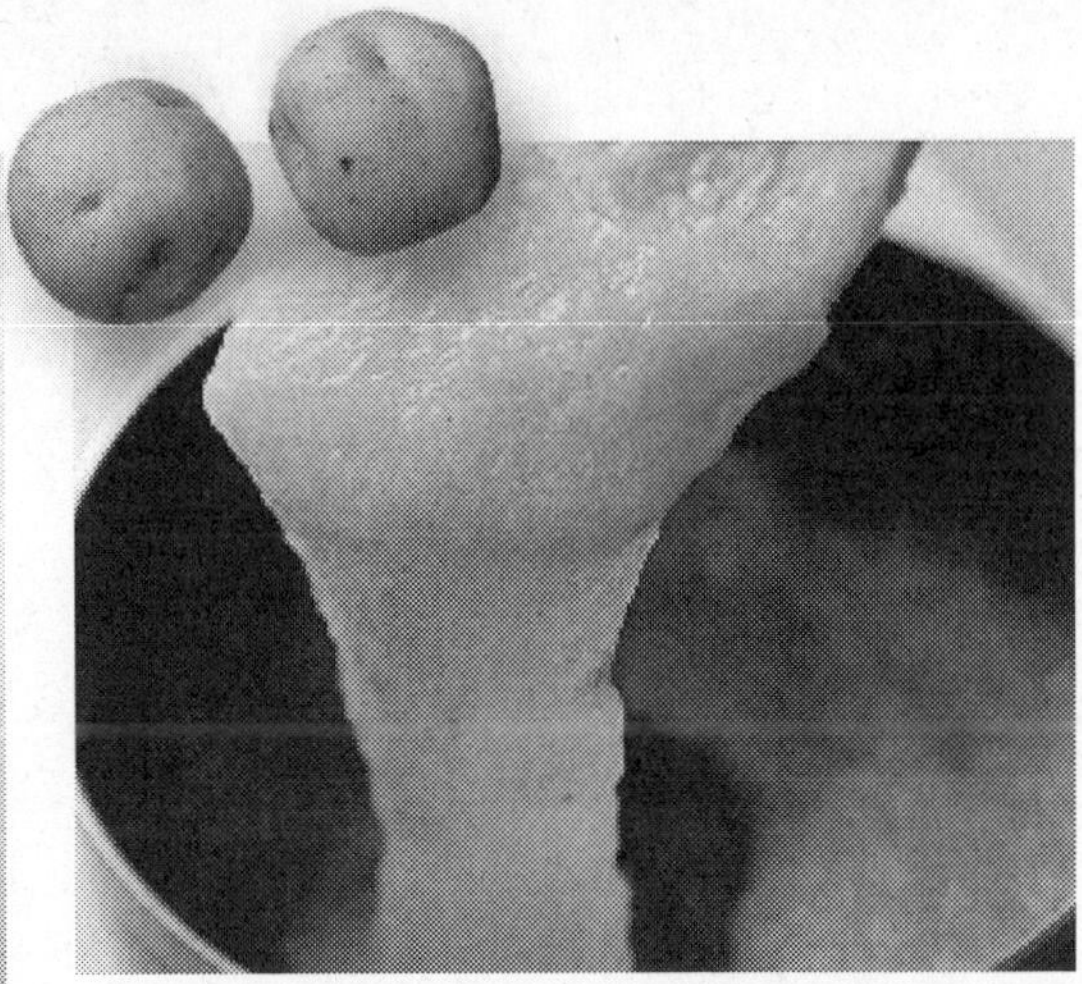

①ジャガイモのすりおろしに同量の水を加えて加熱し、ジャガイモ種をつくる。

②無糖のポン菓子をフードプロセッサーで細かく砕き、パフ種をつくる。

③米粉300g、パフ種15g、砂糖9g、塩3.6gを入れて混ぜておく。ジャガイモ種60g、白神こだま酵母6gを温水30gで溶かしたもの、温水216gを入れ、生クリームのようなつやが出るまでよく混ぜ合わせる。パンこね機を使うと便利。混ざったら、1斤型に流し入れる。

④30～35℃、湿度85％で30 ～ 40分、生地が倍にふくらむまで発酵させる。

⑤ケースにふたをして160℃で10分、200℃で20分焼く。その後ふたを取って200℃20分。

グルテン不要のラブライス

東野真由美

粘度が異なる単一素材を混ぜ合わせる

従来の製パンに関する記述によれば、米や大麦の粉にはグルテンが含まれていないため、パンを作ることはできないとされていた。通常、パンを作る場合には、ミキシング、発酵、焼成といった工程を経る。グルテンは適切な粘度を有しているため、イースト菌の働きによって発生した気泡が大きく成長するときに、気泡が破けて炭酸ガスが抜けてしまうことを防ぐ。また、焼成の段階では出来上がったセル質を保つ骨格の役割を果たす。グルテンにより、ふっくら感のある良好なパンを作ることができるのである。

ところで、発泡スチロールに代表されるプラスチックの発泡材を作る場合には、ドロドロに溶かした原材料に炭酸ガスを入れ、発泡させる。これは従来の製パン工程でいえば、小麦粉の生地にイーストを混ぜることで、その発酵により生地を膨らませるという考え方に基本的に共通する部分がある（図）。

しかし、発泡スチロールにはグルテンに当たるものは入っていない。そのかわり、粘度が異なる複数種類のプラスチックを混ぜ合わせることで作られる。粘度が異なるものの、原料は単一素材のプラスチックである。米粉の場合も、粘度の異なるデンプンを混合することで発泡するのではないか？　このような考え方から誕生したのが「Love Rice（らぶらいす）」である。

グルテン不要・米粉一〇〇%の新食品

山形大学工学部では、粉砕時に熱が加わるとデンプンの分子構造が変化するという米の特徴を利用し、独特の粘弾性特性が付与された米粉を開発した。これを通常の米粉に混ぜることでグルテンを用いなくとも発泡する。良好な気泡のセル質をもった米粉一〇〇%の新食品である。

特許出願後、（株）ベーカリー中村屋の協力で、米沢でテストマーケティングを行ない、大盛況にて本格販売開始。その一か月後には、この技術を核に、山形大学ベンチャー・ビジネス・ラボラトリー初の企業を立ち上げた。

ラブライスは小麦のパンとは全く違った食感を持っている。二〜三倍の水分量があるため、しっとりモチモチした食感があり、噛みしめるほどにほのかな米の甘味と上品な味わいが広がる。どんなおかずとも相性がよく、すぐに食べられるご飯のような感覚である。消化がよく、内臓への負担を減らしてくれるほか、同じ重さの小麦パンと比較しても低エネルギーなため、非常にヘルシーな食品といえる。

米粉で小麦粉製品に似せる必要はない

ラブライスはパンではなく、粉食としての新しい用途である。米粉を原料とする製品を小麦粉製品のようにする必要はなく、米粉の良さを味わえばよいし、米粉でしか出せない食感もあると考える。従来の粉砕設備による粉類の新食品として、地元でとれた農産物をその地域で消費していく新システムへとつながり、地方の活性化と消費拡大が望めると期待する。

ただし、技術だけではモノは売れない。「おいしさ」や「健康」の追求をしていきたい。また、大豆、大麦、ソバなど、ほとんどすべての穀物は粉として新たな加工が可能である。弊社は米だけでなく、農産穀物の粉を用いた新商品の開発に取り組んでいる。日本の健康志向の新食文化を築いていきたい。

なお、農家がラブライスを作る場合、地元で粉砕した米粉七〇%に、弊社で粉砕した米粉三〇%をミックスする形が考えられる。技術・ノウハウについては、弊社までご連絡ください。

（株）パウダーテクノコーポレーション

『現代農業』二〇〇三年七月号　家発泡スチロールの原理に学んだ「ラブライス」

発泡スチロールの原理から考案したラブライス

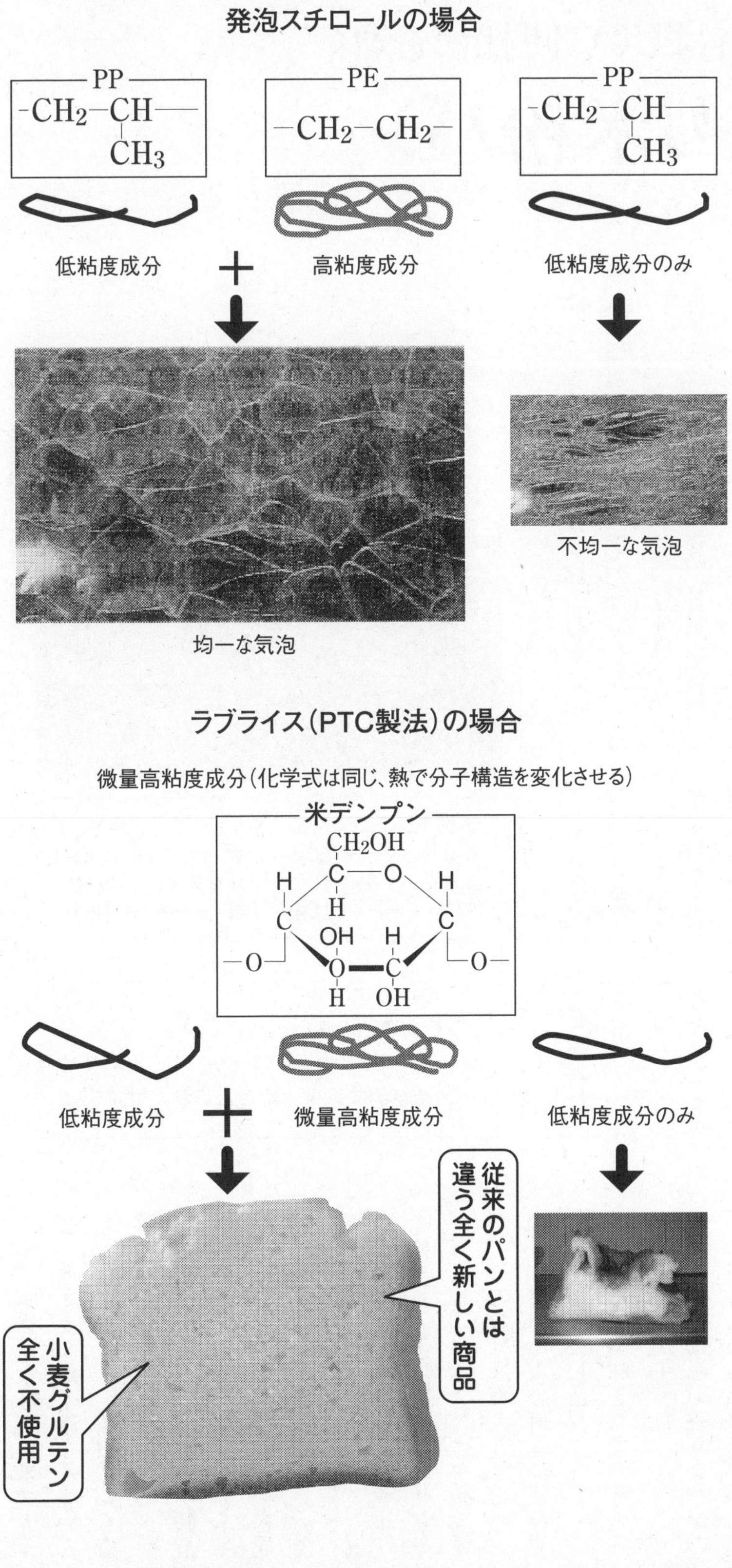

腹もちがいいうえ香ばしい、便秘にも効く

炒りヌカ入り米粉パン

小出静恵

炒りヌカ入り米粉パン

■材料

米粉	50g	水	180ml
強力粉	180g	炒りヌカ	20g
砂糖	10g	塩	4g
ショートニング	20g		
ドライイースト	3g		

■つくり方

ホームベーカリーのパンケースに入れてタイマースイッチオン！　たったこれだけ。

インターネットは「お米を売るツール」としてだけでなく、「お客様とのコミュニケーションの場」にもなり、貴重な情報交換ができます。

じつはこの「炒りヌカ入り米粉パン」はお客様から教えていただきました。

最近は、米粉ブーム。小出農場といたしましても「米粉を利用してパンを焼けたらな」という気持ちから、近くの電気店で米粉でパンが焼けるというホームベーカリーを購入し、さっそくチャレンジ！

しかし思うような味にはならず米粉パンってこの程度？などと悪戦苦闘をしていることをブログに書き込むと、お客様からこんなアドバイスをいただきました。

「じつは……奇跡のパンってあるらしいんですよ。炒った米ヌカをパンに混ぜて焼くと、便秘解消になって一〇kgやせたり、血がきれいになったり……、本当かなあ？　米ヌカって、ミネラルが半端なく多いんでしたよねえ？　小出さんも奇跡のパン焼いてみませんか？」

秋場の厚着に加えて脂肪も厚着をしている私はさっそくチャレンジしてみたら、これが大成功。ヌカは炒ってから入れるのですが、ヌカを炒っている間、いい香りが部屋中に広がるのですよ。

普通パンにはマーガリンやジャムをつけて食べる私ですが、この炒りヌカ入り米粉パンは香りがいいため何もつけなくていただけました。

これだけ美味しくて、そのうえやせられたら……。

ヌカの香ばしい香りをパンの中に閉じこめるわけですから、おいしさは格別です。焼けたパンの香りに炒りヌカの香りが加わると、市販品にはない手づくりのよさが出ますね。

（小出農場　新潟県妙高市関山一七三一―一）

『現代農業』二〇〇八年十二月号　炒りヌカ入り米粉パン

「ごはんパン」小麦粉パン以上の膨らみ・もちもち・しっとり感

奥西智哉（食品総合研究所）

本当に思いつきであるが、炊飯米つまり炊いたご飯をパンに使ってみたらおもしろいんじゃないかという考えがたまたま浮かんだ。

さっそく実験室にあったご飯の水分を計って、ちょこちょこっと計算をして、ホームベーカリのレシピを変換して「ごはんパン」のレシピを作成。すぐさま、家にいるカミさんに電話してつくってもらいました。春先から、カミさんの要望でわが家にもホームベーカリーがあったのです。帰って感想を聞くと大好評で、「よし、これを研究のネタにしてやろう」と「ごはんパン」研究が始まったわけです。

糊化したご飯がグルテンがわり

結論からいきますと、「ごはんパンはよく膨らんで、しかもおいしい」ということがわかりました。

パンの膨らみは小麦特有のグルテンのなせる業です。米には（もちろんご飯にも）グルテンは含まれていないのですが、糊化したご飯の粘りがグルテンの役割を果たしているのだと思われます。

パンは膨らまないとおいしくないのですが、「ごはんパン」はちゃんと膨らみます。そして、単においしいだけでなく「もちもち」や「しっとり」といったわれわれ日本人が大好きな食感が顕著であるということがわかったのです。

一五～二〇％でふわふわ、三〇％でもちもち

炊飯米をパンの材料に使うとき、気をつけないといけないことがあります。それは乾燥品である小麦粉とか米粉に比べて、炊飯米はかなりの水分を含んでいることです。ご飯の多水分を考えに入れておかないと、思ったようなパンに仕上がらないことがあるかもしれません。だいたい、ご飯の半分が水分で、残りの半分が米からできていると理解しておいて構わないと思います。

「ごはんパン」をつくる際は、小麦粉の一部をご飯に置き換えます。米ベースで一五～二〇％だと、ふわふわに膨らむパンに仕上がります。米ベースで三〇％くらいだと、もちもち感が際立ったパンになりますので、そこは好みで変化させるといいかもしれません。ちなみに、「米ベースで三〇％」をご飯に換算すると、材料の約半分がご飯として入ることになります。

もちもちやしっとりのほかにも甘みも「ごはんパン」の特徴ですが、これらはご飯を入れれば入れるほど強くなります。

ごはんパンの分量

	＜ふわふわタイプ＞	＜もちもちタイプ＞
ご飯	100g	160g
強力粉	200g	175g
水	130㎖	95㎖
砂糖	大さじ2	同じ
塩	小さじ1	同じ
バター	10g	同じ
ドライイースト	小さじ1	同じ

＊常温で冷ましたご飯を使用。温かいご飯や冷蔵庫で硬くなったご飯だと、仕上がりがよくない場合がある

＊ご飯はよくほぐして加える

ホームベーカリーさえあれば

このようにご飯をパン材料として用いる魅力は、①膨らむ、②特徴的な食感が加わる、などが挙げられます。炊飯米は一般家庭ではありふれた食材なので、ホームベーカリーさえあれば、その日の残りご飯で、翌日の焼き立て「ごはんパン」が出来上がります。昨今のライフスタイルの変化により、朝ご飯の時間短縮でパン食が増加していますが、そういう家庭にはぜひ「ごはんパン」をおすすめしたいと思います。

業務用でも、それぞれの地域に根ざした食材とマッチさせることにより、特産化を図ることも容易です。六次産業化のような小ロット・多品種の製造で、国産率あるいは地産率が高く、地元の顔が見える安心も商品価値の一つになります。

また、「ごはんパン」の特徴甘みやしっとり感により、砂糖あるいは油脂量を減らすことも可能であり、カロリー計算の面から、学校給食や病院給食の献立の幅が広がるかもしれません。

『現代農業』二〇一〇年十二月号　小麦粉パンよりよく膨らむ，確実においしくなる

炊いた黒米玄米を練り込んで
黒米入り米粉パン

佐藤昌枝

収穫前の黒米

米粉パンのふんわりもっちりとした食感を味わい、「小麦でなくても米でパンができる」ということを知ったのは、数年前、道の駅で売っていた米粉パンを食べたときでした。

世間では、穀物高騰や食の安全性が問題になり始め、小麦高騰の影響で米粉を使ったパンが話題になり、注目を集めています。米粉パンに興味をもって調べていくうちに、私も自分の田んぼでつくった体にやさしくておいしいものを、パンに取り入れたいと考えるようになりました。

『現代農業』の記事で、白神こだま酵母が米粉と相性がよいことと、天然酵母なのに軟らかいパンになることを知り、これを使って自分のつくった米・黒米でパンを焼きたい！　と心に強く思いました。

偶然にも、この酵母を知る栄養士の先生に出会い、仲間と一緒にパンのつくり方・酵母の扱い方について教えていただきました。この応用で、米粉と黒米を使ってパンをつくってみようと思い、先生に相談したところ、白米よりも玄米のほうが栄養価が高いことと、黒米を入れることで玄米を食べ慣れない方でもおいしくいただけると教えていただきました。また、黒米特有の香りは、酵母と米粉によく合いました。

より多くの人に気軽に食べていただくことを目標に、月に一～二回焼く程度ではありましたが、先生が考案されたレシピのもと、やっと念願の黒米入り米粉パンができました。

（千葉県君津市）

『現代農業』二〇〇八年十二月号　炊いた黒米玄米を練り込んで、黒米入り米粉パン

黒米入り米粉パン

材料

米粉	120g	グルテン	26g
麦芽糖	4g	砂糖	6g
塩	3g	牛乳	60g
水	60g	バター	10g
炊いた黒米（玄米）	30g	白神こだま酵母	3g

つくり方

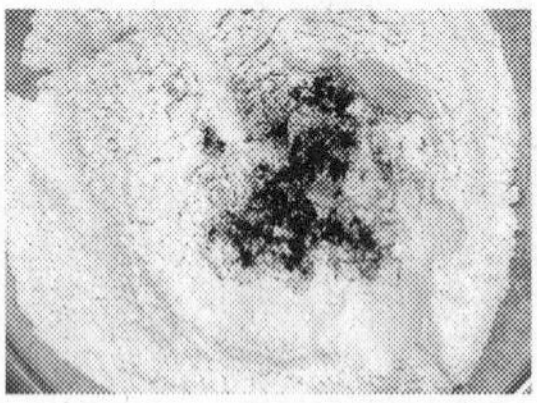
①炊いた黒米と粉類（米粉・グルテン・麦芽糖・砂糖・塩）をよく混ぜ合わせ、牛乳、水、酵母を加えてよくこねる

②よくこねてまとまってきたら、バターを入れ、10分くらいよくこねる。
③分割、丸めて、ベンチタイム20分

焼き上がった黒米入り米粉パン

④中火強のガスオーブンで、13～15分焼く。10分たったころから焼け具合を見ながら焼くと失敗がない。焼く前にパンの中心にクープ（切れ目）を入れてバターを置くとさらに風味がよくなる

米粉の

コロッケ

と

ロースサンド

堀田茂樹

海津市は岐阜県内でも有数の米どころです。米粉の加工品をつくるようになったのは、市内の道の駅のオープンがきっかけでした。

地元食材の特産品開発の依頼があり、有志が集まって「米粉食品開発研究会」が結成されました。研究会には農家のメンバーもいるので、原料は一〇〇%地元でまかなえます。

私たちが米粉に使っているハツシモ米は岐阜県の代表品種。しかし幻の米といわれ、岐阜県でしか栽培されていない珍しいお米です。

米粒は、お米のなかでも一、二を争うくらい大きく、粘らないので寿司米としてもよく使われます。また、収穫後翌年の夏を越えても味の劣化が少なく、冷めてもおいしいのが特徴です。

私たちはそのハツシモを自家製粉しており、中米・古米を問わず有効利用しています。製粉時に極力熱をかけないようにして酸化を抑え、米本来の風味を残すことを心がけてきました。

米の風味のある米粉で作った加工品は、ご飯と同じでどんな食材とも味がなじみます。

サクサクのコロッケ

新しい米粉加工品の一つ、米粉コロッケの材料には、地元海津市産のジャガイモと岐阜県特産品の飛騨牛を使いました。味付けした飛騨牛ミンチに蒸したジャガイモを混ぜ、衣に米粉を使い、パン粉も米粉パンから作ったパン粉を付けます。

苦労した点は、衣にする米粉を卵と水に溶くときの配合割合に尽きます。何度もあきらめそうになりながらも完成にこぎ着けました。

特製味噌味ロースサンド

一方、ロースサンドの苦労した点は素材どうしのバランスです。ロースカツをコロッケと同じ手法で作り、米粉パンにはさむところまではいいのですが、問題はロースカツにつける味でした。パンと衣に米粉が入っていることもあり、ただのソースではおもしろくない。お米に合って地元特有の味。そう考えた結果、地元の味噌カツからヒントを得て、三種類の味噌を配合して作った特製味噌味になりました。

「サクサクでたいへんおいしい」「お米の風味がして和・洋の融合」と、いずれもお客様から好評をいただいています。

これからも米のもつ可能性を探求し、日本の農業活性化、米の消費拡大、食の有事への対応（食料自給率の上昇）に貢献していきたいと思います。

（米粉食品開発研究会　岐阜県海津市南濃町奥条二八六―二　TEL〇五八四―五五―〇二二九）

『現代農業』二〇〇七年十二月号　冷めてもサクサク　米粉コロッケと米粉ロースサンド

米粉食品開発研究会の米粉

お米：地元のハツシモ。中米も古米も利用

米粉：高速粉砕機（宝田工業製）で熱を加えないように製粉した150メッシュの米粉。一部を熱風でアルファ化・粉砕して混ぜる

わが家で楽しむ米粉うどんのつくり方

貞広樹良

筆者。経営はイネ約20ha、ソバ13ha、ムギ3.5ha、ダイズ3.5ha、イモ・カボチャ・ハスカップなどを2ha。体験工房は、夏季は随時予約

北海道美唄《びばい》市でイネを中心にムギ、ダイズ、ソバ、野菜などを作っている貞広です。

美唄は道内でも有数の米どころです。そこで美唄では米の付加価値を高めようと、平成十三年から美唄産米の「米粉」としての利活用の研究が始まりました。現在では地元の食品加工業者が中心となって、「美唄こめこ研究会」が立ち上がり、市内のお店で米粉や米粉パン、米粉麺、米粉菓子が販売されています。

私の農場では約二〇haで、おぼろづき、ななつぼし、ほしのゆめなど七品種のイネを作っています。

また農閑期を中心に、自家産や地元でとれた農産物を使い、自宅敷地内にある「体験工房よーいDON」において、農産物の加工体験を行なっております。

体験の種類は、ここで紹介する米粉うどん作りのほか、

米粉シフォンケーキ作り
ポン菓子（ドン）作り
ソバ打ち
豆腐作り
味噌仕込み
もちつき

などもしております。

（北海道美唄市進徳町二区　美唄こめこ研究会事務局長）

『現代農業』二〇〇八年十二月号　わが家で楽しむ米粉うどんの作り方

米粉うどんのつくり方

材料（5人分）

米粉（グルテン入り※）……500ｇ
水……約300cc
塩……10ｇ
※JA美唄を通じて美唄産米を新潟製粉に送り、グルテンを15%含む米粉を購入。

用意するもの

パスタマシーン（スーパーで3980円で買いました）

①水に分量の塩を入れ、塩水を作る。ボウルに米粉を入れ、塩水の半分を入れて手で混ぜ合わせる

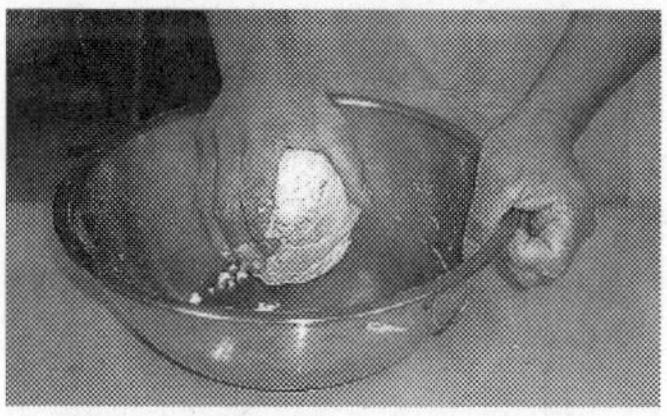

②残りの塩水を入れ、手でこねる（硬めでも、なんとかまとまる程度でよい）

③まとまったら、二重にした袋の中に入れる（外側は厚めの袋がよい）

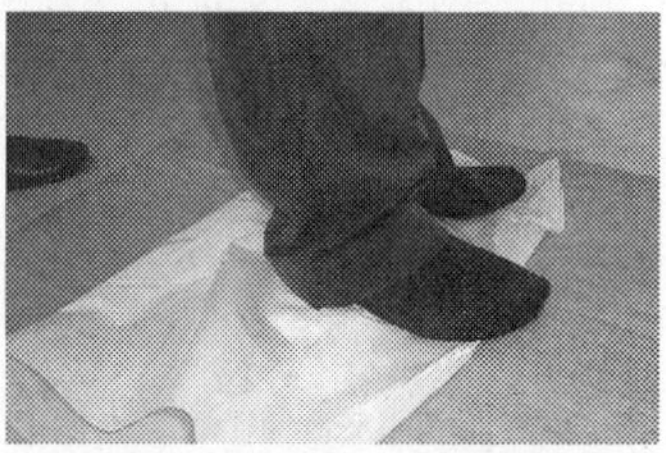

④足で踏む（体重をかけて、かかとで）

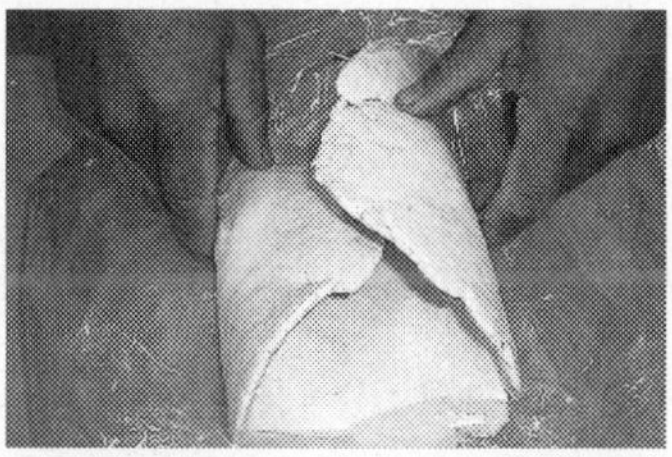

⑤たたんでもう一度よく踏む。もう一度④から繰り返す

⑥袋から取り出し、米粉をふった台の上にのせ、包丁で5㎝の幅に切る

⑦麺棒で5㎜くらいの薄さに延ばす

⑧パスタマシーンでさらに2㎜くらいに延ばす（厚さが調節できるので、何回か通して少しずつ薄くしていく）

⑨延ばしたものをパスタマシーンで好みの幅に切っていく

⑩できた麺を沸騰したお湯に入れ、3分ほどゆでる

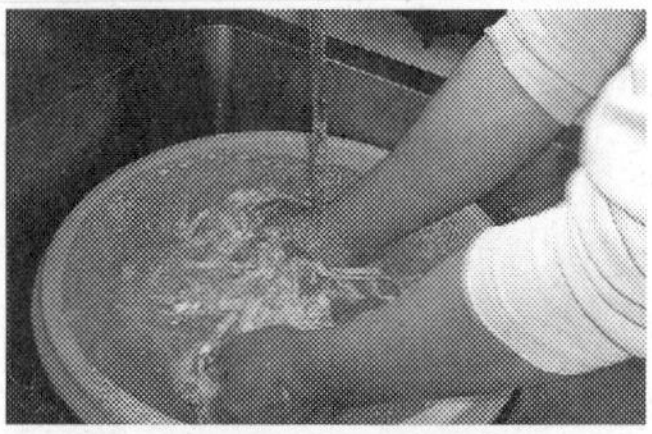

⑪ざるに取り出し、流水で洗う

⑫もちもちした米粉うどんの出来上がり。通常のうどんよりも白い。こしがなくなるのが早いので、早めに食べるべし！

●アドバイス

100%の米粉と地場産などの小麦粉を半々で混ぜてもいいと思います。その場合は、少し水の分量を減らしてください。生地は休ませてもいいですが、時間がなければ休ませなくても大丈夫！

もちもちしておいしい！
米粉の麺もイケるわネ

高アミロース米「越のかおり」の米麺

―農商工連携で新しい麺を開発

新潟県上越市　所山正隆さん、小酒井武夫さん

西村良平

それは台湾での出会いから始まった

台湾の首都・台北の百貨店。二〇〇七年、ここで開かれた上越市物産展で、日本から台湾にコシヒカリを売り込む五人の農家グループと、酒粕入りの麺を売り込む製麺業者が偶然いっしょになった。

農家グループの一人が所山《しょやま》正隆さん（一九四九年生まれ）。製麺業者のほうは、乾麺や生麺を製造する（株）自然芋《じねんじょ》そばの小酒井武夫社長（同年生まれ）。小酒井社長は、アワ・ヒエ・キビの雑穀麺や米の麺など新たな麺を開発し、販路を広げようとしていた。

所山さんは「同じ市内にいて世界に目を向けているいい人と知り合った」と喜んだ。小酒井社長は、「海外にまで出かけていって商売をやろうという農家がいた」と驚いた。

翌年二月、小酒井社長が所山さんに、「新しい米の麺をつくるために、いま試験研究中の新品種米を栽培してみませんか」と話を持ちかけたことが、農商工連携の始まりとなった。

米の麺に向く高アミロース新品種「越のかおり」

新品種とは、上越市内にある農研機構中央農業総合研究センター北陸研究センターが育成した「越のかおり」（北陸207号）。ふつうのうるち米品種に比べてアミロース含量が高いこの新品種の情報を上越市が得て、自然芋そば、JAえちご上越を交えた四者が、麺の共同開発に取り組むことになっていた。

越のかおりは、インド原産の短粒種（サージャンキ）にキヌヒカリを何度も掛け合わせてつくられた。コシヒカリのアミロース含有率が一八％程度なのに対して、越のかおりは三五％程度と二倍含まれている。

農家12人と㈱自然芋そばの連携で米の麺が生まれた

うるち米には、コシヒカリのように粘りがあってご飯に向くものと、越のかおりのようにパサッとしてピラフなどに向くものとがあるが、それはデンプンの違いによる。デンプンは、分子の構造によってアミロースとアミロペクチンに分けられる。コシヒカリのようにアミロースの割合が低くアミロペクチンの割合が高い品種では、麺にしたときに粘って一本一本がくっつきやすい。それに対して、

アミロースの割合が高い越のかおりは、パサッとして麺の離れがよい利点がある。

自然芋そばでは、アレルギーの引き金となる小麦粉やそば粉を使わず、やはり製麺適性がよい北海道産米のゆきひかり（アミロース含率二一〜二二％）を使った乾麺を製品化していた。次は、地元上越産の米を原料とした米の麺を開発し特産品にしたいと考えていたころに所山さんと出会ったのだ。

ショヤマ農場の所山正隆さん

脱コシヒカリ、多品種栽培へ

二〇〇八年、所山さんは自然芋そばと四tの越のかおりを生産する契約をした。

一三haの水田を耕作する所山さんは、米の消費が減るなかで、コシヒカリを半分ほどに減らし、早生のゆきん子舞、もち米のこがねもち、酒米の越淡麗などの多様な米を栽培する新たな道を模索していた。それに二〇〇八年から新規需要米の制度ができた。米粉用など、主食用の米の消費に影響を及ぼさない米の減反田での栽培が認められたのだ。これにも取り組みたいと思っていたところに小酒井社長から持ちかけられたのが、新規需要米としての越のかおりの栽培だった。

所山さんの地域では、転作のダイズ栽培が奨励されている。けれど、田んぼが湿田なのでダイズを播いても発芽が悪い。転作作物として米をつくれるなら、そんな心配はいらないうえ、新しい作業機が必要ないのも魅力だ。

越のかおりの穂。千粒重はコシヒカリよりやや重い。育成地（新潟県上越市）での出穂期は、コシヒカリより2日ほど早く、成熟期はほぼ同じ

越のかおり栽培のポイント

所山さんは、四tの契約量を余裕をもって確保できるように作付面積を七五aとした。イモチ病への耐病性が不十分ということで、育苗箱の段階で薬剤を施用。田植えは五月二十日で、坪五〇株の疎植にした。苗が減らせると、タネ代や育苗培土の量、育苗にかかる労力も減らすことができる。そのほか、越のかおりの栽培には次のような特徴がある。

①多収を狙える

キヌヒカリの系統なので、コシヒカリよりも倒伏しづらく、つくりやすい。所山さんは、

元肥を通常の五割増しの多肥にして、多収を狙っている。

栽培一年目の昨年のイネ刈りは、コシヒカリが終わったあとの十月一日。一〇aで六三〇kgとれた（コシヒカリは五四〇kg）

②できるだけ遅刈り

品種の特性というわけではないが、胴割れの心配がいらない。小酒井社長によれば「できるだけ完熟させてほしい。麺にするには胴割れ米でもよい。ただし、青米が混じってはダメ」。青未熟米が混じると、麺にその色が入り込むからだ。完熟するまでじっくり待って収穫すれば、収量も増える。

ちなみに、田んぼで立毛乾燥させて収穫すると、晴天が続けばモミの水分は一八%くらいまで下がる。仕上がりの一五%まではあと三%減らせばいいので、遅刈りすることで乾燥機の燃料代も少なくてすむ。

③翌年の米に混じる心配はない

キヌヒカリの性質が強いので脱粒しにくい。一方、発芽しやすいのも特徴で、イネ刈りのときにモミが田んぼに落ちたとしても、すぐに芽を出して冬の寒さで枯れてしまう。次の年にその田でコシヒカリなどを栽培しても、越のかおりが混入する心配はまずない。

㈱自然芋そばの小酒井武夫社長

また、発芽しやすいことから、所山さんは「直播栽培にも適している」とにらんでいる。

石臼挽きの米粉で半生麺

自然芋そばでは、所山さんが栽培した越のかおりから「越のかおり 米の麺」を製品化した。二〇〇八年十一月から本格製造を開始している。細麺と並麺、平麺の三種類あり、厚さはどれも〇・九㎜で、幅はそれぞれ一・五㎜、三㎜、五㎜。やや湿り気がある半生麺で、白く透き通っている。白色だけれど透明感がない小麦粉の麺とはここが違う。ゆで時間は、細麺で一分、平麺なら三分。どちらもコシがあってツルツル、スベスベ。冷麺に近い食感だ。賞味期限は一か月となっている。

当初、パスタ風や天ぷらそば風などのメニューも考案し、上越市内の飲食店で消費者の反応を調べたときには、四〇日間で一一〇〇食以上が売れた。考案したメニューも好評だった。

乾麺にすれば賞味期限はもっと長くとれるが、食堂などの業務用には向かない。「茹で上げる時間がかかるので、客を待たせてしまうからです」と小酒井社長。店では三分くらいまでが限度だという。

ところで、「越のかおり 米の麺」の製法の特徴として製粉の工程で石臼を使う点があげられる。精米した米に水を加え、それを石臼にかける。豆腐製造に使うのと同じ電動石臼だ。米粉パン用の米粉には、高価な気流粉砕機で製粉した米粉がよく使われるが、電動石臼ならそれより安価ですむ。

また、つなぎと味の補強のため、石臼挽きの米粉にタピオカデンプンを二〇%加えている。

「ジャガイモのデンプンだと、乾麺にする場合は問題がないが、生麺、半生麺では、しばらく時間をおくうちに変質して色が赤くなってきます。タピオカのデンプンならその心配はありません。それにタピオカのほうが安いですよ」

と小酒井社長は説明する。

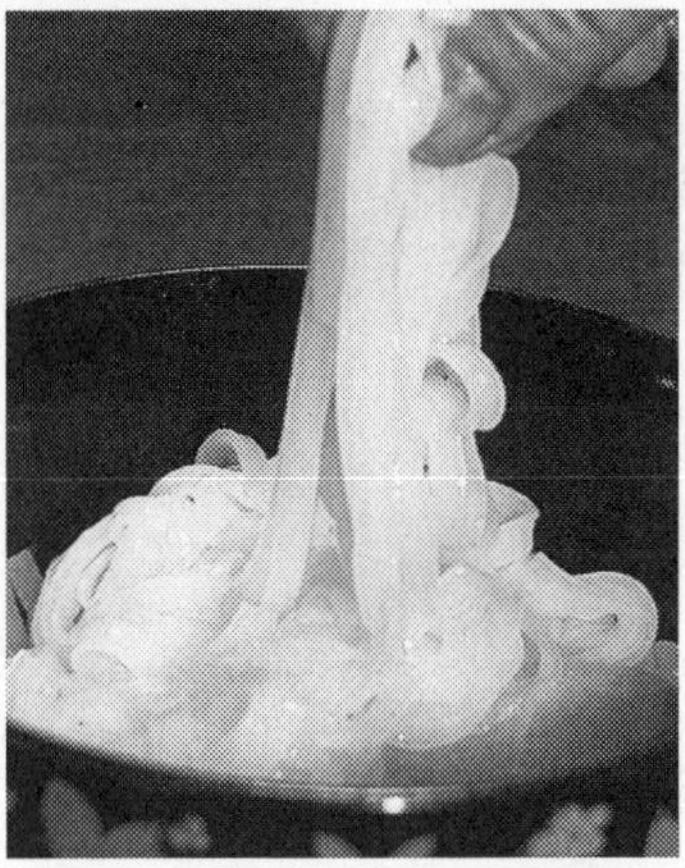

コシがあってツルツルの食感。JAえちご上越の直売所などで販売したときの消費者へのアンケートでは、「食感がいい」「和洋中のメニューに対応できる」「ゆで時間が短い」など高い評価を得た

細麺（左）と平麺。いずれも 110g157円。市内のスーパーなどでも売られる

二年目は一ha、契約量五六tに拡大

　二年目となる二〇〇九年は二月に所山さんの呼びかけで、台湾に行ったときのメンバーなど一二人の認定農業者が上越米粉研究会を立ち上げ、越のかおりの栽培に取り組むことになった。自然芋そばとの契約量は五六t（約一〇〇〇俵）に増え、栽培面積は一〇haに拡大した。所山さんの田はそのうち五〇aだ。基盤整備が始まったために前年より減らしている。

　生産農家と自然芋そばの間の取引価格は、加工用米に準ずるものとなる。その代わり、新規需要米生産推進の交付金が一〇a五万五〇〇〇円受給できる。

　なお、食用米のような等級検査はないが、モミや異物の混入などを自主検査する。一二人のなかの二人が農産物検査員の資格を持っているので、それを担当する。

　一方、所山さんは来年の栽培に備えて、種モミ用の栽培もしている。それと、発酵豚糞を入れて肥料代を下げる試験もしている。自然芋そばのそばガラなどを地域の養豚業者に持っていき敷料に使う。それでつくった堆肥を田んぼに入れ、できた米を製麺業者へと循環する。去年と今年、それぞれ一〇a当たり二〇〇kgを投入した。資源と環境を重視したリサイクルは、農商工連携に物語性を添える。米の麺を売っていく仕掛けにも役立ちそうだ。

「まだ消費者になじみの薄い米の麺をどう売るかが課題。試食会を開いてたくさんの人に食べてもらいます。地域からの発信でブランドの全国展開を目指します。米を原料に、麺以外にも、ギョーザや春巻きの皮などさまざまな製品をつくっていきます」

　そう小酒井社長が強調すれば、所山さんは「イベントなどにも出て麺をアピールしていきますよ。これをきっかけに新たな農業の展開を考えていきたい」と応じる。イベントなどでは、その場に生産農家がいるとお客さんの反応がよくなるからだ。

　農商工の連携は、「商」（販売）のところで「農」（農家）が積極的な役割を担うことで大きな成果が期待できる。そんな取り組みが始まっている。

（地域資源研究会）

『現代農業』二〇〇九年十二月号　高アミロース米「越のかおり」を石臼水挽き　農商工連携で新しい米麺

米麺「もくべい」
押し出し方式でできた米粉一〇〇％の麺

米屋武文

日本の米では麺ができないという「常識」

日本は昔から瑞穂の国といわれ、私たち日本人はたくさんの米を主食として食べてきました。ところが、その食べ方は和菓子など一部の米粉利用以外は、もっぱらご飯としての粒食です。ほかのアジアの国々にはいろいろな米麺があるのに、どうして日本には米麺がないのか、あるいは作らないのか、不思議に感じていた人も多いのではないでしょうか。

私自身も幼いころからずっと、米で麺を作ってみたいと思っていたひとりでした。やがて大学で食品学を学ぶようになって、小麦に含まれるグルテンが米にはないために、米を粉にしても小麦粉で作るようなパンや麺はできないことを知ります。それでもアジアには米の麺があるわけですから、不可能なはずはないとも思っていました。

静岡県浜松市の杢屋食品では、にゅうめんタイプの米麺の試験販売を始めている（めん処杢屋にて、写真はJAとぴあ浜松提供）

これまでにも同じような考えで、わが国で米の麺に挑戦した人はいたはずです。しかし私はまもなく、麺にするには、外国に多いインディカ米と日本のジャポニカ米のデンプンの性質の違いが影響することを知りました。米だけで麺を作るには、小麦粉のように水で捏ねるだけでは粘りが出ないため、生地を加熱してデンプンを糊化（アルファ化）しなければなりません。そのとき、外米と比べてアミロペクチン含量の多い日本米では餅状になってしまうのです。

餅になった生地は、麺の形に成形しても麺どうしがべたべたとくっついてしまうし、食感も悪くて、とても食べられたものではありません。そのような理由で、日本では米から麺を作ることは不可能という常識が出来上がってしまったのだと思います。

突然のひらめき——麺の表面と内部の糊化度を変える

その後、小麦から取り出したグルテンを米粉に添加したり、米粉に小麦粉を混ぜてパンを作る方法があることを知り、私たちも地元パン屋と連携して米パンを商品化しました。米麺も米パン同様にグルテンを添加したものを試作しましたが、予想に反してなかなか思ったようなものができません。回転するロールに生地を通して麺帯とし、それを切り出す方式の製麺機で作った場合、材料を水とともに捏ねたのでは麺帯ができないのです。湯とともに捏ねることで麺はできましたが、

押し出し式製麺機から出てくる米麺

切れやすくかつコシのないものでした。

米の麺は無理かと諦めかけていた矢先、たまたま訪ねた浜松市内の杢屋食品が、押し出し式というまったく異なるタイプの製麺機を使っているのを見かけました。さっそく米麺の試作を申し出たのですが、やはり当初は食感のよい麺はできません。つなぎ用として、グルテン以外にジャガイモデンプン、コンニャク粉、タピオカデンプンなどを添加したり、添加量や水の温度を変えて試作をくり返し、かなり改善しましたが、納得のいくレベルのものはできませんでした。

ところが昨年秋のこと、杢屋社長の突然のひらめきから、つなぎを用いない米粉と水だけで粘りとコシのある食感のよい麺ができたのです。このひらめきとは、押し出し式製麺機（エクストルーダー）とスチーマーの組み合わせによって、麺の表面と内部の糊化度を変えるというものです。これによって表面は滑らかで内部はコシのある切れにくい麺が出来上がりました。グルテンが入っていないので、グルテンの特長を引き出すための食塩を加える必要がないうえ、製造ラインが製粉から製品まで米専用ですので、小麦アレルギーの方にも朗報です。

麺やパンで米の消費拡大、自給率向上

うどん・中華麺・ビーフン・スパゲティなどの麺線をはじめ、ショートパスタや餃子、春巻きなどの麺皮も作ることができ、いずれも食感は良好です。当製法の先行事例が見当たらないことと周囲の勧めもあって、現在、特許出願中です。

今年三月中旬、幕張メッセで開催されたＦＯＯＤＥＸ２００６において、農水省総合食料局ブースの開発研究コーナーで発表展示をさせていただきました。

四月下旬からは、浜松市にある杢屋食品のアンテナショップのめん処杢屋にて、「もくべい」という名でにゅうめんに調理して試験販売しています。

日本の食料自給率四〇％（カロリーベース）は、先進国のなかでは最低水準です。頭打ちの耕地面積と、品種改良や化学肥料による単位収量の伸びが鈍化する一方で、二〇五〇年には世界人口は九〇億人に急増するといわれています。国家間の食料争奪戦が予測される状況下では、食料自給率を上げておくことは国民生活安定のためにきわめて重要と考えます。

国内で唯一、一〇〇％自給できる米の消費拡大こそが、食料自給率向上に有効な手だてとなり得るのです。食生活の洋風化によって、ご飯としての消費には限界があるでしょう。米粉にして麺やパンとして利用することこそ、もっとも実効性のある方策といえるのではないでしょうか。

（静岡文化芸術大学文化政策学部）

『現代農業』二〇〇六年九月号　もくべい　押し出し方式でできた米粉一〇〇％の麺

身体にいいお菓子

玄米粉シュークリーム カスタードクリーム・タルト

長崎市　ウィルキンソン五月

米粉でパンやお菓子をつくるなら、体にいい玄米粉を使うのはいかがでしょう。玄米粉の製粉は、ミキサーとふるいさえあれば家庭で簡単にできます。

玄米はお米ですので、小麦粉とは違ってグルテンが含まれていません。したがってパンの場合は、米粉パン同様、グルテンを足してつくります。一方、お菓子の場合は、グルテンが含まれていない玄米粉は、いくら混ぜても粘りが出ないことが利点になります。

おいしくてローカロリー、そしてヘルシー、トリプルパワーの玄米粉菓子を紹介します。

『現代農業』二〇〇八年十二月号　身体にいいお菓子、玄米粉シュークリーム・タルト

玄米粉シュークリーム

（撮影　黒澤義教、以下も）

材料（小4個）

玄米粉	40g
バターまたはマーガリン	25g
水	50cc
砂糖	小さじ1
卵	M玉1 個

つくり方

はじめに天板にバターまたはマーガリンを薄く塗っておく（分量外）。

①鍋にバター・水・砂糖を入れ火にかける。バターが溶けてブクブク沸騰してきたら火からおろし、すぐに玄米粉を一度に入れて木べらで手早く混ぜ均一にする。

②①をふたたび弱火にかけ、力を入れて焦がさないように絶えずかき混ぜ、生地がなべ底からツルンツルンと離れるようになったら火からおろす。

③②に溶き卵を少しずつ加え、木べらで混ぜてよくなじませる。生地が木べらに付いて落ちない程度になったら卵を入れるのをやめる。

④絞り袋に③の生地（人肌程度の温度）を入れ、4～5㎝間隔で天板にこんもりと搾り出す（このとき渦状に搾り出すと焼いたあとに底がとれてしまうので注意）。

⑤④に霧吹きで人肌程度の水を吹きかけ、200℃に温めたオーブンで10分、続いてふたを開けずに180℃で10分、さらに120℃で8分焼く。ふたを開け、そのまま1分ほど乾燥させて焼き上がり。

⑥熱いうちに切れ目を入れて冷ます。

⑦冷えてから、カスタードクリーム、ホイップクリーム、フルーツなどを詰め、仕上げに、好みでチョコレートや粉砂糖を振りかける。

失敗例と原因

膨らまず平たい……卵を入れすぎて生地が柔らかすぎる。

膨らまずそのまま……生地がかたすぎる。

底がオーブンにくっつく……オーブン皿に塗ったバターが少ない。

底に穴が開く……オーブン皿にバターを塗りすぎたか、もしくは、渦巻き状にしぼり出した。

黄桃の玄米粉タルト

材料（直径20cmのタルト型1 個分）

ビスケット生地の台
- 玄米粉 …… 190g
- マーガリン（ソフトマーガリンでよい） …… 60g
- 砂糖 …… 40g
- 卵 …… 1個

中身
- 玄米粉カスタードクリーム
- 生クリームまたはホイップクリーム …… 20cc
- 黄桃の缶詰（シロップをきり、くし型に薄く切っておく）

つくり方

①マーガリンをクリーム状にする。
②砂糖を加え、泡だて器で白っぽくなるまですり混ぜる。
③卵を溶き、少しずつ加えながらすり混ぜる。
④玄米粉を加え、均一に混ぜてひとまとめにする。
⑤ラップで包み、冷蔵庫で2時間以上冷やす。
⑥カスタードクリームをつくり、熱いうちにクリーム20ccを加えてよく混ぜ、粗熱をとる。
⑦冷蔵庫で休ませておいたビスケット生地を取り出し、めん棒で円形に均一にのばし、型に敷く。
⑧粗熱のとれたカスタードクリームを流し入れる。このときカスタードクリームが固ければ、へらまたはしゃもじで均一にする。
⑨切っておいた黄桃を、カスタードの上に、外側から円を描くように手早くのせる。
⑩180℃のオーブンで約40分、表面に焦げ目がうっすらとつく程度に焼く。
⑪冷蔵庫で冷やしてで出来上がり。翌日までおいたほうが味がしまっておいしい。

※このとき30㎝ほどに切った（30㎝四方）ラップ2枚にはさんでのばすと、手を汚さず簡単に敷ける。型に生地を敷くときは、上のラップをそっと外し、下のラップを持って型にかぶせる。型の真ん中から指で押さえながら、型の縁まで生地を敷きつめる。縁からはみ出る余分な生地は、縁を指でラップの上から押して落とせばよい。型にバターやマーガリンなどを塗る必要はない

※黄桃を、缶詰のアプリコットや、生のリンゴ（紅玉・ふじなど酸味のあるもの）をスライスしたものなどに変えても美しくおいしい

玄米粉カスタードクリーム

材料（小4個）

- 卵黄 …… 2個
- 砂糖 …… 60g
- 玄米粉 …… 20g
- コーンスターチ …… 15g
- 牛乳 …… 300cc
- バター …… 15 g
- バニラエッセンス …… 少々

つくり方

①卵黄と砂糖を混ぜる。
②牛乳大さじ1 を加える。
③玄米粉・コーンスターチを加えてよく混ぜる。
④残りの牛乳を沸騰させ、少しずつ加えながら混ぜる。
⑤ザルを通して火にかけ、プクプクいうまでよく混ぜながら火を通す。
⑥火からおろし、熱いうちにバターを加えて混ぜる。
⑦バニラエッセンスを加えて出来上がり。
⑧涼しいところで表面に膜が張らないように数回かき混ぜ、粗熱がとれたら冷蔵庫で冷やす。

ふかふかシフォンケーキのつくり方

宮城県加美町　菅原啓子

米粉は小麦粉と違ってだまにならず、ふるう必要がありません。いくら混ぜても、グルテンがないので粘りが出ないことも米粉のよいところ。シフォンケーキは、バターを使っていないので米粉のおいしさがよくわかるお菓子です。しっとりしていて口どけがいい。

材料

ケーキ用米粉	80g
卵（新鮮でちょっと高いもの）	3個
サラダ油	40g
バニラオイル	少々
牛乳	50g
砂糖	60g

注：ケーキ用米粉は宮城産うるち米100%の粉。天ぷらや唐揚げにも利用可

(プレーン、17㎝型)

*ボウル・電動ミキサーの羽根・シフォン型は洗剤でよく洗っておく
*オーブンは190℃に温めておく
*卵と牛乳は室温に戻しておく

①卵を、卵黄と卵白に分け、別々のボウルに入れる。

②卵黄生地をつくる。卵黄のボウルに砂糖の半分を入れ、泡立て器でもったりと白っぽくなるまで混ぜる。サラダ油、牛乳の順に加え、そのつどよく混ぜ、バニラオイルを加える。ケーキ用米粉を入れ、よく混ぜる（米粉はあらかじめふるう必要はない）。

③卵白でメレンゲをつくる。卵白を軽く泡立て、電動ミキサー（中速）で残りの砂糖を2回に分けて入れながら、ツノが立つまでしっかり泡立てる。メレンゲのキメをなめらかにするため、仕上げに低速で1分くらい泡立てる（しっかり泡立てたメレンゲはボウルを逆さまにしても落ちてこない）。

④②の卵黄生地に、③で作ったメレンゲの3分の1を加え、泡立て器で混ぜる。次に、残りのメレンゲを加え、ゴムべらでさっくりと、つぶさないように混ぜる。

⑤生地を型に流し込む。30㎝ほど高いところから流し入れると自然に空気が抜ける。さらに空気を抜くため菜ばしで型の周りを2～3周まわす。

⑥オーブンに入れて焼く。190℃に予熱しておいたオーブンで30分焼く。

⑦焼き上がったら、型ごと逆さにして完全に冷ます（ケーキが沈まないように）。パレットナイフでやさしく型から外す。

『現代農業』2008年9月号　外国小麦はいよいよいらない　農家の米粉活用、急拡大　シフォンケーキ

お米大好き母ちゃん 米粉料理レシピ

撮影・調理　小倉かよ

パンや麺のほかにも米粉はいろいろ使えそう。しっとりなめらか、サクサク、もっちりしたり、とろみが出たり…カンタン米粉料理をめしあがれ。

ゴボウとニンジンのかき揚げ

東京都八王子市・馬込雅子さん

＜材料＞2人分

米粉　大さじ3～
ゴボウ 1/2本
ニンジン 1/4本
塩、黒ゴマ　ひとつまみ

＜つくり方＞

1 ゴボウとニンジンを千切りにする

2 ビニール袋に千切りにしたゴボウとニンジンを入れ、米粉、塩、黒ゴマをふりかけ、シャカシャカ振ってよくまぶす

3 米粉を適量の水で溶いたものを用意しておき、袋から出したゴボウとニンジンにさらに衣をつける

4 天ぷら鍋に油を入れて、中温になったら揚げる

材料に直接、米粉をまぶすので、しっかりサクサク衣になる

サクサク

◆つくってみて…
均一に、軽くサックリと揚がり、時間がたってもベチャっとしない！　お弁当にもよさそう。これから天ぷら粉は米粉に決まりです。

『現代農業』2008年12月号　お米大好き母ちゃん米粉料理レシピ

こまち焼き

秋田県大仙市・上飯田集落営農女性部

山田アイ子さん

女性部のみんなで、試行錯誤してつくった。豆乳とジャガイモのすりおろしを入れたら、やわらかくなった

<材料>6人分

米粉　300 g
すりおろしたジャガイモ　200g
卵　4個
豚肉　40g
キャベツ　300g
ニンジン　40g
豆乳　250g
乾燥干しエビ　10g
タマネギ　100g
紅しょうが　40g
塩　少々
＊出来上がりにのせる材料：
お好み焼きソース、青のり、マヨネーズ、花かつお

水を1滴も加えないのが驚きでした。豆乳とジャガイモの水分でふっくら、野菜がいろいろ入って栄養満点！　おいしく焼けました。

<つくり方>

1 米粉、すりおろしたジャガイモ、豆乳、卵、塩を泡立て器で軽く混ぜあわせ、半日くらい休ませておく
米粉が水分をたっぷり吸収することにより生地がやわらかくなる。豆乳とジャガイモのすりおろしが「つなぎ」になり、硬くなりにくい

2 豚肉、野菜（キャベツ・タマネギ・ニンジン）を全部千切りにし、さらに違う向きから刻んで3cmくらいの長さにする

3 ①に②を全部混ぜ、乾燥干しエビ、紅しょうがも加えてざっくりと混ぜる

4 フライパンに油を少し引き、③を大きめのスプーンですくって直径10cmくらいの円にして焼く
一面に全部並べ終わったらすぐひっくり返して、あとはフタをして蒸らし、フタに水分がついてきたらまた返して、数分で出来上がり

5 ソースを塗り、青のりをのせて、マヨネーズ、花かつおの順にのせる

もちもちサバギョーザ

福井県越前市・とことんお米倶楽部
田中滋子さん

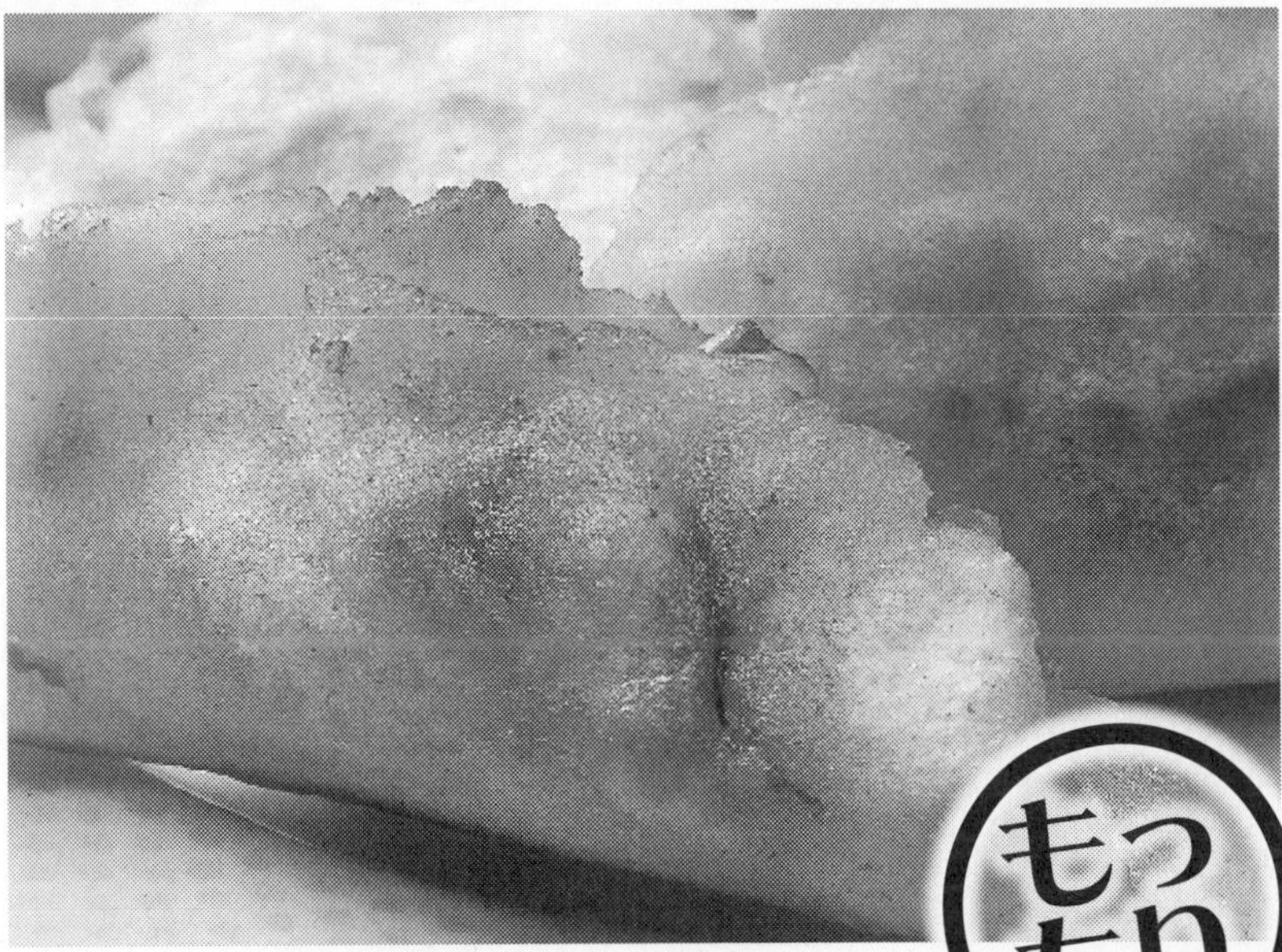

米粉クッキング教室で子どもたちにも人気の一品

もっちり

<材料> 4人分

皮
- 米粉　200g
- すりおろしたトロロイモ　大さじ1
- ぬるま湯　110〜130cc

具
- 焼きサバの身　150g
- ニラ　5本
- ニンニク　2片
- ハクサイキムチ　140g

しょうゆ　小さじ1
酒　小さじ1
ごま油　少々
塩こしょう　少々

<つくり方>

1 米粉にぬるま湯を入れてよく混ぜ、すりおろしたトロロイモを入れ、よくこねる

2 ①を20個くらいの団子にしてサッと熱湯にとおす

3 ラップ2枚の間に②の団子を挟み、手で押してのばして皮をつくる

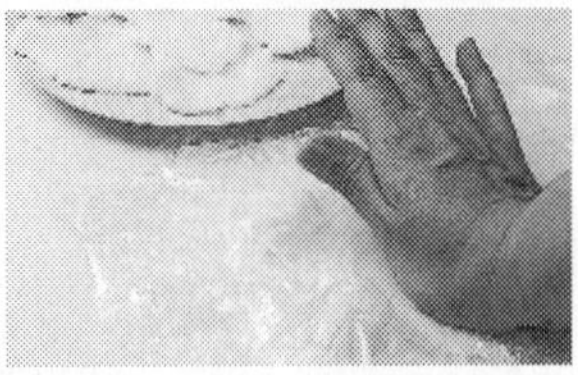

4 ニラ、ニンニク、ハクサイキムチをみじん切りにし、ボウルに入れる。そこへ身をほぐした焼きサバ、調味料を入れ、練り合わせる

5 ③の皮に④の具を包んで形を整える

6 フライパンに油を熱し焦げ目がつくくらい火を通し、からし酢醤油でいただく

熱々のギョーザの味は抜群！

皮はもちもち、サバとハクサイキムチがいい味を出してます。皮づくりは少々むずかしいかも。何回かチャレンジしてみよう。

とろ〜り

米粉でお手軽グラタン

田中滋子さん

ホウレンソウ、シメジ、ジャガイモの味が生きておいしい

<材料> 2人分

米粉　大さじ2
ホウレンソウ　2株
ブロックベーコン　100g
タマネギ　1/2個
ジャガイモ　小1個
シメジ　1/4株
牛乳　300cc
粒コーン　大さじ2
ブイヨン・塩コショウ　適量

<つくり方>

1 タマネギはスライス、ジャガイモは細めの拍子切りにして水にさっとさらす。ホウレンソウ・シメジは食べやすい大きさに切る。ブロックベーコンはジャガイモと同じくらいの大きさに切る（スライスベーコンでもよい）

2 熱したフライパンに炒め油を入れ、タマネギ・ベーコン・ジャガイモを炒める。焦げないように気をつけ、タマネギがしんなりしたらシメジを入れ、最後にホウレンソウ・粒コーンを入れてさっと炒める

3 牛乳を入れて一煮たちさせ、ブイヨン・塩コショウで味を調える

4 米粉を振り入れ、弱火でかき混ぜながら米粉を溶かす

5 ほどよいとろみになったらグラタン皿に注ぎ220℃に熱したオーブンで15分加熱する
ベーコンの代わりに牡蠣やシーフード、ジャガイモの代わりに湯がいたマカロニでもよい。味やとろみ具合はお好みで調整。オーブンの温度・焼き時間も器具によって異なるので注意

ホワイトソースを作る手間なし、がありがたい。しかも米粉はダマにならず、すぐに溶けてくれました。

みっこちゃんの米粉シナモンポテト

千葉県我孫子市・石井美枝子さん

★みっこちゃんより…
我孫子は水田の多い地域。「我孫子直売所」の加工部では米粉の特産品をつくろうと、製粉機を購入し、レシピも研究しています

皮をつくるとき、うるち粉だけでなく、もち粉も少し混ぜてみたら、パサパサ感が改善された

＜材料＞7個分

皮
- 米粉（うるち米＋もち米） 160g
- 卵 1個
- 砂糖 80g
- ベーキングパウダー 7g
- 塩 適量

シナモン 適量
黒ごま 適量
卵黄、みりん、しょうゆ 適量

あん
- サツマイモ（蒸かしてつぶしたもの） 500g
- 砂糖 100g
- バター 20g

＊うるち粉に対してもち粉は少量でよい

＜つくり方＞

1. あんの材料を混ぜ、練る
2. ①をたわらの形に丸める
3. 卵と砂糖を混ぜ合わせ、米粉、ベーキングパウダー、塩を加えて、こねる
4. ③がまとまったら7等分して薄く、だ円形に広げる
5. ②のあんを④の皮で包み、サツマイモの形に似せて、整える
6. ⑤をシナモンの上で転がし、斜めにカットする
7. 切り口に卵黄、しょうゆ、みりんを混ぜたものを塗り、黒ごまをつける
8. 175～180℃のオーブンで20～25分焼く

フライパン米粉ピザ

宮城県加美町・菅原啓子さん

カンタン米粉パンの生地を使ってピザをつくろう。

＜材料＞直径18cm 2枚分

米粉パン用ミックス粉 120g
強力粉 30g
インスタントイースト 3g
砂糖 5g
塩 2g
オリーブオイル 12g
冷水 120g
ピザ用チーズ、ピザソース、お好みの具

＜つくり方＞

1. ボウルに水以外の材料を全部入れ、軽く混ぜる
2. 水を加え、ひとまとまりになるまでヘラで混ぜる
3. 生地をフードプロセッサーに入れ、1分ほどかける
4. 2つに分割してきれいに丸め、ラップをして、ベンチタイムを15分とる
5. クッキングシートにピザ生地をのせ、麺棒で平らにして、ふたをして弱火で片面を焼く
6. 少し焼き色がついたら上下をひっくり返し、ソースを塗り、具をトッピングし、チーズをのせて、ふたをして弱火で焼く（底が焦げないように注意）

『現代農業』2008年9月号　フライパン米粉ピザ

『日本の食生活全集』にみる

お米を大切に食べてきた母さんたちの知恵

しとねもの

秋田県　県北米代川流域の食／奥羽山系（田沢湖）の食

穀類を乾燥し、外皮を除いて石臼に入れ、木杵でたたき、ふるいにかけて粉にすることを「はたく」といい、その粉に水を加えて練る「しとねもの」は、日常食に、また晴れ食に広く食べられてきた。米に例をとると、日常食には、うるち米、もち米とも、「こざき」「くな」と呼ばれるくず米や粃をおもに用い、晴れの日の神仏への供物や、大事な人へのごちそうには、上米を用いている。

製粉の方法は、もち搗き臼より少し小さめで底高の「女臼」「粉ひき臼」と呼ばれる木臼に水に浸した米を入れ、軽くて細めの手杵ではたく方法と、石臼の穴から少しずつ入れてひく方法がある。粉にする素材の種類や、量の多少、つくる人の人数などによって使い分ける。さらに、この荒粉を細かい目のころし（ふるい）でふるうと、きめの細かい粉が得られ、外観もよく口当たりのよいものができる。粉をはたくのは女たちの重要な冬の仕事であるが、高橋チヤさんの家は「水車の家」と呼ばれ、水車で粉ひきができることから、しだいに近隣の人の製粉を引き受けるようになり、これを副業として現金収入を得ている。

調理のしかたは、水か熱湯を加えて軽く練り、蒸したりゆでたりしたあと味をつけ、形をつくる方法と、熱湯を加え、力を入れて十分にこね、味をつけ、ほかの材料とも合わせて形を整える方法がある。両方とも、蒸す、ゆでる、焼く、揚げる、炒める、丸める、のばす、切るなど、調理の組合わせにより、弾力があり、しこしこした歯ざわりのもの、もろくあっさりしたもの、やわらかいもの、固いものと、違った風味が生まれる。食べ方も、汁の中に入れて煮ながら食べる、野菜と煮こむ、のばして焼く、揚げる、中にあんを入れて包む、笹の葉などで包んで煮る、などがある。また、からめる材料をいろいろ変えて、食べ方に変化をもたせている。たとえば、ゆるあめ（麦芽あめ）、くるみだれ、小豆あん、すましあん、豆の粉などがある。

変わったしとねものに、本膳料理のしとね口取りがある。

これは前日から隣り近所、近親者から六、七人の女手伝いをもらってつくる。村料理人（村の中の料理の上手な人）がいいつけたり教えたりして、つぎつぎとつくっていく。うるち米の粉、もち米の粉を、つくるものによって混ぜる割合を変え、ふつう、くしがた、巻きもの、かくまき、たい、はなの五品をつくるが、これに寒天と果物を添えると七品になる。

まず型ものは、うるち米粉七割に、もち米粉三割を混ぜ、水を加えてはんじょう（木を彫ってつくった盆）の中でよく練る。これをこしきに入れてふかし、臼に入れて搗く。一方、木型には、かたくり粉をひいておく。この型に搗いたもちを強く押して詰め、型から抜いて色づけをする。

巻きものは、このもちの一部を板の上にとり出し、緑などの色を入れてよくこねて、めん棒で薄くのばし、緑色の皮をつくる。竹のすだれに布を敷き、その上にこの緑の皮をのせ、白いもちをその上に五分くらいの厚さに重ね、一方からこれを巻いていき、竹のすだれの上からひもでしっかり巻きつける。一晩おいてやや固くなったところで、翌朝五分ほどの厚さに切ると、緑色をした巻きものができる。もち米粉の分量が多くなると、やわらかすぎてつくりにくい。大きな皿に米粉の口取り菓子を盛りつけると、めでたい祝い膳となり、主人側もつくった人も、お客も満足する。

米粉口取りは持ち帰り、もちのように焼いて食べる。

あさづけ

秋田県　県北米代川流域の食

うるち米をきれいにとぎ、一晩水に浸してから、ざるに上げ、すり鉢ですって粉にする。なべに粉一杯、水四杯を入れて火にかけ、焦げつかないよう、中火で透明になるまで、かき混ぜながら煮る。

砂糖と塩で味をつけ、下ろしぎわに食酢を加えて冷ましておく。冷めてから、薄味の塩漬かぶのいちょう切り、かぶの葉の小口切り、薄い輪切りきゅうりに、缶詰のみかんをいろどりに散らし入れたり、季節の果物などを、そのときどきによって適宜用いる。光沢のあるさわやかな白色の中に具の色彩が映えた、美しく風味豊かな食べもので、晴れの日の膳料理に、来客のお茶うけにと、重宝している。

粉あさづけ、こざきねりと呼ぶ人もあり、米を水浸しせず、寒ざらし粉やこざき米の粉などでつくって食べることも多い。

あさづけ
左：春の田植えどきやふだんのおやつとして――かぶやかぶの葉を塩でもんで入れる。／右：祝いごとや法事などに――みかん、きゅうりを散らす（撮影　千葉　寛『聞き書　秋田の食事』）

ねっけ

宮城県　仙北・大崎耕土の食

冬の間のごはんの食いのばしや補いにつくられる、代表的なものである。

朝のおづけの残り汁に、米の粉をふり入れながらかき混ぜて、ぼったりするくらいにまで煮あげる。熱いうちに食べる。冬の昼にはねっけのほか、ぞうすいもよく食べる。

かや巻きだんご　新潟県 佐渡の食

田植えが終わると、男の子の節句と農休みが重なるので、ゆっくりとだんごや豆腐をつくって、端午の節句のごちそうをする。

かや（茅）は葉のつけ根からさらに五寸ぐらいをつけて切りとり、洗っておく。もち米粉三にうるち米粉七の割合で混ぜて水でよくこね、小判型のだんごに丸める。かやの葉を少しずつ重ねながら広げて、だんごを二個入れて包み、い草かぬいご（わらの芯）などでしばる。

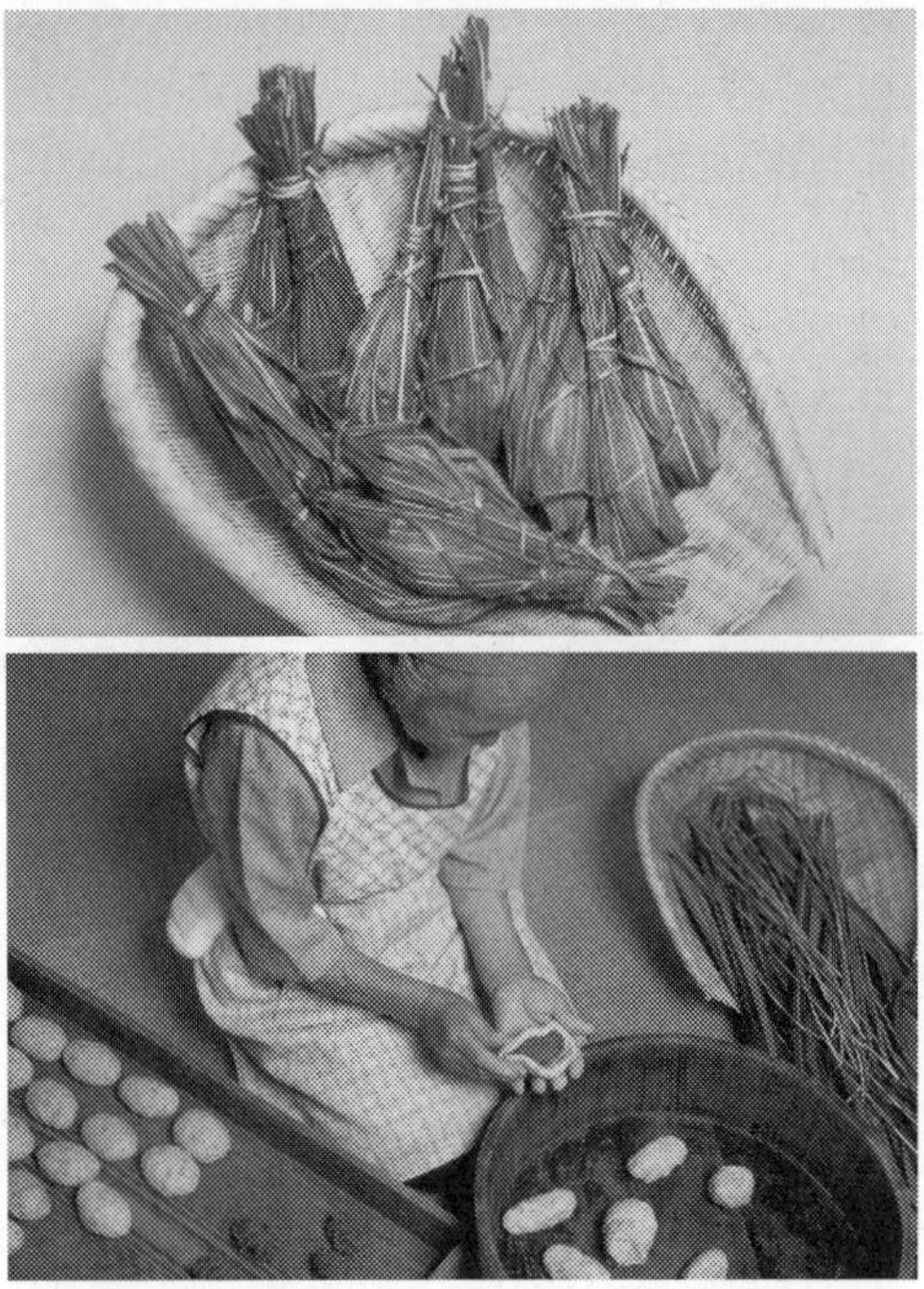

かや巻きだんご
もち米粉とうるち米粉を混ぜて水でこねた生地の中に小豆あんを入れて右のもちとり鉢に置く。これを小判型に丸めて左のおり板（もち板）に並べる。（撮影　千葉　寛『聞き書　新潟の食事』）

だんごを二個入れるのは端午の節句で、男に力をつけるためであり、きんたんのようにつくるのが上手だといわれている。

これを大なべでゆでる。あんを入れない場合は、かやで包んでから一昼夜くらいそのままにしてからゆでるようにしている。かやの香りが移り、表面が茶色になって甘くなる。数日して固くなると、またゆで直して食べる。

「ねせまき」というつくり方もある。このときはだんごを一つ入れて、かやは折らない。

上米の粉でなく、くず米でつくるときは、砂糖入りのあんや塩小豆、干し柿を中に入れて、かやを折って巻く。

やせごま　新潟県 佐渡の食

三月、お釈迦さまの祭りには家ごとにやせごま（しんこ、しんこだんごなどともいう）をつくって集まり、お釈迦さまにだんごとごちそう（豆腐などの煮しめ）を供え、真言をくって（真言陀羅尼を唱和して）から、やせごまだんごをまく。集まった人たちが競争してひろって家へ持って帰り、いろりで焼いたり、おかゆに入れて煮て食べたりする。きれいな桜や菊の花、めでたい寿の字などが鮮やかで、上手な人がつくったのは、食べるのがもったいないと眺めていることもある。ときには、誰がつくったのか当てたりする。

うるち白米の粉八にもち米の粉二を混ぜてよくこねる。その一部をとって、少しずつ食紅を入れ、赤や青、黄などに着色したのも用意する。この着色したもの、しないものを組み合わせて高さ二寸、直径四寸くらいの模様のついた円筒状にする。これを模様が崩れないようにしながら、一寸ちょっとくらいの直径の円柱にのばす。これを蒸してからしばらくおいて、少し固くなったら、三分くらいの厚さに切っていく。

かただんご　新潟県 佐渡の食

おこしだんごともいう。ひな祭りや村祭りのときなどにつくる、あん入りだんごである。ふつうは塩あんであるが、大ごちそうとして砂糖あんのこともある。

うるち白米の粉七にもち米の粉三をよく混ぜて、水を入れてよくこねる。鶏卵大ぐらいに丸めてから丸くのばして中にあんを入れて包み、ぬれふきんの上に並べておく。別にこねたもののほんの一部をとって食紅で赤、黄、緑などの色をつける。木型に粉をつけ、木型の模様にしたがって色づけしたものを置き、その後に、丸めておいただんごの美しいほうを木型に押しつけ、逆にして木型をとんと打つと、模様のついただんごがとれる。これを椿の葉にのせて、ふかして、できあがる。佐渡には椿の木が多いので、いろいろのところによく利用する。このときのだんごを型に押さないで、小判型のまま、がんねばら（さるとりいばら）の葉一枚に包んでふかすこともある。この葉はやわらかいので、ついたまま食べてもよいとされている。がんねばらの葉もよく使う。

かただんごと木枠
（撮影　千葉　寛『聞き書　新潟の食事』）

三日の味噌汁だご　富山県 新川魚津の食

妊娠とお産子どもが腹へきて五か月目になると、「腹帯祝い」といって、さらし木綿と赤飯またはもちを里から持ってくる。射水郡新湊町放生津では黒豆の豆おこわである。

初産は里でするのがふつうで、産み月が近づくと、ころころだごを持って娘を迎えにいく。子どもがころころと難なく産まれるようにとの意である。

お産は明治のころまでは座産であった。わら束を積んで背もたれとし、上からつり下げた力綱につかまった。下には灰もしろを敷いた。むしろを半分に切った三尺四方のものにわらしべを敷き、その上に灰をのせ、さらにわらしべを置き、布をあててまわりをとじたものである。近ごろでは寝産であるが、灰もしろは敷く。産婆を呼ぶのが一般的であるが、地域によっては近所の婆さんがとりあげるところもある。

産後三日目に、三日の味噌汁だごといって、米の粉でつくっただんごを入れた味噌汁を吸わせ、産婦に力をつけさせるのは、県下一般の風習である。だんごは、とぎあげのもち米を陰干しにして粉にしたものをこね、径一寸くらいに丸め、まん中を軽くおさえてくぼませる。汁には里芋のずき(干しずいき)や油揚げなども入れるが、こいやふなを入れることもある。また三日のもちをつくり、近所や親類へ配る。もらった家ではやわらかいうちに食べ、もし固くなったら煮て食べる。焼くと子どもが火傷をするといって忌む。

産褥にあるうちは、便所へ行くにもぞうりをはいて家の中を歩き、また、別火をするところもある。五箇山地方では七日目までは食器を別にし、ごはんや味噌汁はあけわんといって、ふつうのわんに一度盛ってから産婦のわんにあけかえる。

七日目に巣立ちとかおびやだちといって産褥を払い、母子とも湯を使って着物を着替える。子どもの髪を初剃りし、へその緒とともに埋めるところが多い。名前はこの日までにつける。

この日をしっちゃといい、砺波地方では男の子なら豆ごわい(黒豆入りのこわ飯)、女なら赤飯をつくって配る。氷見地方は赤飯、呉東は一般にかいもちやもちが多い。下新川郡入善町あたりでは巣立ち祝いの力もち、中新川郡白萩村では、力だごといってもち米の粉のだんごをあんでまぶし、味噌汁の中へ入れたものを産婦に食べさせる。また、きな粉をつけたもち一重ねと赤飯を村中に配る。

三日の味噌汁だご
口の大きい赤い魚と里芋のずきなどの味噌汁に、もち米粉とうるち米の粉を合わせてこねただんごを入れる(撮影　千葉　寛『聞き書　富山の食事』)

寒ざらし粉のだんご

長野県　諏訪市の食

寒ざらし粉は、うる米、もち米、どちらでもできるが、うる米でつくることが多い。米は洗って二日間水に浸し、ざるに上げ、よく水を切って、ござの上に薄く広げる。日陰に干し、日中凍みがゆるんだら、手を入れて広げ、乾燥してばらばらになるまでくり返し行なう。よく干しあがったら、粉にして保存する。

寒ざらし粉のだんごは、まず、粉に熱湯を混ぜ、よくこねる。これを大きくちぎって蒸し、さらによくこねる。このとき、冷たい水にさっとつけて急激に冷やしてからこねると、よくまとまるし、すぐ固くもならない。一口大くらいに丸めてだんごにする。

食べやすいようにひねって指で形づけて、ひねりだんごとして子どものおやつなどにする。きな粉や小豆あんをつけた

寒ざらしの粉のだんご
上:〔左から〕きな粉、寒ざらし粉／下:〔左から〕醤油あん、小豆あん(撮影　小倉隆人『聞き書　長野の食事』)

り、醤油に砂糖を入れ、寒天を入れてとろみをつけた醤油あんをかけたりして食べる。

いりぼら焼き

和歌山県　紀ノ川流域の食

米粉でだんごをつくって焼き、やつにする。米粉をお茶わん三杯と黒砂糖軽く一つかみを大きな鉢に入れて、ぼたぼた落ちるぐらいの固さに練る。

いりぼら（鉄製のほうろく）をかまどにかけて火をくべ、熱くなったら、練った米粉を全部入れてのばす。ぶつぶつ穴があいてきたら、包丁でひっくり返して両面を焼く。

直径一尺ぐらいの大きさで五分ぐらいの厚さにできあがるが、まな板にあけて、三角や四角に切って食べる。溶けた黒砂糖がおいしく、最高のやつである。

米粉のかわりに小麦粉で練ると、ねばりのあるだんごができる。

くず米粉のいりぼら焼き
（撮影　千葉　寛『聞き書　和歌山の食事』）

よむぎもち

和歌山県　紀ノ川流域の食

よむぎもち（よもぎもち）は、もち米一升に米粉一升ぐらいの割合で、よむぎを入れて搗く。もちを搗くとき、たいてい一臼はよむぎもちを搗く。

もち米は前日に水にかしておき、よむぎは摘んで炭酸を入れてゆで、一臼に大きく一しぼりを準備する。

もち米をせいろで蒸すとき、米粉を湯で固めに練ったものをもち米の上にのせ、一緒に蒸す。蒸しあがったら、もち米と米粉を一緒にたて臼にあけ、ゆであがったよむぎを一にぎりと、塩を小さく一にぎり入れて杵で搗く。

春に摘んで、ゆでて乾燥して保存しておいたよむぎを使う場合は、洗ってしぼり、もちが半蒸しのとき、せいろのもちの上にのせて一緒に蒸す。

初午には、新しい春のよむぎを摘んで、その年はじめての新のよむぎもちを搗き、丸もちにとる。おひなさまには、厚さ三分ぐらいにのばして菱形に切る。こと（春祭り）には、ぼっ

よむぎもち
（撮影　千葉　寛『聞き書　和歌山の食事』）

くり（差し下駄）の歯形に、おづき（卯月）八日には丸もちにと、搗くときによりとり方が違っている。

このもちは、砂糖豆の粉（きな粉に砂糖を入れたもの）をつけながら食べる。固くなれば焼いて食べる。

よむぎもちはすぐ固くなるので、白いごはんを全体の量の四分の一ほど、もち米や米粉が蒸しあがったところに入れて蒸し、一緒に搗くと固くなりにくい。

ぼうりだんご

大阪府　摂津山間の食

だんご入りの味噌汁のことで、寒い朝やごはんが足りないときにつくる。からだが温まり、米の足しにもなる。

いちょう切りにした大根とだしじゃこで汁を炊く。沸騰したら、この煮汁で米粉をこねる。耳たぶよりややわらかめがよい。大根とだしのうまみの出た煮汁でこねるのが、おいしいぼうりだんごをつくるこつである。だんごを丸め、平たくおさえて、味噌を入れた汁の中へ放りこむ。だんごが浮いてきたらできあがり。小麦粉だんごを入れるときもある。

やきんぼう

岡山県　中国山地の食

やきんぼうは、秋から春にかけて、ちゃのこや夕飯に食べるが、稲こぎが終わった十一月ころに最もよく食べる。やきもん、いすぬかだんごなどともいう。

くず米を洗って、少し水気のあるうちに石臼で粉にひく。鉄なべに水（八合）を入れてゆでたよもぎ、またはほうこ（ははこぐさ）をひとつかみ入れて煮たたせ、そば粉（四合）とくず米の粉（六合）を加えて再び煮たたせ、ぷすぷす穴があくまで煮る。火からおろしてすばやくかき混ぜる。あらぼせが抜けたら、水で手を冷やしながら、手に粉がつかなくなるまで、なべの中で十分おでる（こねる）。三寸くらいのまりのような形、七、八つくらいに丸め、いろりに鉄灸を置き、その上で焼いて食べる。

焼き加減は、だんごの中央がぷくっと小さくふくれるのが目安で、上皮が乾いたら食べごろである。醤油、味噌などをつけて食べる。また、ずくし柿（熟し柿）をつけて食べると、甘くてとてもおいしい。やきんぼうとごはんを食べるときは、「飯の前に食え」といって、どの家でもまずやきんぼうを食べさせる。

いろりで、くず米粉、そば粉、ほうこ（ははこぐさ）を煮る

よく煮えたら火からおろして、すりこぎですばやく搗き混ぜる

3寸くらいのまりのような形に丸めて味噌をつけ、いろりに鉄灸を置き、その上で焼く

やきんぼう

（撮影　千葉　寛『聞き書　岡山の食事』）

そば粉を混ぜてつくるやきんぼうは、ごちそうの部類である。くず米の場合は、ほうこを入れることが多い。ほうこを入れるとつなぎになり、ばらつかず、丸めやすく、香りがよい。もとは米の節約のために入れたものである。

ほうこは、春五月ごろ山にでかけて若葉を摘みとり、熱湯でさっとゆでてあく抜きしてから天日で乾かし、ざるに一杯ていど保存しておく。

粉もの　山口県 大島の食

ねばり米（くず米）、ただ米、もち米、小麦、そば、かんころ（生干しのさつまいも）は、ねばり臼（石臼）で粉にひいてさまざまに使う。

ねばり臼（石臼）
（撮影　千葉　寛『聞き書　山口の食事』）

ねばり（ねばり米の粉）は、ねばりがき、なべもち、かいもちに使う。

ただ米ともち米を三対七、あるいは四対六くらいの割合で合わせて洗い、乾かしてねばり臼でひいたものは米の粉といい、盆のだんごや端午の節句の笹巻きに使う。また産後、母乳の出をよくするために、ちぬやおこぜを入れた米の粉のだんご汁をつくり、産婦に食べさせたりもする。

新小麦がとれると、最初に粉にひいてつくるのが、泥落とし（半夏のころの農休み）に欠かせないあかつけだんごである。かしわもちは、ふつうはもち米粉でつくるが、小麦粉を使ってつくることもある。

小麦の製粉は、ねばり臼できめの細かい粉にひき、とおし（ふるい）でさらにふるう。大変手間がかかり、一回にできる量も少ない。そこで、だんだんと小麦を製粉機も置いている精米所に持っていき、小麦粉とかえてもらうようになってきた。

いりこもち　宮崎県 都城盆地の食

いりこもちの粉は、もち米八、うるち米二の割合にする。これを炒って、臼でひいて粉にする。

こね鉢などにその粉と砂糖を入れ、たぎった湯を少しずつ加えながらすりこぎなどで手早く混ぜ、よくこねる。箱にからいも澱粉をふりかけ、こねた炒り粉を入れ、棒状に形づくる。冷えてから包丁で切り分け、お盆のときのお供えや、おやつにする。

『日本の食生活全集』（農文協）より

農家が教える
寒ざらし粉づくり

藤田秀司／高田美枝

寒地・雪国　秋田から
厳寒の冷水と寒風
清水を毎日とりかえて

寒中に忘れずに、どこの家でもつくるものが寒ざらしだった。モチ米の粉を寒気にさらしてつくり、だんごや自家用お菓子の原料として広く用いられる。

●厳寒の冷水と寒風・清水

寒ざらし粉をつくるには厳寒の候を選び、まずモチ米を石臼でひき、篩にかけて粉にする。これを桶に入れて清水を加えてつける。水は毎日取り替えて、三日間、ていねいな人は一〇日間も続ける。最後に布袋に入れてしぼって水気を切る。むしろに広げて陽に乾かし、また縁側にむしろを広げたまま、寒風で乾燥させる。

秋田県中仙町では、どこの家でも寒ざらしをつくるが、ここでは、モチ米を布袋に入れて、寒の三〇日間きれいな流水につけ、石臼で粉にする。これをむしろに広げて乾燥させるというつくり方だ。

●病人食に寒ざらし重湯《おもゆ》

ウルチ米を使って、モチ米の寒ざらしと同じ方法でつくるもの。重湯粉は、母乳の不足な母親がこれを薄く溶いてノリをつくり、乳の代用としたり、重病人の看護食としたりもした。重湯はどんな重病人でも食べられるとされていたが、とくに寒ざらしは、舌ざわりなど品質がよく貴重なものだった。

暖地　大分から
大寒前後　氷が張るくらいの日を選んで

寒ざらし粉はだんご粉とも呼ばれ、年中行事食としての利用が多い。近ごろでは、モチ米粉はおやつやお茶うけの材料として広く使われているため、寒の内だけでなく、必要に応じて精粉する人もいる。しかし寒ざらし粉のほうが、だんごのつや、味のまろやかさ、おいしさは断然まさっている。

暦の上の大寒前後、小寒から立春の前日までが加工のよい時期である。しかし、暖冬のばあいは、バケツの水に氷が張るくらいの寒さが続く日を選ぶ。

●一升ビンに入れると長期保存できる

モチ米を寒の水でよく洗い、一昼夜寒の水に浸して水をきり、乾燥させたものを精粉する。出来上がったものは、乾燥した一升ビンに入れると味が変化せず、長期保存できる。

●おいしい寒ざらし粉料理

ちまきだんご　端午の節句に欠かせないもので、よしの葉に包んで蒸して食べる。

固くなったものを蒸し直すと、よしの葉の香りと味がいっそうよくなる。

かしわもち　寒ざらし粉を水でよくこねて三〇分おき、モチと同様にあんを入れてかしわの葉に包んで蒸す。

盆だんご（大分県玖珠地方の郷土食）　寒ざらし粉を水でよくこねて三〇分おき、一口の大きさの卵型に丸めて、両手の親指と人差し指で軽くおす。これを熱湯に入れて、浮き上がってきたらザルにあげて水気をきり、きな粉と砂糖を混ぜたものをよくまぶして食べる。

月見だんご　盆だんごと同様に、一口の大きさにしたものをまんじゅう型に丸めて、熱湯でゆで、アズキあんで包む。

うぐいす汁（玖珠地方の郷土食）　味噌汁の具に里いも、ごぼう、人参、しいたけ・ねぎなどを入れる。寒ざらし粉をこねて、人差し指の太さで、三～四cmの長さにしたものを加える。このうぐいす汁は、干いもガラを具に加えて、出産後の母親に食べさせる（お乳が出るための栄養食と毒血を下すといわれている）。

『現代農業』一九八五年十二月号　団子に、お菓子になめらかさ、色つや抜群　長く保存ができる

米粉および米粉加工品製造の取組みと入手法

（農水省平成21年12月発表「米粉用米利用の先進事例一覧」より作表。一部改変）

都道府県	事業主体	原料米（新規需要米）供給者 生産面積/生産量	製粉事業者	事業計画	製品（加工原料・加工品）	加工事業者・消費者への販路
秋田県	㈱淡路製粉	全農秋田 潟上市生産者（8名） 22ha/127t*	（株）淡路製粉	気流式粉砕機等の 米粉製造施設の整備	米粉	小売店（スーパー・コンビニ等） 製パン・製麺・製菓業者 ネット販売（レシピ付き）
福島県	田中製粉（株）	JA郡山市 5ha/25t	田中製粉（株）	ピン式粉砕機等の 米粉製造施設の整備	米粉	製パン業者 スーパー（惣菜部門子会社）
福島県	JAあいづ	JAあいづ 0.6ha/3.4t	JAあいづ	気流式粉砕機等の米粉製造施設の整備	米粉	学校給食会（給食パン用） 製パン業者 スーパー 農産物直売所
福島県	㈱あら田製粉	喜多方市農業者（2名） 6.3ha/34.3t	㈱あら田製粉	気流式粉砕機等の 米粉製造施設の整備	米粉	菓子製造業者（どら焼等の製造） →菓子問屋 →スーパー
栃木県	㈱波里	全農栃木（JAグループ） 132ha/630t*	㈱波里	気流式粉砕機、ロール式粉砕機等の米粉製造施設の整備	米粉 パン用、麺用向け米粉	大手商社（家庭用米粉製品用） 大手製粉会社（業務用米粉製品用） 学校給食会（給食パン用）
栃木県	日の本穀粉㈱	全農栃木（JAグループ） 25ha/131t	日の本穀粉㈱	気流式粉砕機、胴搗式粉砕機等の米粉製造施設の整備	米粉・ 米粉ミックス	製パン・製菓業者 小麦粉メーカー 製粉業者（家庭用小袋製品等） 学校給食会 スーパー 農協等
群馬県	星野物産㈱	全農（JAグループ） 20.4ha/98.6t	星野物産㈱	製品ホッパー等米粉製造施設の整備（設備の増設） 粒度分布測定器の導入	米粉	全農（生活部） （米粉入り乾麺等の新商品を開発・製造・販売）
群馬県	群馬製粉㈱	全農群馬（JAグループ） 大潟村（新規需要米推進研究会） 291ha/1,352t	群馬製粉㈱	気流式粉砕機、胴搗式粉砕機等の米粉製造施設の整備	米粉 米粉・米粉ミックス	㈱夢者修業 ㈱大潟村あきたこまち生産者協会 大地を守る会（雲南米線） イタリアンレストラン 洋菓子店・製パン店 コンビニ
埼玉県	フーズテクノ㈱	JA東西しらかわ 6.5ha/33.7t	委託：木徳神糧㈱	（気流式粉砕機による製粉）	米粉 ケーキミックス 米粉パン	製パン・製菓業者 生協コープネット 販売事業者等
埼玉県	みたけ食品工業㈱	全農（JAグループ） 180.9ha/784.1t	みたけ食品工業㈱	気流式粉砕機をはじめとした米粉製造施設の整備	米粉	製パンメーカー（パン用、洋菓子用） 製粉メーカー スーパー（家庭用小袋） 学校給食会（給食パン用）
千葉県	JA君津市	JA君津市 1.85ha/10t	JA君津市	気流式粉砕機等の米粉製造施設の整備	米粉	JA直売所ゆりの里 パン製造業者（学校給食用含む）
東京都	㈱三浦屋	大潟村（新規需要米推進研究会） 1.875ha/15t	㈱三浦屋 （米粉製造部門）	気流式（相対流）粉砕機等の米粉製造施設の整備	米粉 米粉パン	㈱三浦屋（パン製造・販売部門） →小田急OX、京王ストア等 製麺業者
東京都	㈱デリカ研究所	大潟村（新規需要米推進研究会） 1ha/5t	㈱デリカ研究所 （米粉製造部門）	気流式（相対流）粉砕機等の米粉製造施設の整備	米粉	㈱デリカ研究所（パン製造・販売部門） インターネット販売
東京都	㈱木村屋總本店	全農新潟県本部 6ha/31t	たかい食品㈱	気流粉砕機等による微細粉米粉の製造	米粉	㈱木村屋總本店 （米粉どら焼き、米粉菓子パンなど） →大手スーパー →百貨店 →生協
山梨県	㈲エルフィンインターナショナル	山梨県都留市生産者（9名） 1ha/5t	委託：群馬製粉（株）	米粉パン、米粉麺製造施設の整備（増設）	米粉パン 米粉ケーキ 米粉麺	自社店舗 インターネット販売 生協等 学校給食会 レストラン等、販売店
新潟県	新潟製粉㈱	全農新潟 JA中条町 390ha/2,117t	新潟製粉㈱ 連携：新潟県	気流式粉砕機等の米粉製造施設の整備	米粉 米粉・米粉ミックス	㈱タイナイ コンビニ 製パン・製麺,製菓業者 学校給食会
新潟県	JAしおざわ	JAしおざわ 0.99ha/5t	JAしおざわ	ピン式粉砕機等の米粉製造施設の整備	米粉	JA直売所 スーパー 学校給食会（給食パン用）
新潟県	妙高製粉㈱	（農）米ファーム斐太 農業者（1名） 3ha/18t	妙高製粉㈱ 連携：新潟県	気流式粉砕機等の 米粉製造施設の整備	米粉・ 米粉ミックス粉	妙高市（米粉パン） →学校給食 →ホテル・旅館、 →農産物直売所 製パン店、製麺業者等

都道府県	事業主体	原料米（新規需要米）供給者 生産面積/生産量	製粉事業者	事業計画	製品（加工原料・加工品）	加工事業者・消費者への販路
富山県	㈱SS製粉	黒部農協 6.9ha/39.2t	㈱SS製粉	気流式粉砕機等の米粉製造施設	米粉 米粉パン	㈱デイプラスパン（米粉パンの製造） →学校給食会（給食パン用） →コンビニ →100円ショップ →高速道路販売所 →直営パイロットショップ
石川県	㈱ほくりく製粉	金沢市内農業者 1ha/5t	㈱ほくりく製粉	気流式粉砕機等の米粉製造施設の整備	米粉	製パン業者 製麺業者 製菓業者 学校給食会
石川県	（農）明峰ファーム	（農）明峰ファーム 2.2ha/12t	（農）明峰ファーム	気流式粉砕機等の米粉製造施設の整備	米粉	㈱白山明峰（パン・洋菓子製造） →Aコープ →道の駅 →コンビニ →病院 →養護施設 →自社店舗
岐阜県	㈲レイク・ルイーズ	JAにしみの 7.1ha/34.8t	㈲レイク・ルイーズ（米粉製造部門） 委託製粉・製麺:JA等	ピン式粉砕機等の米粉製造施設の整備	米粉	㈲レイク・ルイーズ（麺製造部門） →道の駅（月見の里南濃） →JAにしみの直売所 →インターネット
滋賀県	（農）万葉の郷ぬかづか	（農）万葉の郷ぬかづか（営農部） 0.23ha/1.2t*	（農）万葉の郷ぬかづか（加工部）	米粉微粉砕機等の米粉製造施設の整備	米粉	（農）万葉の郷ぬかづか（米粉パン・麺） →保育園 →直売所　（体験教室の受入も）
京都府	㈱図司穀粉	農業生産法人（株）グリーンちゅうず 0.61ha/3t	㈱図司穀粉（米粉製造部門）	気流式粉砕機、胴搗式粉砕機等の米粉製造施設の整備	米粉 パン・洋菓子用米粉	㈱図司穀粉 （米ワッフル生地製造・販売部門） →製菓業者 →米加工品直販店 →インターネット販売 →食品問屋
京都府	JA京都	JA京都 1 ha/4.8t*	JA京都	高速粉砕機等の米粉製造施設の整備	米粉	JA京都（米粉パン製造） →JA京都農畜産物直売所
岡山県	アドタッチ（株）	吉備中央町農業者（7名） 1ha/5t	㈱シーワン	原料米の集荷貯蔵施設の整備 米粉の製造施設整備（気流粉砕機）	米粉	アドタッチ（株）（米粉パン製造） 昭成建設（株）（米粉パン冷凍生地） →（株）大木（東京）荏原店 →（東京）アドタッチ（株）都立大学店 →（東京）アドタッチ（株）自由が丘店 →（岡山）アドタッチ（株）大元店 →FC店舗
徳島県	JA東とくしま	JA東とくしま生産者（13名） 20ha/93t	JA東とくしま	気流式粉砕機等の米粉製造施設の整備	米粉・米粉ミックス	JA直売所 学校給食
熊本県	熊本製粉㈱	熊本県経済連（JA） 95ha/499t	熊本製粉㈱	・高速粉砕機等の米粉製造施設の整備 ・米粉製品の開発・研究等	米粉 米粉・米粉ミックス	熊本県パン協同組合（米粉パン） →学校給食会 製パン・製麺、製菓業者 大手製パンメーカー等 コンビニ
熊本県	JA鹿本	JA鹿本 4ha/17t*	JA鹿本	ピン式粉砕機等の米粉製造施設の整備	米粉	道の駅 農産物直売所 ファーマーズマーケット 製パン業者（学校給食パン用） 県内外加工業者
鹿児島県	㈱ヒガシマル	㈱アグリサービスひおき 古城・八枝アグリキャッスル 4.6ha/21.6t	㈱ヒガシマル（米粉製造部門）	気流式粉砕機等の米粉製造施設の整備	米粉	㈱ヒガシマル（麺製造部門） →全農 →県経済連　（Aコープ） →生協

生産面積・生産量は平成21年予定（*の数値は平成21年度実績），（農）＝農事組合法人

●家庭用米粉販売店一覧

企業名	製品名	販売状況
（株）東急ストア	リ・ブラン米の粉（共立食品）（250g）	97店舗中83店舗
（株）イトーヨーカ堂	米粉パウダー（みたけ食品）（300g）／リ・ブラン米の粉（共立食品）（250g）	165店舗中45店舗／165店舗中151店舗
（株）三浦屋	国産米粉（デリカ研究所）（200g）	8店舗全店
イズミヤ（株）	リ・ブラン米の粉（共立食品）（250g）	87店舗中83店舗
（株）京王ストア	リ・ブラン米の粉（共立食品）（250g）	29店舗中26店舗
（株）いなげや	米粉パウダー（みたけ食品）（300g）／リ・ブラン米の粉（共立食品）（250g）	126店舗全店／126店舗中27店
イオンリテール（株）	お米の粉（強力タイプ）（波里）（500g）	約100店舗で販売
ユニー（株）	リ・ブラン米の粉（共立食品）（250g）／米粉（トーカン）（500g）	224店舗中64店舗／224店舗中180店舗
（株）ダイエー	リ・ブラン米の粉（共立食品）（250g）	217店舗中180店舗
合同会社西友	リ・ブラン米の粉（共立食品）（250g）	372店舗中約300店舗
（株）ライフコーポレーション	米粉パウダー（みたけ食品）（300g）	94店舗中48店舗

米粉用米の市場規模の推移

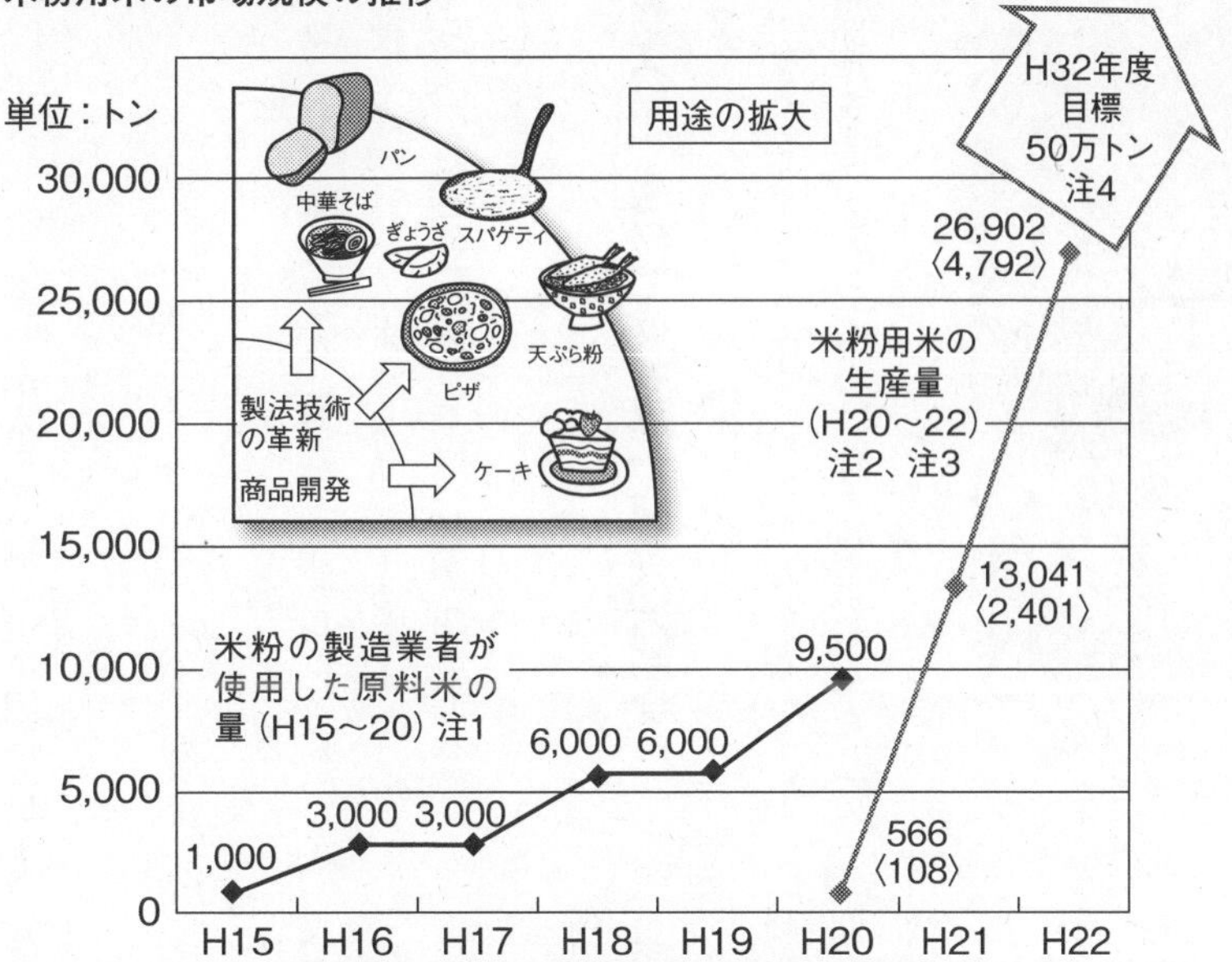

〈　〉内の数字は米粉用米の作付面積（単位：ha）
注1：地方農政事務所等による製粉業者等からの聞き取り
注2：農林水産省調べ（新規需要米取組計画認定結果から抜粋）
注3：H22年度は速報値。熊本、大分、宮崎、鹿児島は未集計
注4：食料・農業・農村基本計画（H22年3月閣議決定）

（農林水産省ホームページより）

平成二〇年、新規需要に向けた米粉づくりは一万tにも及ばなかった。しかし、新規需要米制度が施行され、一気に動き始めた。

翌平成二一年には一万三〇〇〇t。二二年には二万七〇〇〇tと予測されている。農林水産省の目標は、平成三二年までに五〇万tとされている。約五〇〇万t使われている小麦の約一割を米粉で代替しようというわけだ。

問題の一つは製粉技術である。

Part3では、小麦と大きく異なる米の製粉技術と、製粉の原理を明らかにしながら、米粉パンに適する品種選び、過程での米製粉からプロの製粉装置まで、最新情報をお届けする。

めざすは村の粉屋

青森県田舎館村　平川百合子さん

編集部

コメコ、米粉って、最近そこかしこで私の名前を呼ばれてるような気がするのよねぇ。あら、この道の駅にも米粉。誰が作ってるのかしら…。

「クズ米」も粉で売れば一kg五〇〇円！

「私、私よ。コメ子さんもひとつどう？　串団子や『ガバラもち』作りには最高だし、天ぷらに使ってもいいのよー。小麦粉よりよっぽどカラッとあがるって評判なんだから」

へー、料理上手な百合子さんが言うなら間違いなさそうね。あれ？　でも百合子さん、前からこうじとかおにぎりとかも売ってたよね。いつの間に米粉まで作ってたの？

「今年から。ほら、世の中、小麦粉値上げ騒動でパニックみたいになったじゃない。新聞とか雑誌とか見てて『これは米粉が売れるんじゃないか』ってピーンときて、思い切って製粉機買っちゃったの。米粉のパンとかケーキとかも流行ってきてるみたいだし。

普通ケーキとか作る人って、粉とか買って作ってるでしょ。だったら私は、家にどっさりあるお米を粉にすれば売れるんじゃないかって思ったのよ。思ったとおり、毎回一〇袋ずつ出しても、あっという間に売れちゃう」

そうなのー？　やっぱり米粉ってずいぶんいろんな人たちが使うようになってるのねぇ。うちもお米作ってるし、米粉もやってみようかなぁ。

「そうよ。コメ子さんの家でもクズ米が出るでしょ。あれを使えばいいのよ。うちも前はクズ米を業者に二束三文で買い取られてたの。でもクズ米っていっても、一・九㎜の網で一回選別しただけの中米。結構粒も大きいし、食べてもわりとおいしいのよ。よく考えたら冷蔵庫に入れておけば虫もわかないし、業者に売ることないなって気づいたのね。

以来、クズ米はぜんぶ冷蔵庫に保管して、こうじや粉にして売るようにしたの。売れては作る、って感じで時間のあるときに少しずつやってるけど、一年で使い切っちゃう。

米粉は、一kgで五〇〇円、三〇kgにしたら一万五〇〇〇円！　よく『現代農業』でも『加工すれば売り上げ〇倍』とか書いてあるけど、

平川百合子さん。米粉・お米・中米・ガバラもちと

平川さん愛用の製粉機（宝田工業(株)の「高速回転万能粉砕機」）。最小の網目にすれば0.1㎜の粉までできるが、ふだんは0.2㎜の網目を使っている。

平川さんは、米粉の側に串団子と「ガバラもち」（残りご飯を使ってつくるもち菓子。「お菓子が少なかった子供のころによく食べた」ものだそう）のレシピを貼って販売。米粉の横では、原料になるクズ米を1.7㎜の網でもう1回ふるった中米を、3kg 650円で売っている

平川さんの米粉（右）と中米。米粉は、「キメの細かい団子ができる」とお客さんに好評

ホントにそうなるのよねー」

特別細かい粉じゃなくても売れる

なるほどねー。でも売れるような米粉が作れる製粉機って高いんでしょ。ちょっと悩むなぁ。

「食パンを作るには細かい粉がいいみたいだけど、食パン以外のパンやケーキ、団子に使うくらいならそんな気にしなくても大丈夫。一〇万円くらいの機械で粉にして売ってる知り合いもいるよ。私は、最初からほかの人のお米も受託して粉にしてあげようと思ってたから、七〇万円以上するいい製粉機を買ったけどね」

へー、「粉にして」って人に頼むんじゃなくて、最初から受託しようと思ったの？

「いや私も、最初は車で二〇分くらいのところにある粉屋さんまで行って粉にしてもらってたの。でもその粉屋さんがすごく忙しそうで、店主のおばあちゃんが体壊しちゃったのね。引き継いだ娘さんは、ホントはやめたいけど、注文があるから仕方なく続けてるって感じ。ってことは、このあたりには粉屋さんってぜんぜんいないんだなって思ったの。だったら思い切っていい製粉機を買って、私が粉屋さんみたいになっちゃおうかなって。

今は農作業もあるからとくに宣伝とかしてないけど、一〇人くらいの知り合いが、自分のお米を『粉にして』って持ってくるよ。加工賃は、一kg一五〇～二〇〇円。年とって農作業がキツくなったら、ホントに粉屋さんになってもいいかなー」

地域の粉屋さんかぁ。それ、いいかもしれない。粉にして売るのは、免許とかうるさくないのかな。

「粉なら免許も何もいらないの。パンとか団子にして売るには加工の免許をとらなきゃいけないけどね。それに添加物なしで賞味期限も長いからいいのよ。うちは一応三か月にしてるけど、冷蔵庫に入れればもっともつ。私は面倒くさがりで、手間隙かけてパン焼いたり、売れ残ったら引き取りにいくのが嫌なの。粉なら気のむいたときに作って店に並べておけば、そのうち売れるでしょ。

ただしいくら粉でも、暑いところにおいてたらダメ。いつの間にか羽のついたちっちゃい虫がいっぱい出てくるから。スーパーで売ってる小麦粉とか、どうしてぜんぜん虫がわかないのかな？　不思議よねー」

粉なら手軽だし、自分のお米で作ったものだから変なモノも入ってないし、自信もって売れるわね。

「やっぱり自分たちが作ったお米を無駄なく活かせるってのが何より楽しいの。そのうえお客さんから『おいしかったからまた欲しい』なんて反応があるのも嬉しいわぁ。コメ子さんも始めてみれば？　なんなら私が粉にしてあげるよ」

『現代農業』二〇〇八年十二月号　めざすは地域の米粉屋さん

コメ農家が高性能製粉機を導入

福島県喜多方市　新田球一さん

編集部

会津産コシヒカリでつくった「白いどら焼き」

重機派遣会社から稲作専業農家に

建設現場で使われる重機（クレーン）をオペレーター付きで派遣する会社を経営していた新田《にった》球一さん（五一歳）が、農業で食っていこうと腹を決めたのは七年前のこと。当時、高校三年生だった息子さんが、卒業後の仕事として農業を選ぶと言ったのがきっかけだった。新田さんの両親が葉タバコや花も作りながら守ってきた田んぼは一・八ha。この七年、田んぼを「売りたい」という話を聞けばそれを買い取って、今では一三haまで増えている。

もっとも、田んぼの面積が増えるのとは裏腹に、米の値段はどんどん下がった七年でもある。「会津産コシヒカリ」のブランドがあっても、農協の仮渡し金はいまや一俵一万三〇〇〇円ほど。ところが一方で、消費者にとっての米の店頭価格は、生産者価格の落ち込み方ほどは下がっていない。そのことに気づいた新田さんは、重機派遣会社を経営してきたときからの伝を活かして米の直売を増やしてきた。

新田球一さん

転作として米粉用米や飼料米を作る新規需要米の話を聞いたのは一年半ほど前のことだ。直売によって、一〇haを超える田んぼの米を、農協に出荷するのに比べれば有利な

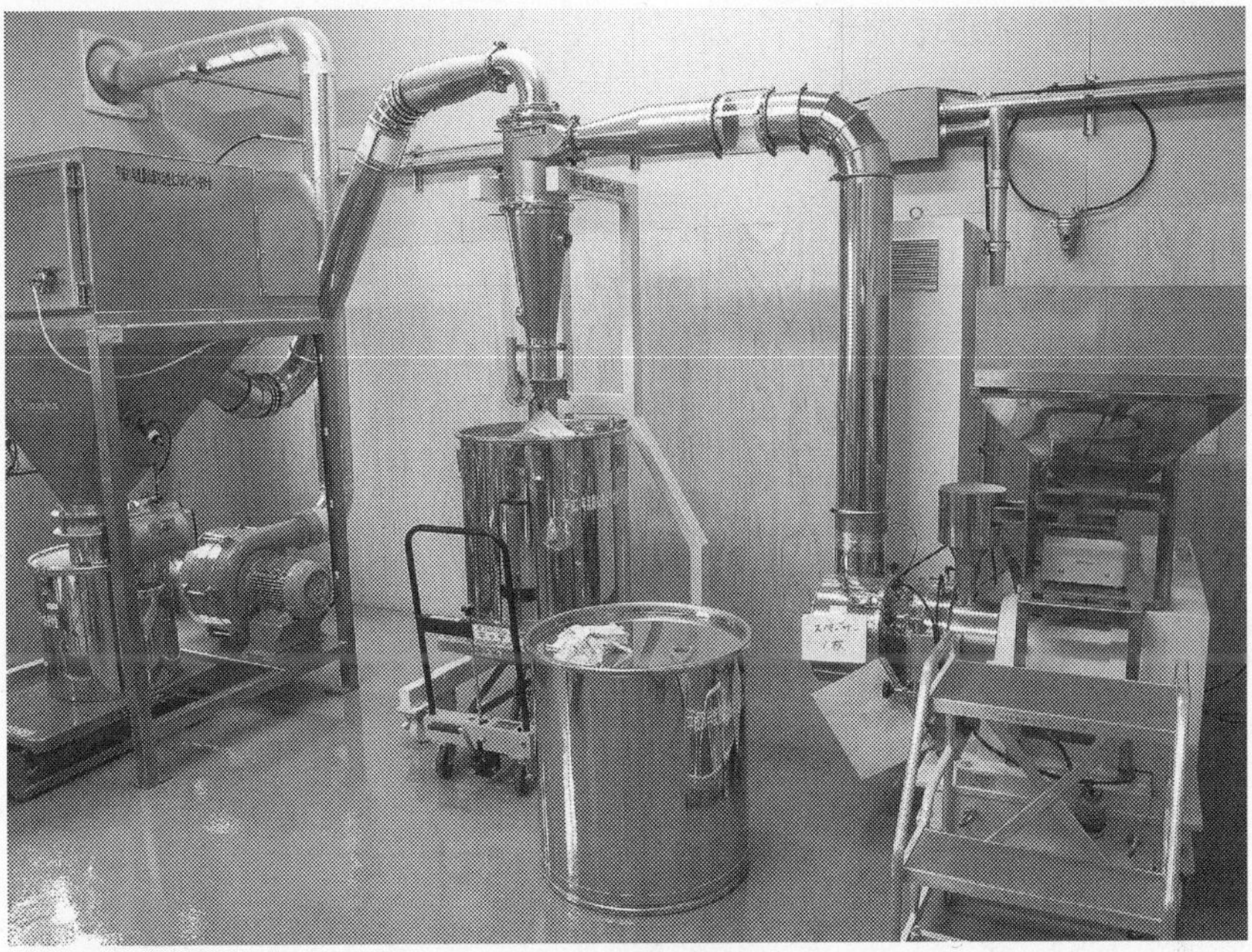

旋回流式製粉機サイクロンミルSM-250（静岡精機）
米粉の生産能力はパンやケーキにむく60μm（ミクロン）の粉で毎時40kg。最小で10μm（＝0.01mm）までの微粉砕が可能

価格で販売できるようにはなったが、米を作って売るだけでは冬の仕事がない。米の消費量は年々減っている話も聞く。このまま、とも補償で他の農家の減反分を買いながら米を作る経営を続けていていいのか。他の農家の米が売れなくなっても、自分の米は売れるといえるのか。売れたとしても、自分さえよければそれでいいのか――。そんな疑問が膨らんできた頃のことでもあった。

会津産コシヒカリで米粉どら焼き

新規需要米は、単に作れば交付金を受けられるわけではなく、あらかじめ農政事務所などに「新規需要米取組計画書」「販売契約書」「適正流通に関する誓約書」という三種類の書類を提出する必要がある。販売契約書が必要なことからもわかるように、販売先を確定したうえでの栽培が基本だ。

日本は家畜のエサの多くを海外に頼っているので、飼料米の場合は価格を問題にしなければ需要は大きい。農協を通じて飼料会社に販売することはむずかしくない。しかし米粉は、米のパンや麺が話題になっているとはいえ、売り先が簡単に見つかるほどは普及していない。それに、単に米粉用ならよいわけではなくて、従来は小麦粉でまかなわれてきたものを米粉で置き換えるといったように、「新しい需要」でなければならないという制約がある。たとえば、これまでも上新粉（米粉）でつくられていただんご用の米では、新規需要米ではなく加工用米の扱いだ。

新田さんは、隣の茨城県の菓子メーカーに販路を開拓した。このメーカーではちょうど、ふつうは小麦粉でつくるどら焼きを米粉でつくり始めたところだった。メーカーにとっては、単に米粉のどら焼きで売り出すよりも、会津産コシヒカリ、喜多方のコシヒカリでつくったどら焼きのほうがイメージがよい。イメージだけでなく味のほうも、他の米粉でつくったものと比べて風味がよかったそうだ。

こうして、新規需要米といっても多収品種

を作ったりするわけではなく、主食用と同じコシヒカリを米粉用につくる契約がまとまった。価格は運賃込みで一kg二三〇円。年間三〇t近い米粉を販売することになった。

半額補助で高性能製粉機を購入

取り組み一年目の昨年、新田さんは六haの米粉用コシヒカリを栽培した。三〇kgの玄米を精米すれば二七kgの白米になり、製粉すれば二二kgの米粉になる。三〇tの米粉には約四〇tの玄米が必要なので、栽培面積は今後さらに増やしていく予定だ。

新規需要米に取り組むにあたって新田さんは、米粉用の製粉機を購入し、収支をはっきりさせるために（株）あら田製粉という会社を立ち上げている。

新田さんは個人として新規需要米を栽培し、白米一kg一〇〇円であら田製粉に販売。あら田製粉はそれを製粉して一kg二三〇円で菓子メーカーに販売する。新田さん個人は、米の販売代金（玄米六〇kgで約五五〇〇円）とともに新規需要米の交付金一〇a八万円が収入になる。米代金だけでは赤字だが、八万円を加えた中から栽培経費をまかなう。一方、あら田製粉は、米粉販売代金と米の仕入れ価格の差額から製粉代と運賃をまかなうことになる（図参照）。

製粉機は、静岡製機の「サイクロンミルSM-250」を導入した。当初は別のメーカーの七〇〇万円ほどの米粉製粉機を導入する予定だったのだが、米以外の大豆やソバ、ハトムギ、茶など何でも微粉砕できる能力が高いところが気に入ってこの製粉機に決めたそうだ。付属品や設置費用も含めると総額は二八八〇万円。半分は補助金（農山漁村活性化プロジェクト交付金）なので自己負担は約一五〇〇万円。年間三〇tの米粉販売で製粉代を八〇円とすれば年間二四〇万円は稼ぐので、七年あればなんとか設置費用は回収できそうだが、これだけでは利益は出ない。

図　新田さんの新規需要米販売の流れ

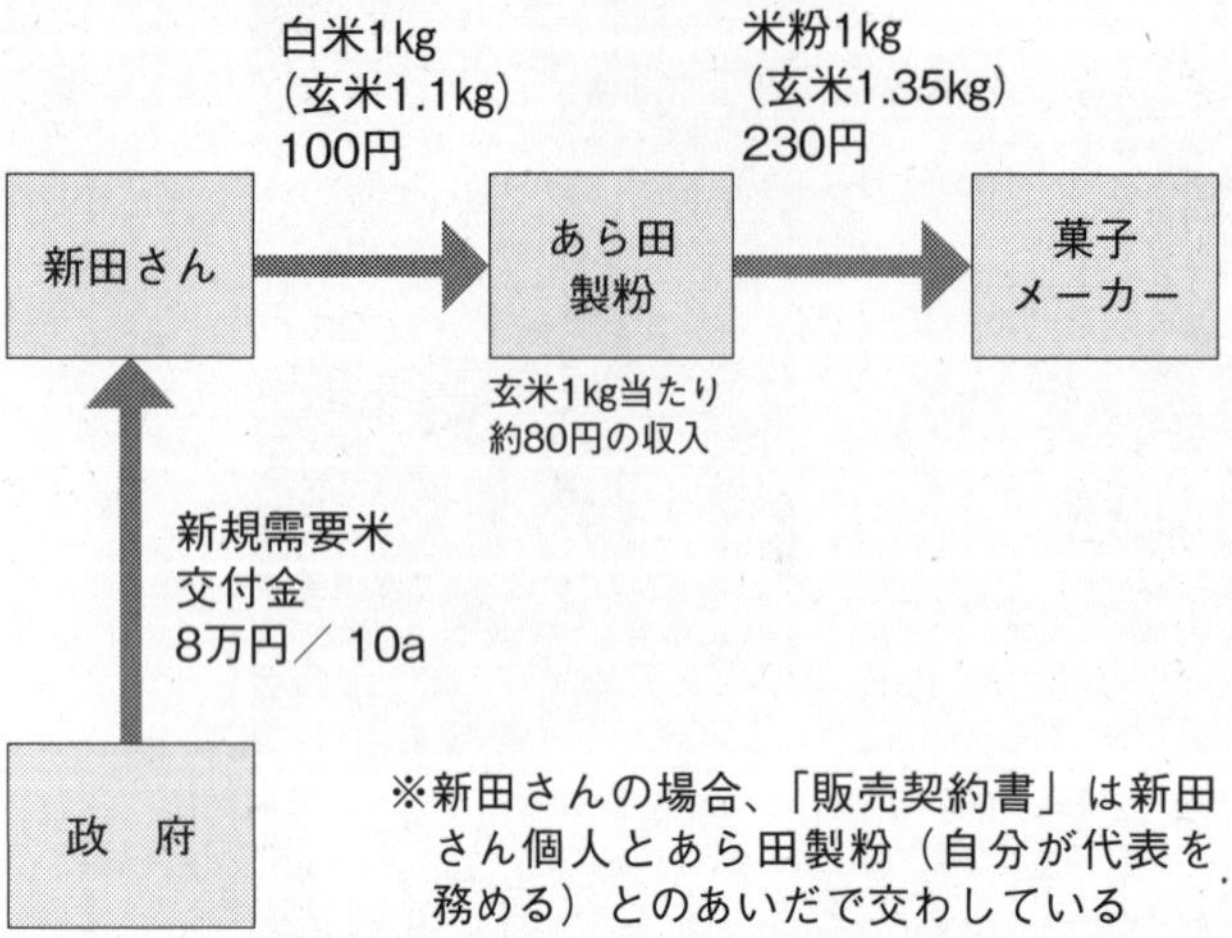

※新田さんの場合、「販売契約書」は新田さん個人とあら田製粉（自分が代表を務める）とのあいだで交わしている

米どころ会津から需要を盛り上げたい

新田さんは、菓子メーカーでつくられたどら焼きの一部を買い取って、地元の道の駅やスーパーにも卸し始めた。喜多方のコシヒカリから生まれたどら焼きを、地元から発信していきたいと考えたからだ。

「白いどら焼き」という名前のとおり、見かけはもちのようなどら焼きだ。菓子メーカーのほうは、これに抹茶を加えたり、ゴマやイモを入れたりして、いろいろなどら焼きをつくる計画だそうだが、白いどら焼きはお米らしさが際立っているようにも見える。ふつうよりやや小ぶりだが、口にしてみると、しっとりして米の風味がする。価格は一個一二〇円。

米粉の利用には大手業者も乗り出しているが、パンなどの主原料に使うには米粉にも小麦粉なみの一kg一〇〇円程度の価格を求めていると聞く。その点、新田さんと菓子メーカーとの契約はその二倍以上の価格で実現している。和菓子だからなのか、特別に高いどら焼きという印象もなさそうだ。

それでも、どら焼きだけでは儲けは出ない。いや、新田さんは初めから米粉で儲かるとは思っていなかったが、これだけでは高性能製粉機がもったいない。

導入した製粉機は一時間に四〇kgの製粉能力があるので、年間三〇tの米粉だけでは能力の半分くらいしか活かしていない。会津で、食パンにも向くような細かい米粉を製粉できる機械が入っているのはあら田製粉だけでもあるので、新田さんは今後は地域の米粉製粉所としての役割も引き受けていきたい。実際、そういう話もあちこちから持ち込まれるようになってきた。

会津盆地は、米を作るのに適したところだ。米粉用米を作って売ることは、製粉機を別にすれば今までの農機をそのまま活かしてやれる転作でもある。米粉を盛り上げていくことは、世の中の米の需要全体を増やすことにつながる。米を経営の柱にして農業で食っていくと決めたからには、自分の経営だけでなく、全体のことも見ていくのが自分の役割という気持ちが新田さんのなかでは強まっている。

「白いどら焼き」は喜多方市内の道の駅やスーパー、生協などでも販売。1個120円

『現代農業』二〇一〇年六月号　微粉砕製粉機を導入　まずは「どら焼き」で会津の米粉利用を盛り上げたい

発芽玄米粉入り米粉パン

東京都八王子市　馬込雅子

東京の郊外、西八王子駅前で国産のお米と雑穀にこだわる米屋です。お米以外にも米粉パンや団子など、米屋ならではのお米の加工品もつくっています。

発芽させた玄米を一二〇℃で焙煎し、粉砕した粉を小麦粉に混ぜて作りました。「パンの玄米食」として栄養バランスがよく、香ばしさもあり、とてもおいしいです。

焼き上がった発芽玄米粉入りパン

材料

発芽玄米粉（焙煎して製粉したもの）	40g	砂糖	20g
強力粉	260g	ドライイースト	6g
塩	4g	ぬるま湯（夏は水で）	210cc
		バター	20g

挑戦！「うちのお米」を自分で米粉に

実験・撮影　小倉かよ

お米はわが家にたくさんある。もっと気軽に米粉料理に挑戦してみたいけど、米粉にしてくれる製粉所が近くにない。少量ではなかなか挽いてもらえない。
そんなときは家庭にあるフードプロセッサーやミル、ミキサーが使えるかも……。どこまでできるか、やってみた。
（参考：農文協刊『国産米粉でクッキング』）

●まず、米が白くなるまで水に浸けた

米は極めて硬いので、そのまま家庭用の機械にかけると刃が傷むかもしれない。1時間ほど吸水させてやわらかくしておく

●まずはフードプロセッサーで挑戦

野菜を切り刻んだり、ペーストをつくるのに便利なフードプロセッサーだと、米もみるみるうちに砕けていく。だけど上に跳ね上がって、側面にくっついてしまう米がある。時々ヘラでこそぎ落とすのがいい

少し粗いけど、これぐらいなら料理に使えそう

●次にミキサーでやってみた

お馴染み、野菜や果物ジュースを作るのに活躍するミキサー。「もっと水分が多くないと、まわらないのでは」と思いきや、ちゃんとまわるし米も砕ける

粉の大きさがちょっとまばらで、ダマができてる感じ。でも、ちゃんと「米粉」ではある

●ミルだったらどうなるか

粉挽きが最も得意なミル。「水分を含んでいる米だとうまくいかないのでは」という予想を見事に裏切り、まわる、まわる

わあ、とっても細かいサラサラの米粉になった！ミルの成績が一番いいよう

●試しに、水分多めでやってみた

吸水した米に、さらに水をひたひたになるまで加えて、各種機械にかけてみた。より一層、違いが明らかに（大さじ1 杯分をたらした状態）

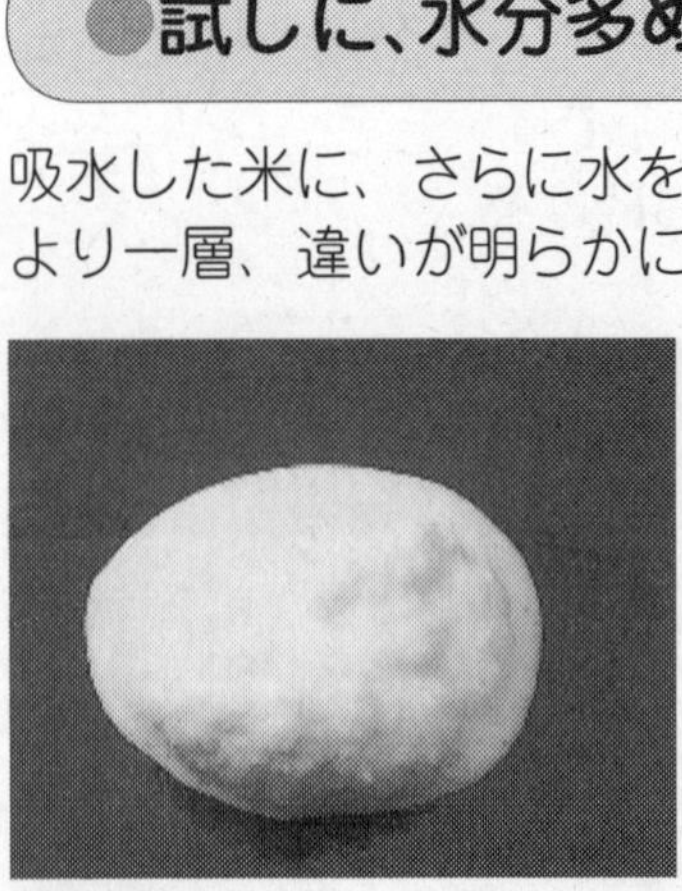

フードプロセッサー
ちょっと粗いかな

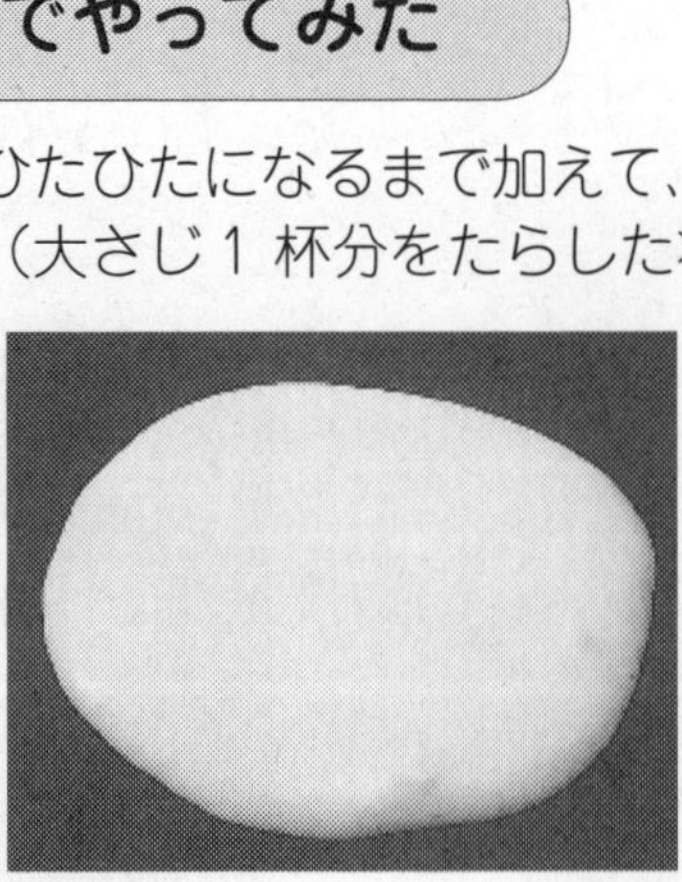

ミキサー
細かいけど、時々大きな粒がある

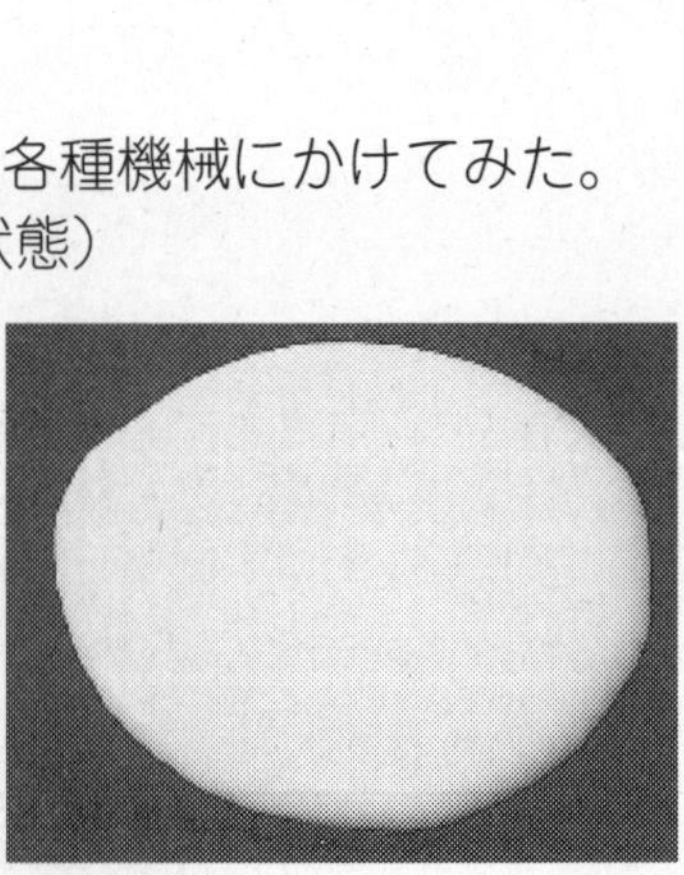

ミル
絹のようですな

●よし、料理に使ってみよう

■米粉はとろみづけに便利と聞いた。まずはスープだ！

タマネギ（半分）、ニンジン（1本）、トマト（3個）、水（600cc）のペーストを煮立てているところに50g弱の米粉を入れた。火を通すほど、とろみがついて……、うわあ、入れすぎた！

はじめは少しずつ入れていって、様子を見たほうがいい。反省。だけど、ドロドロのスープでも、離乳食、病気の人の食事にはもってこいだ。米粉のとろみづけ力、恐るべし

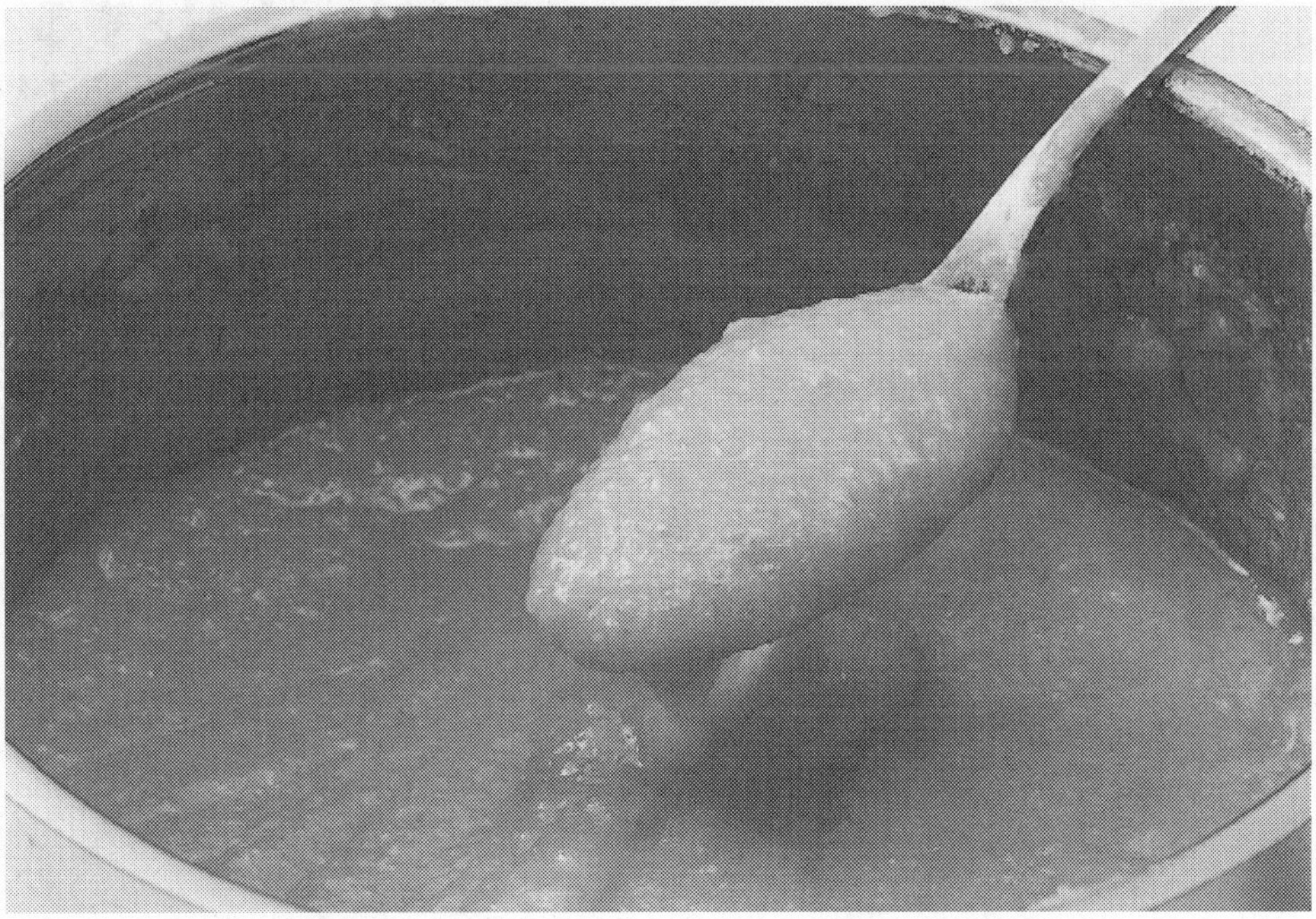

■卵焼きに入れる人も多いと聞いた

卵２個に小さじ１（5g）だとさして変わりはなかった。ふんわり感を出すには 10 ～ 12g は必要

右が米粉入り。ふんわりと口当たりのよい仕上がり

『現代農業』2007 年 12 月号　挑戦！「うちのお米」を自分で米粉に

図解 コメと小麦の粉の違い

編集部

最近は米粉のいろいろな新しい食べ方が広がってきているようだ。米粉を使った食べものがおいしいのはどうしてかな？

米粉の4大食感

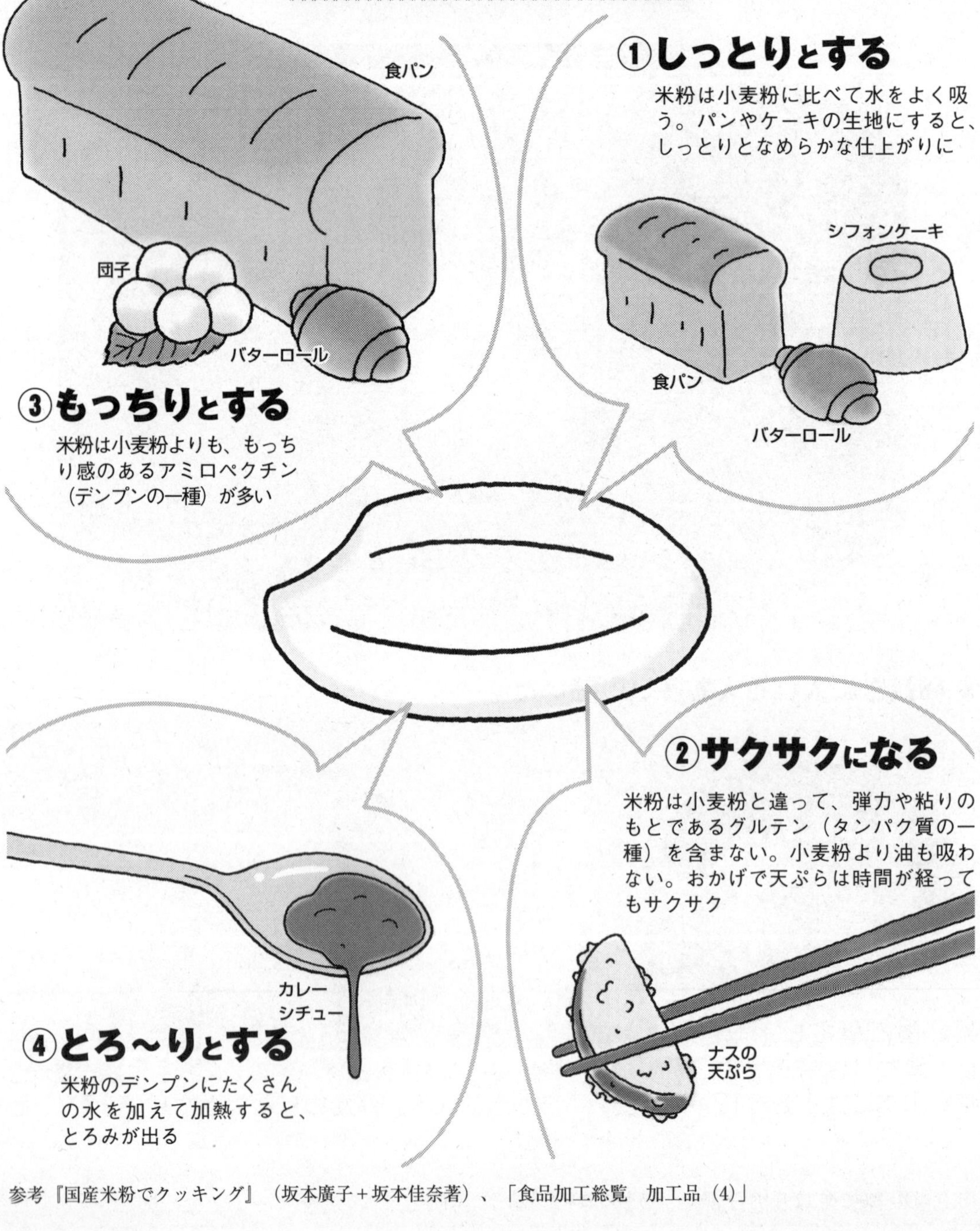
食パン
団子
バターロール
①しっとりとする
米粉は小麦粉に比べて水をよく吸う。パンやケーキの生地にすると、しっとりとなめらかな仕上がりに
シフォンケーキ
食パン
バターロール
③もっちりとする
米粉は小麦粉よりも、もっちり感のあるアミロペクチン（デンプンの一種）が多い
②サクサクになる
米粉は小麦粉と違って、弾力や粘りのもとであるグルテン（タンパク質の一種）を含まない。小麦粉より油も吸わない。おかげで天ぷらは時間が経ってもサクサク
ナスの天ぷら
カレー
シチュー
④とろ～りとする
米粉のデンプンにたくさんの水を加えて加熱すると、とろみが出る

参考『国産米粉でクッキング』（坂本廣子＋坂本佳奈著）、「食品加工総覧　加工品（4）」

米粉デンプンと小麦粉グルテンの話

●ふわふわのもと・グルテンは水とこねるとつくられる

小麦粉に含まれるグルテンは（1）水を加え（2）こね合わせると、粘弾性のある薄いフィルム状にのびて、網目状のネットワークをつくる。パンでは、この網目にイースト発酵による炭酸ガスを包み込むのでふわふわになる。グルテンは25℃程度の温度で、よりつくられやすい

●グルテンがじゃまになる料理もある

カレーやシチューのとろみづけに小麦粉を使うと、グルテンのせいでもったりとしてしまうが、それを防ぐには小麦粉を加熱してからソースにするといい。フライパンで炒って高温にすればグルテンはつくられない。その点米粉なら、そのままとろみづけに使える

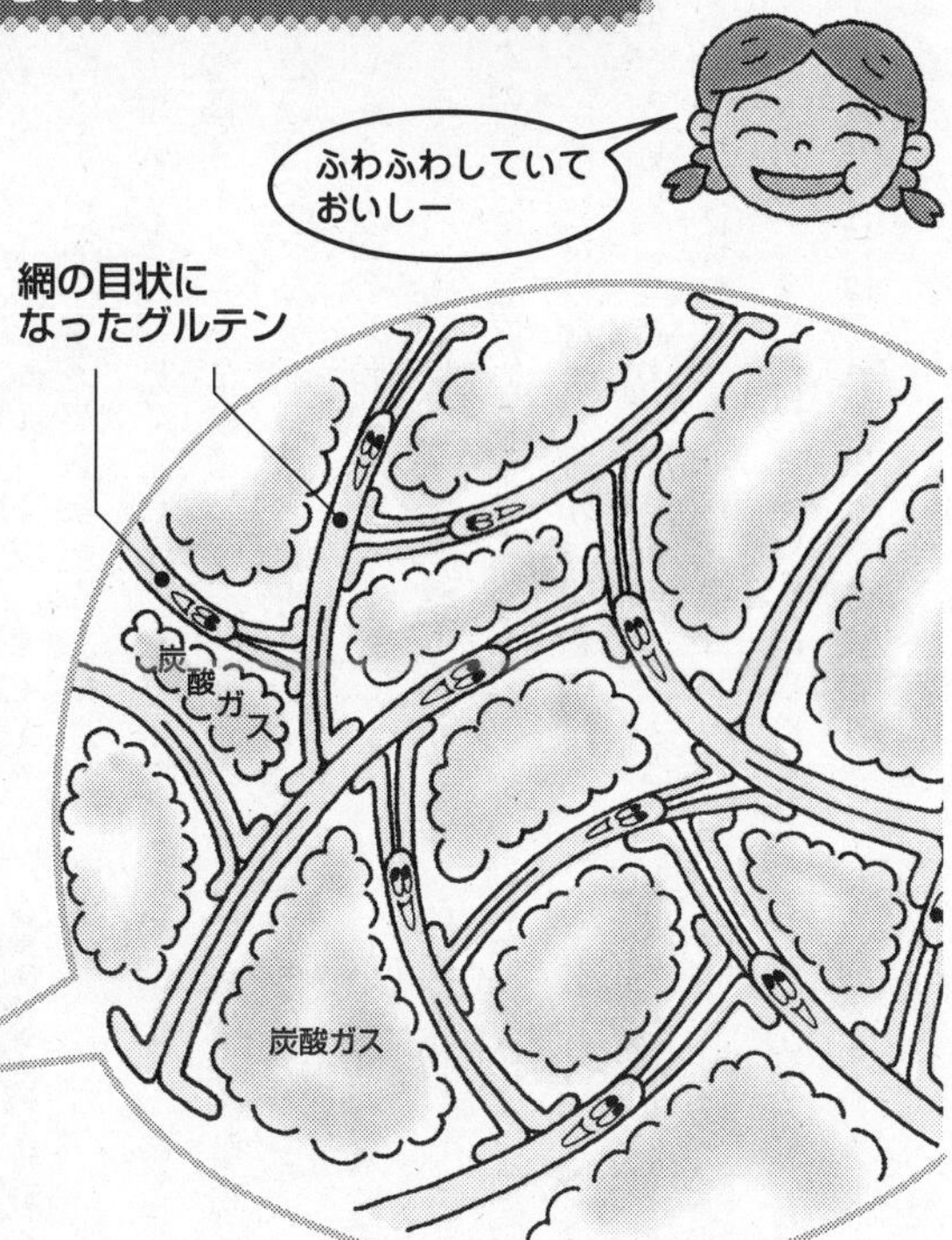
ふわふわしていて
おいしー
網の目状に
なったグルテン
炭酸ガス
炭酸ガス

小麦パン

パリパリしてなくて、しっとりしているから私でも飲みこみやすい
こっちは
もちもちして
おいしー

●もちもちのもと・デンプンは水と熱を加えると「のり」状になる

米粉の主成分であるデンプンに（1）水を加え（2）加熱すると、デンプンの間にすき間ができて（アルファ化＝糊化）、やわらかくなる。消化酵素も働きやすくなる。だが時間が経つとこのデンプンが規則的に並び（ベータ化）、かたくなる。デンプンにはもっちり感のあるアミロペクチンと、さらりとしたアミロースがあるが、日本の米はうるち米でもアミロペクチンが多め。小麦よりも多い

※米粉にはグルテンが含まれないので、ふわふわのパンをつくるには、小麦粉（グルテン）の力を借りるといいます

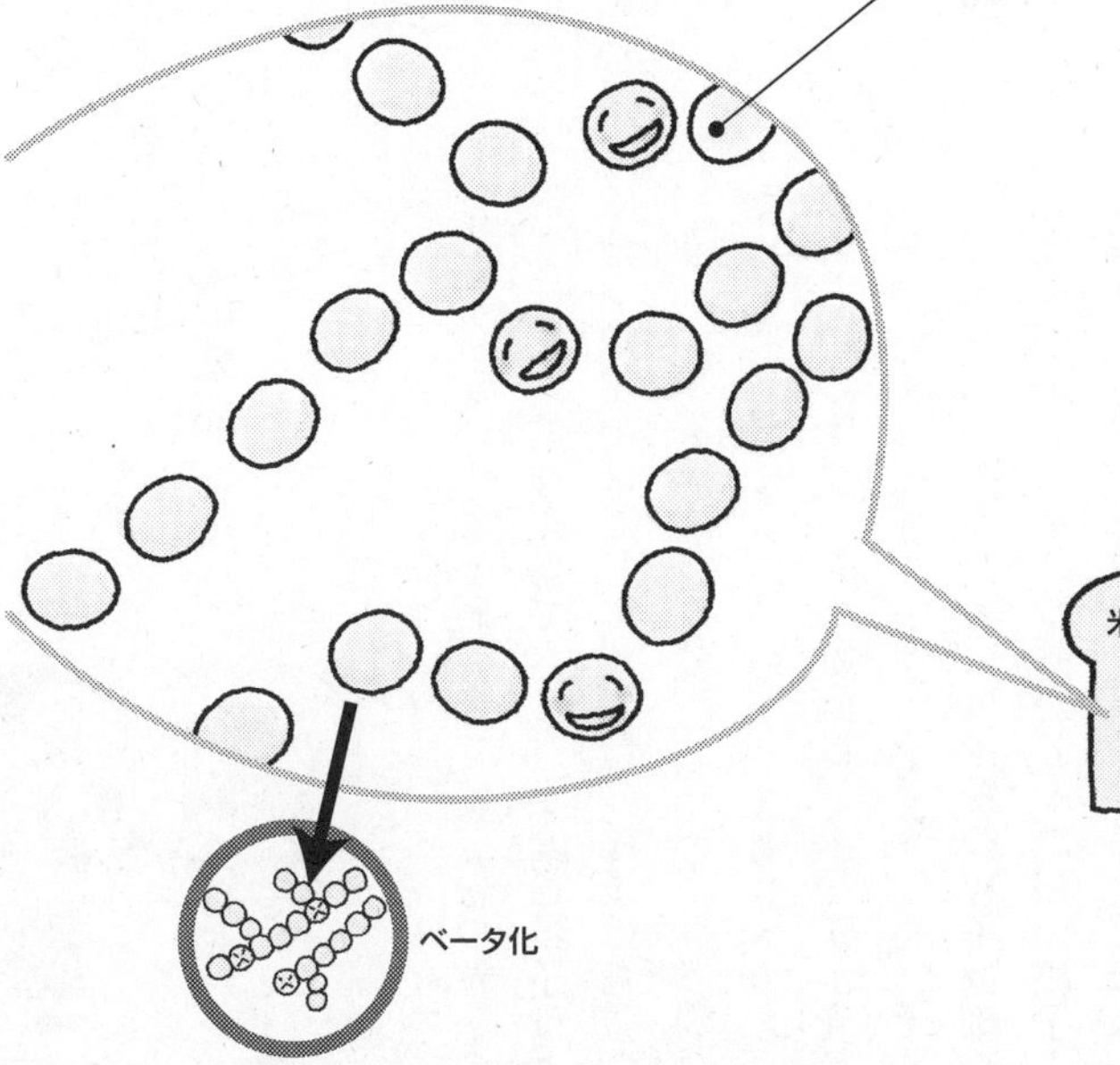
「のり」状になった
デンプン
ベータ化

米粉パン

●かたくなったら温めなおす

米のデンプンは小麦のデンプンよりもベータ化しやすく、かたくなりやすい。おいしく食べるには、もう一度温めるか、初めからコーンスターチや片栗粉など、米と別のデンプンを混ぜておくと、かたくなりにくいそうだ

『現代農業』2007年12月号　図解　米粉の新食感のヒミツ

米粉Q&A　製粉方法と粉の違い

編集部

粉博士　コメ子

粉の粒の大きさはこんなに違った！

コメ子　新潟の遠藤さん（28ページ）は家庭用製粉機（國光社・やまびこ号）でひいた米粉、青森の古舘さん（62ページ）は地元の粉屋さんに製粉してもらった米粉、それでどちらも米粉パンをつくっているけど、粉の粒の大きさにはずいぶん違いがありそうよねえ。

粉博士　コメ子さん、見てごらん。次ページの左が遠藤さんの「やまびこ号」三回通しの米粉、右は古舘さんが米粉パンに使っている改良型ロール製粉の米粉じゃ。

コメ子　あらー、やっぱりずいぶん違うのね。古舘さんの粉のほうがかなり細かいみたい。

粉博士　一般には、粒子が細かい米粉のほうが窯伸びがいい。つまり、焼き上がったパンがよく膨らむんじゃ。ロールパンやコッペパンのようなパンならさほど違いが出なくても、山形食パンにはそれがはっきり表われるんじゃな。

コメ子　そうか、細かい米粉ほどパン向きってことなのか……。

粉博士　ところがコメ子さん、そこに落とし穴があってな。いくら細かくても、パンがうまく膨らまない米粉もあるんじゃ。

コメ子　エーッ、どういうこと？

傷だらけの粉の「見かけの吸水」問題

粉博士　「落とし穴」について説明する前に、小麦の製粉と米の製粉の違いから説明してみよう。

　小麦は、米に比べて粒が軟らかく砕けやすいため粉になりやすいとされているのに対して、米粒には細胞膜に包まれたデンプン粒子がぎっしり詰まっていて粒が硬く、細かい粉にするのは難しいとされている。そのいちばんの理由は、細胞と細胞を強固に結合しているペクチンが多いからだと言われているようじゃな。

　加える力を大きくすれば、細かくすることは可能じゃ。だが、単に力を加えるだけでは、軟らかい小麦と硬い米では、粉の粒子の形状に決定的な差ができる。小麦粉粒子は丸く仕上がるのに対して、米粉の粒子は角張りやすい。傷もたくさんついたような米粉になってしまうんじゃ。「しっとり」「もっちり」という米粉パンの特徴は、米粉が小麦粉よりよく水を吸うことからきている。そして、水をよく吸うためには米粉の粒子は細かいほうがよい。それは確かじゃ。粗い粒子より細かい粒子のほうが表面積が大きくなるからな。

　表面積をいうなら、丸くてツルツルの粉よりは、傷がついて角張ったゴツゴツした粉のほうがなお大きいだろう。だが、そこに落とし穴がある。角張った粉の粒子、細かくしようとするあまり傷だらけになった粉というのは、一時的にたくさんの水を抱えるが、発酵時間が長くなるほど粉からにじみ出て（離水現象）、生地が荒れたりベタついたりしやすい。あるいは、水分を多く抱えすぎて内部が糊状になったり、窯伸びが悪くなったりしや

どっちの米粉でもパンは焼ける
——指先にのせた米粉を別の指でこすってみると…

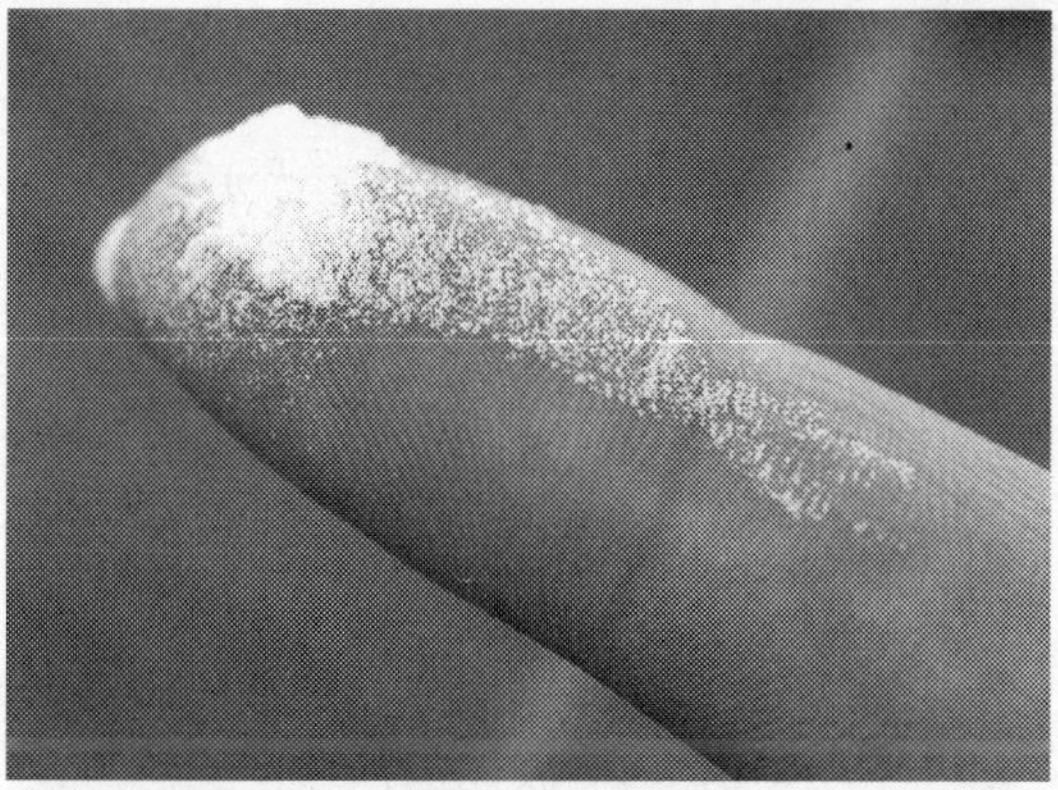

古舘さんがパンに使うロール製粉米粉
こすられた粉は指紋の溝にすり込まれてしまう

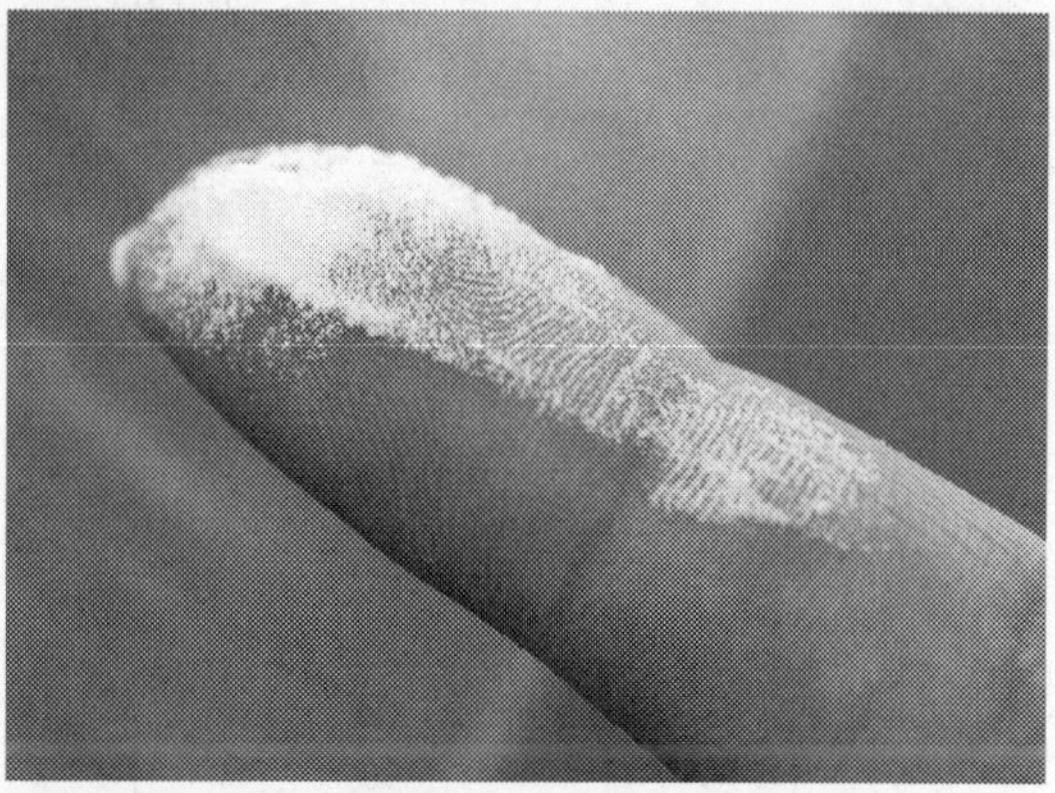

遠藤さんの「やまびこ号」
3回通しの米粉。ざらざらした粒が残る

すいんじゃな。

コメ子　へえー、米粉の世界ってなかなか奥が深いのね。そんなに製粉が難しいんじゃ、やっぱり専門の業者に頼んで、粒子の細かい米粉パン用の米粉にひいてもらうのがいいのかしら。たしか、「気流粉砕」っていう製粉方法がいいのよね。

粗い粉でもおいしいパンになる福盛方式

粉博士　ほう、よく知ってるな。だが、そうとも言えんぞ。遠藤さんの米粉パンを見たじゃろ。家庭用製粉機でひいた粉でも工夫しだいでおいしい米粉パンができる。

大阪のパン職人・福盛幸一さんは、農家の米粉パンづくりを応援するために、油脂を含む材料すべてを一度に入れてこねることで米粉の吸水スピードを抑え、一次発酵をとらない（短時間の発酵でよい）ことで、過発酵や先ほどの離水現象を防ぐ方法を考案してくれた。角張った米粉の欠点を補う方法じゃな。

それに、米粉は小麦粉に比べて発酵が早く進

図1　今回、登場した皆さんの米粉の粒子の大きさ

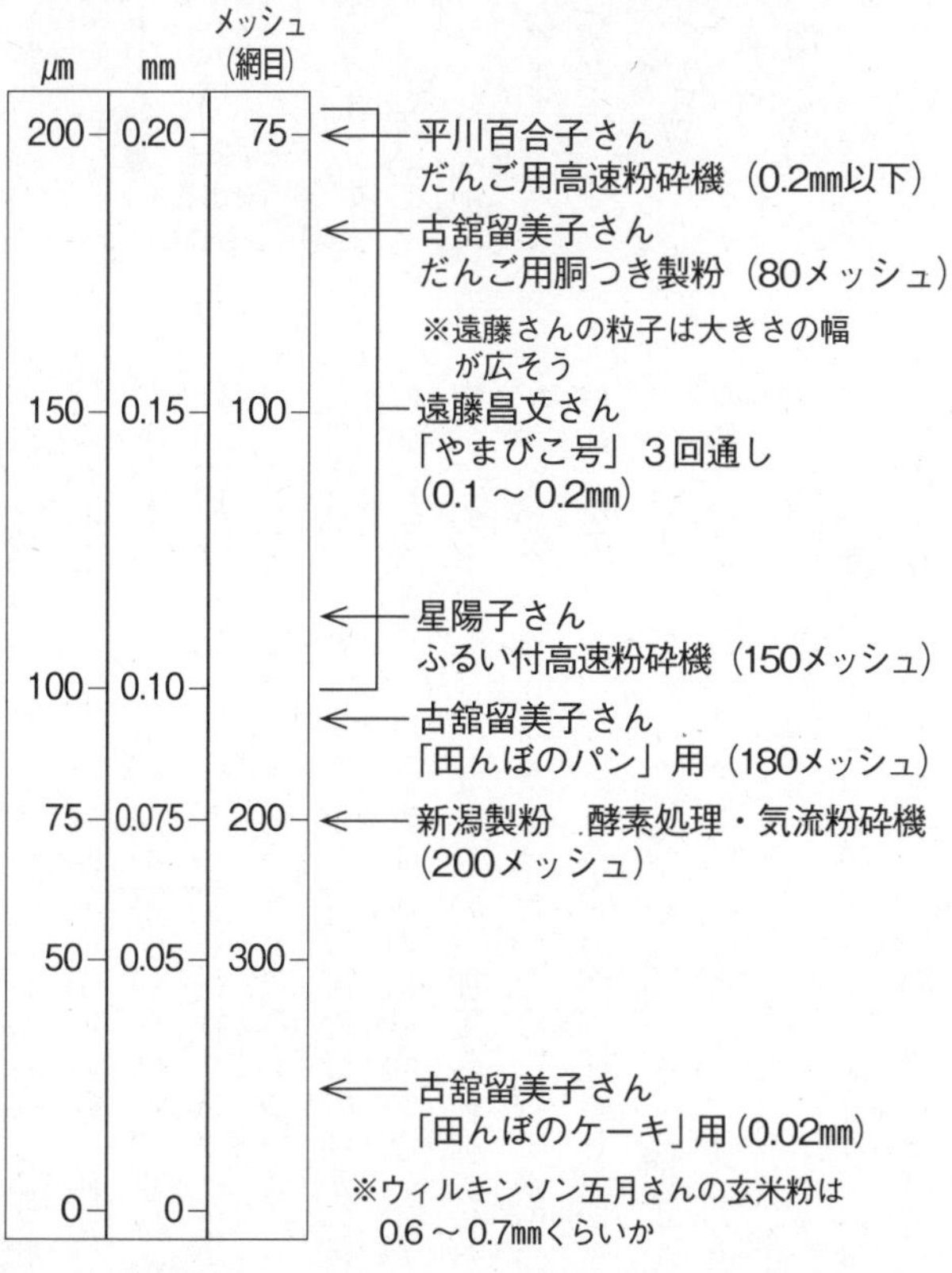

図2　米粉の性質とできるパンの一般的な特徴
——ただし製法の工夫によって改善の余地あり

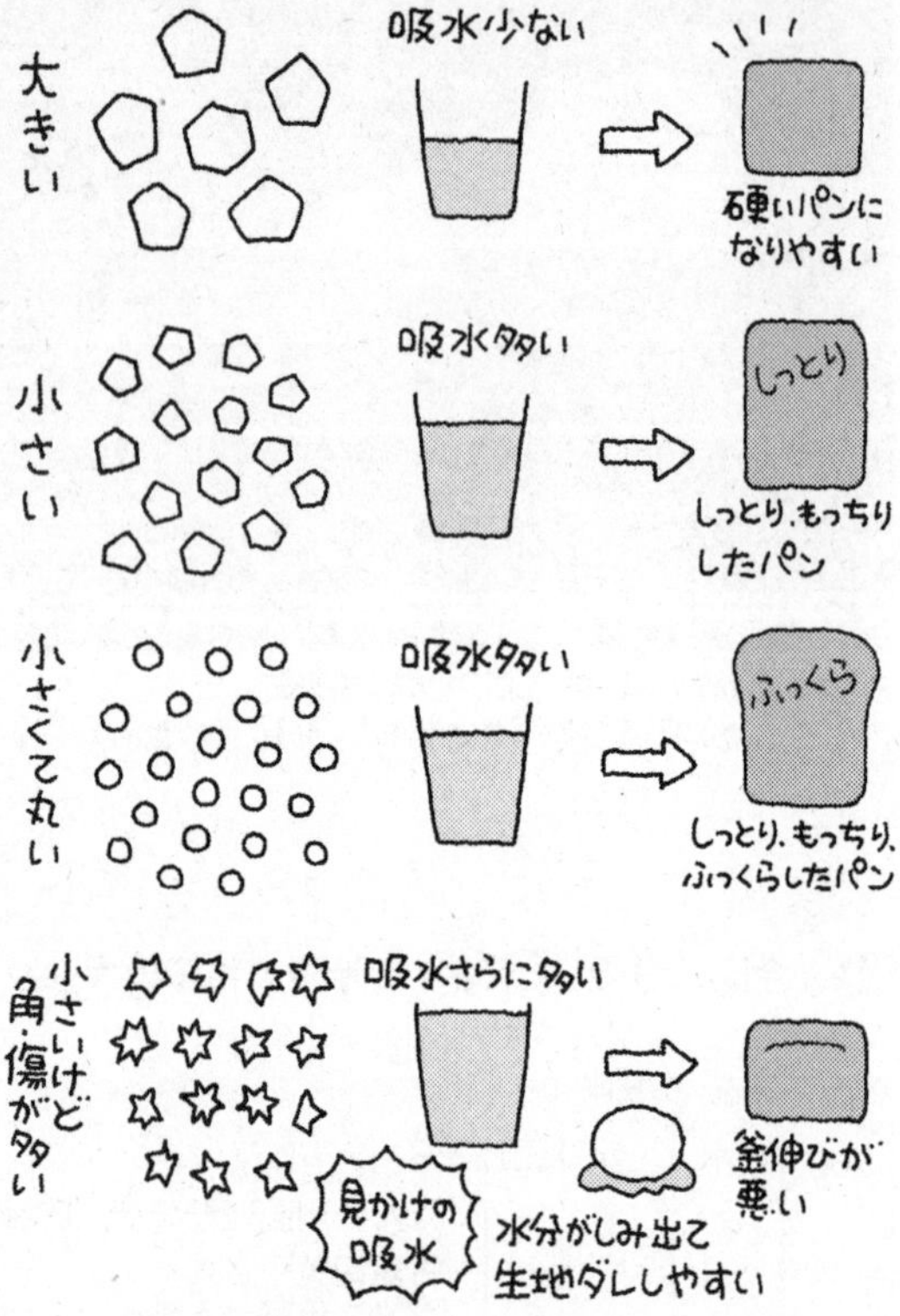

むという特徴もあるから、発酵時間は小麦粉パンよりかなり短くしたほうがいいということになった。

この福盛さんのつくり方なら、「胴搗き製粉」や高速粉砕機を使った「ピンミル」という方法でひいた比較的粗い米粉でもおいしい米粉パンができるぞ。だから今では福盛方式が、各地に広がっている農家の米粉パンづくりの基本になっている。おかげで、気流粉砕の微細粉米粉だけに頼らない、個性的な米粉パンがいろいろ出てきた。

コメ子　なるほど。遠藤さんが言ってたもんね。「素人っぽさがあるほうが味があっていい」「形はいびつ、味もまちまちですが、それがいい」「米を作っている農家がつくった米粉パン」を売るんだって。考えてみれば、大手のパンメーカーがつくる小麦粉食パンのように、ふっくら膨らんだパンばかり求める必要もないのかもしれない。

それはそうと、博士。「胴搗き」とか「ピンミル」とか、製粉のやり方についても、もう少し教えてください。

気流粉砕の粉は食パン向き、団子に向かない

粉博士　次の表をご覧なさい。製粉方式ごとの特徴をまとめてみたぞ。コメ子さんがさっき言っていた気流粉砕機（西村機械製作所など）は、高速粉砕機や胴搗き製粉機に比べて、窯伸びがいいのは確か。だから、ロールパンや菓子パンは高速粉砕や胴搗きの米粉でつくっても、食パンだけは気流粉砕の粉を使うというところも多いようじゃな。

ただ、気流粉砕の細かい粉は団子をつくったりするのには向かないぞ。おいしい団子にならない。加工の最終工程で加熱するパンやケーキをつくるには細かい粉のほうがうまくいきやすいが、加熱してデンプンをアルファ化してから加工する団子やもち、米菓子、ビーフンなどには、むしろ粗い粒子のほうがよい。

コメ子　へえー、そうなんだ。気流粉砕機は米粉パンに向く粉がひけるけど、設備が高い（数千万円）って聞いたわ。今あちこちに導入されているのは、高速粉砕機なのよね？　これはどんなしくみで製粉しているのかしら。

ふるい付高速粉砕機とは

粉博士　高速粉砕機のなかでも、いま導入されているのは「ふるい付高速粉砕機」って機械じゃな。サタケと東洋商会から販売されていて、どちらもしくみは同じじゃ。ホッパーから落ちた米は、まず粗く砕かれ、そのあとで高速粉砕機（ピンミル）に

表　製粉機の種類と特徴

製粉機の種類	特徴
高速粉砕機（ピンミル）	円形の粉砕室内で多数のピン（棒）が高速回転。粉砕された粉は、粉砕室外周のスクリーン（0.1㎜程度）を通して押し出される。スクリーンは細長い粉も押し出されるので、粉砕後、ふるい（100メッシュ程度）を通す必要がある。機械が比較的低コストで普及率が高い。温度上昇を抑える工夫を施した機械が最近発売されている
気流粉砕機	ファンが高速回転する粉砕室内に送られた原料米は、粉砕室内の内壁に衝突、粉砕され、気流に乗って排出される。湿式と乾式があるが、より細かく丸い粉にするには、米にあらかじめ吸水させてから粉砕する湿式が適。米をあらかじめ酵素処理してから気流粉砕して同様の効果を得る方式（新潟製粉）もある。湿式・酵素処理した気流粉砕粉は、小麦粉同様の窯伸びのよい食パンができる。ただし団子には向かない。機械は高価
胴搗き製粉機	洗米・吸水後に杵と臼で粉砕、ふるいを通す。粉のダメージが少なく、風味のよいパンができる。設備が大がかりで高価
ロール製粉機	一般に小麦粉の製粉に利用される。製粉時の粉のダメージが大きい。米粉パンには向かないといわれるが、欠点を補った改良方式も登場しているらしい

製粉機販売元
西村機械製作所：大阪府八尾市松山町 2-6-9　TEL072-991-2461
東　洋　商　会：滋賀県蒲生郡安土町上豊浦 1397-11　TEL0748-46-2158
サ　　タ　　ケ：広島県東広島市西条西本町 2-30　TEL082-420-8575
國　　光　　社：名古屋市南区星崎 1 丁目 132-1　TEL052-822-2658

かけられて細かい粉になる。これをファンで吸引、サイクロンで粉だけ分離してふるいにかける。メーカーによると、粉砕時の温度上昇を抑えて粉の傷みを抑えるような工夫もほどこしてあるということじゃ。一時間に一〇kgの米が製粉できて、ふるいは一〇〇メッシュと一二〇メッシュから選べる。価格はどちらも二六〇万四〇〇〇円。

新しい製粉方式も登場

コメ子　博士。この表によると、ロール製粉は米粉パンに向かないみたいに書いてあるけど、古舘留美子さんがパン用に使っているのはロール製粉（改良ロール製粉）でしたよ。これはどういうこと？

粉博士　製粉するロールの目立てのしかたなどに工夫があるらしいな。実際、古舘さんの米粉パンは、しっとり、もちもちなうえに、ふっくらと焼き上がっておる。米粉の製粉法にはまだ発展の余地がありそうじゃな。

　古舘さんがケーキ用に使っている米粉のほうも細かくて、パンに使ってもおいしく焼けているぞ。これも、ジェット製粉機という機械を使った「超微粉マイナス冷気粉砕法」という新しい方法で製粉されているらしい。マイナス二〇〜四〇℃で製粉するために、摩擦熱が抑えられ、原料の風味を損なわない効果もあるとのこと。しかも平均二〇µm（〇・〇二㎜）以下という非常に細かい粉になるそうじゃ。

　米粉パン用の改良ロール製粉は古舘さんの地元・十和田市の製粉所だし、ジェット製粉は隣の秋田県大館市の製粉所。米粉が注目されるようになって、こういう新しい製粉技術をもった地方の製粉所が次々現れてくるんじゃろうか。

コメ子　遠藤さんのように、八万円くらいで買える家庭用の製粉機（やまびこ号、これもロール製粉の一種）でも、工夫しだいでおいしい米粉パンはできるし、新しい技術を持つ製粉所に頼んで製粉する手もあるってことよね。粉もいろいろなら、できるパンも違っていい。農家がつくる米粉パンは、小麦パンに似せたパンだけじゃないってことかしら。

『現代農業』二〇〇八年十二月号　製粉法と粉、コメ子さんとQ&A

米粉パンに適する米粉の特性は？品種はなにがいい？

荒木悦子・芦田かなえ（独・農研機構　近畿中国四国農業研究センター）、
青木法明（独・農研機構　作物研究所）、高橋　誠（新潟県農業総合研究所　食品研究センター）

上新粉と小麦粉の違い

上新粉は菓子の製造に使われるウルチ米の粉のひとつで、スーパーなどで手軽に購入できる。上新粉の用途は団子やせんべいなどの菓子・米菓用途がほとんどであり、小麦粉のように広範囲に加工利用されることはない。

これには、米と小麦の成分の違いが大きく関係している。小麦にはグルテンと呼ばれる、水を加えてこねると、粘弾性のあるガムのような性質を持つタンパク質があるが、米にはない。小麦粉ではグルテンの粘弾性を利用し、多様な加工食品がつくられる。小麦粉パンでは、パン生地中でグルテンが網目構造を作る。発酵で生じた気泡が、網目構造に入り込み、生地を押し拡げることで、細かい気泡がはいったふっくらとしたパンができる。しかし、米粉にはパンの骨格となるグルテンが含まれていない。そこで、米粉パンをつくるときには、米粉に小麦粉を混合したり（米粉混成パン）、あるいは米粉に小麦粉から抽出したグルテンを添加したりする（グルテン添加米粉パン）。グルテン添加米粉パンでは、グルテンの網目構造をよく発達させることが重要となる。

また、上新粉と小麦粉では、粒子の大きさや形にも違いがある。小麦粉に比べ、上新粉には角張った大きな粒子が多く含まれている。パンをつくるには、角張った大きい粒子が少ないほうがよいと考えられ、小麦粉並みに細かい米粉をつくる製粉方法の開発が進められた。米胚乳には細胞壁に包まれた細胞がぎっしりと詰まっており（図1A、B）、細胞内には多面体構造の単粒デンプンで構成された複粒デンプンが存在する（図1C）。そのため、米の種子は小麦の種子よりも硬く、既存の粉砕方法では細かい粒子を得ることがむずかしかった。しかし、新潟県食品研究センター（現　新潟県農業総合研究所）が開発した「精米をペクチナーゼで軟化させたあとに、湿ったまま、気流粉砕機で粉砕する（酵素処理気流製粉）」方法によって、粒子が細かく高品質なパン用米粉が製造できるようになった。

グルテン添加米粉パンに向く米粉特性

パンの膨らみ程度（比容積）に影響する米粉の特性を把握するために、さまざまな方法で製粉した米粉を原料として、粉の特性とグルテン添加米粉パンの膨らみ程度との関係が調べられている（図2）。

酵素処理気流製粉によって製造された米粉は、損傷デンプン含有率が低く、パンがよく膨らむ。逆に、損傷デンプン含有率が高い米粉で作成したパンは膨らまない。「損傷デンプン」とは、粉砕時の圧力や熱によって傷を受けたデンプンのことで、傷のない通常のデンプンに比べ、水を吸いやすく、また、種子内在性デンプン分解酵素の作用を受けやすいことから、パン生地の発酵特性に影響することが知られている。

　また、損傷デンプン含有率が低い米粉の粒子は、粒度分布で二〇㎛付近と六〇㎛付近にピークがあり、一〇〇㎛以上の大きな粒子が少ない。米粉の粒子を観察すると、損傷デンプン含有率が低い米粉の粒子は、細かく、かつデンプン粒や細胞の構造が保持されており（図2A、図3A）、デンプンがやや損傷している上新粉の粒子は、大きく、表面が粗いことがわかる（図2B、図3B）。デンプンの損傷程度が大きい米粉の粒子は、非常に細かく、デンプン構造が破壊されている（図2C、図3C）。いずれの米粉の粒度分布も、小麦粉の粒度分布とは異なっている（図3D）。

　これらのことから、パン用の米粉は、粒子が適度に細かく、デンプン構造が保持され、損傷デンプン含有率が低い（約六%以下）ことが望ましいと考えられる。粒度分布や損傷デンプン含有率は、パ

図1　米胚乳組織の構造

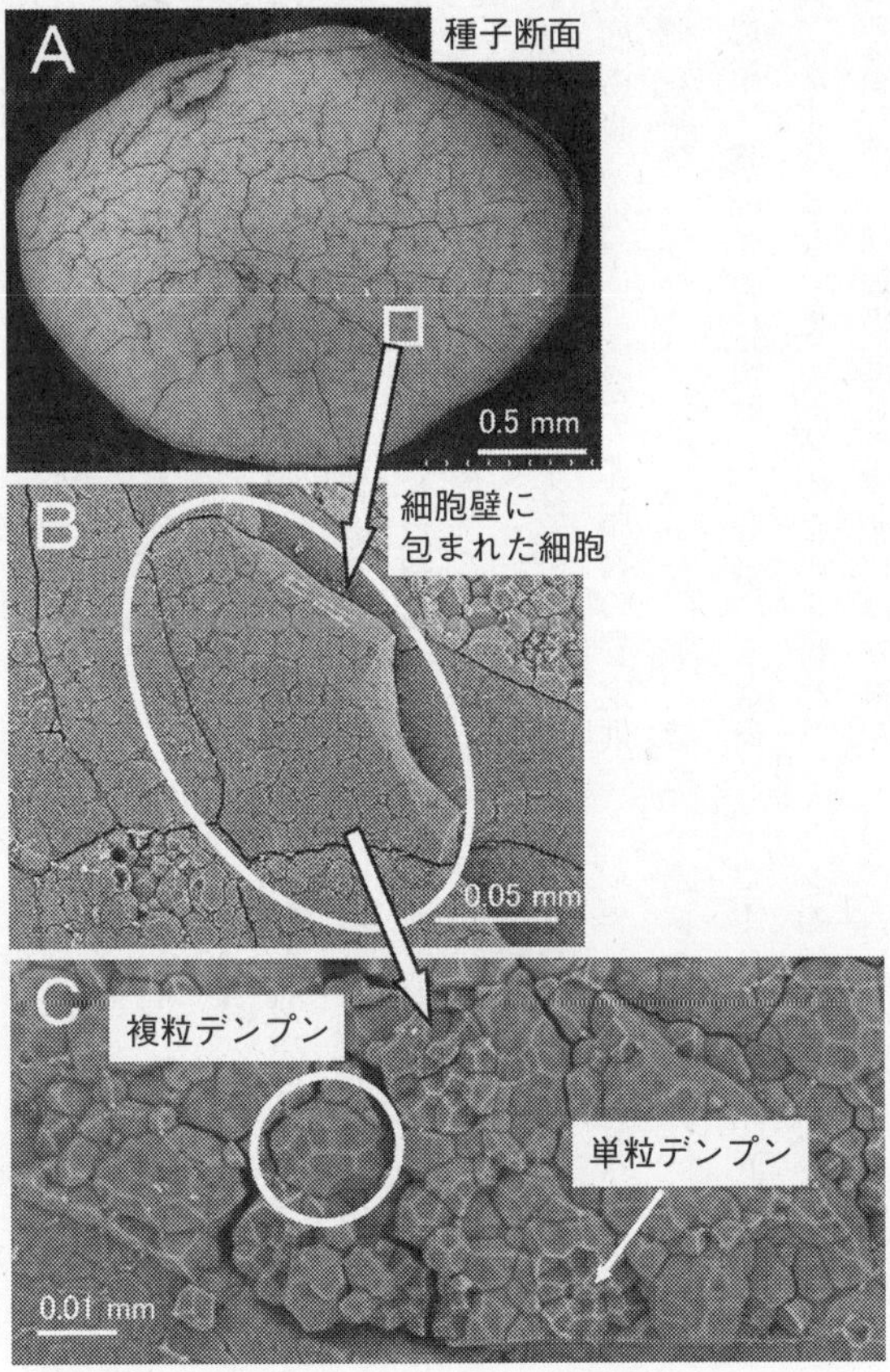

A：種子断面，B：細胞壁に包まれた細胞，C：単粒デンプンと複粒デンプン

図2　米粉パン用米粉の特徴

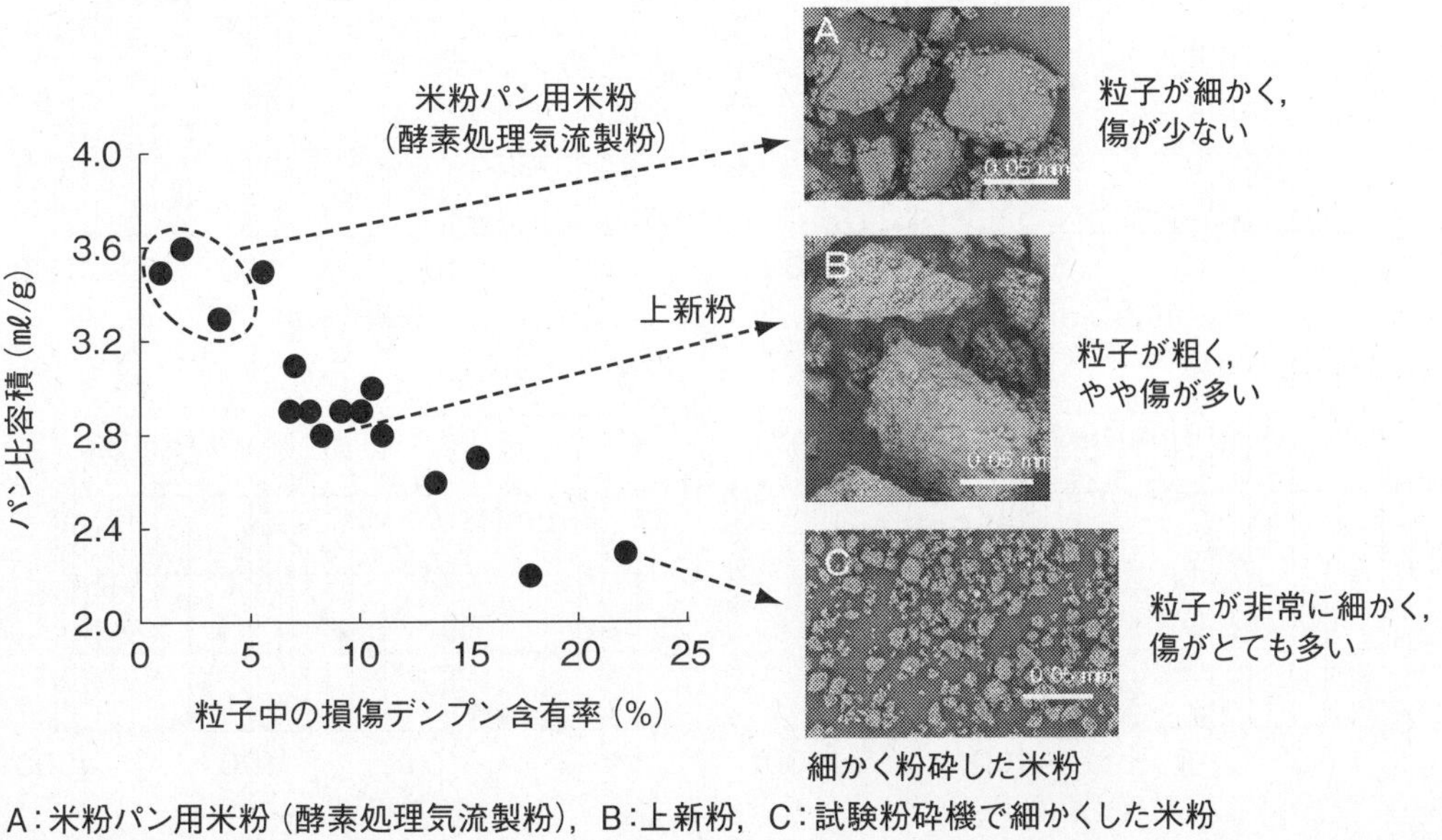

A：米粉パン用米粉（酵素処理気流製粉），B：上新粉，C：試験粉砕機で細かくした米粉

ン用米粉の品質の指標として活用できる。

米粉パン加工に向く米の品種特性

現在、米粉パンの普及と需要の拡大が期待される中、パン製造業者からは米粉パンの加工適性を有する原料米を使用した製品作りをしたいとの声が高まっている。

農林水産省のプロジェクト研究（「低コストで質の良い加工・業務用農産物の安定供給技術の開発」、二〇〇六～二〇一〇年）では、農業・食品産業技術総合研究機構（農研機構）が主体となって、品質のよい米粉パンをつくるための品種の選定や開発に取り組んでおり、製パン適性が優れたデンプン特性やタンパク質特性をもつ品種や、安価な製粉機でも良質な米粉が得られる品種の選定を進めている。また、米粉の原料米を安く、安定的に供給することを目指し、多収米の米粉利用も検討している。これらの研究から、米粉パン加工に向いた米の品種特性が明らかになり始めている。

(1) デンプン特性と製パン性

米粉の主要成分であるデンプンには、通常、グルコースが直鎖状につらなったアミロースと、グルコースが枝分かれしたアミロペクチンが含まれる。

アミロースとアミロペクチンの比率（アミロース含有率）は、食品加工では重要な形質のひとつであり、デンプンの糊化特性に影響する。さまざまなアミロース含有率の米から調整した米粉でグルテン添加米粉パンを作成した試験から、アミロース含有率が低いとパンの側面が潰れやすく、高いと形状はよいがパンが硬くなりやすいことが明らかになり、中程度のアミロース含有率（一六～二〇％）の米粉がモチモチ感と適度な軟らかさをもつパンをつくるために最も向いていることが報告されている（図4）。「コシヒカリ」や「日本晴」など、日本の一般的な食用イネ品種は、中程度のアミロース含有率を示すので、米粉

図3　米粉と小麦粉の粒度分布

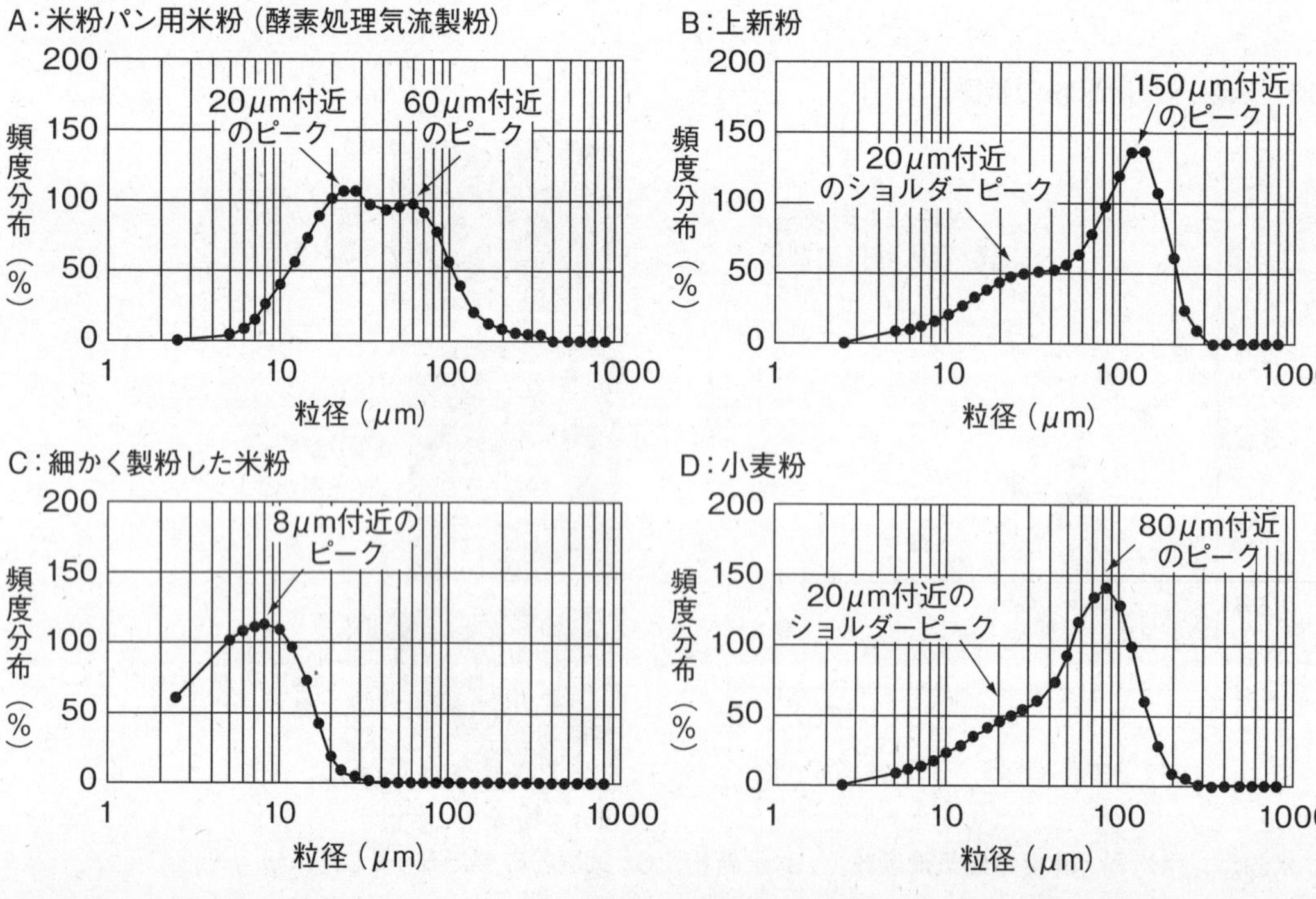

パン加工にも向いていると言える。

一方、低アミロース米で作成した米粉パンは、食パンには向いていないが、軟らかくてモチモチした食感が強く、小麦粉パンにはない特徴があることから、低アミロース米は米粉の特徴を活かしたパンづくりに活用できると期待されている。低アミロース米品種には、「スノーパール」や「はなえまき」「ミルキークイーン」などがある。アミロース含有率の調整や安定化を図るため、さまざまなアミロース含有率の米粉を混合する試みも始まりつつある。

(2) 米の特性と製粉性

前述した酵素処理気流製粉方法は、現在、パン用米粉を製造する最もよい方法であるが、高額で大規模な製粉施設と複雑な作業工程が必要である。そのため、全国各地の地産地消の取り組みでは、「米粉製粉用に開発された小型で安価な衝撃式粉砕機を利用して、精米を直接製粉機に投入するだけで製粉する（ピンミル乾式製粉）」方法で自家製粉しているところもある。この方法で製粉した米粉は、酵素処理気流製粉した米粉に比べて、粒子が粗く損傷デンプン含有率が高いため、ふっくらとした食パンはつくりにくいが、コッペパンや惣菜パンなどの製造が可能な品質の米粉であり、ピンミル乾式製粉は地産地消と地域農業の活性化を目的とした自家製粉に利用できると考えられる。

ピンミル乾式製粉でも高品質なパン用米粉が製造できる品種が開発されれば、自家製粉の普及と製粉コストの低減につながると考えられる。そのような品種の候補として、粉質米の加工適性が調べられている。

粉質米とは、胚乳部位が白濁する特性をもつウルチ米のことであり、胚乳のデンプン粒が疎に詰まっているため、透明な通常の米よりも穀粒が軟らかい。このため、ピンミルで乾式製粉しても、粒子が細かく損傷デンプン含有率の少ない米粉になり、酵素処理気流製粉した米粉に近い膨らみを示す米粉パンをつくることができる（図５）。ただし、多くの粉質米は、砕けやすく精米時のロスが大きいという欠点があるため、製粉コストの低減には、搗精特性の優れた粉質米や玄米粉の利用方法の開発が必要である。粉質米の品種や系統としては、「ほしのこ（北海３０３号）」、「北陸粉２３２号」、「奥羽粉４１２号」などが育成されている。

(3) 多収米の製パン性

米粉の利用を拡大していくためには、原料米の安価で安定的な供給が不可欠であり、多収

図4　アミロース含有率の異なる米粉で作成したグルテン添加米粉パンの形状と硬化速度

	低アミロース米		一般品種		高アミロース米	
	スノーパール	ミルキークイーン	コシヒカリ	日本晴	ホシニシキ	夢十色

	スノーパール	ミルキークイーン	コシヒカリ	日本晴	ホシニシキ	夢十色
アミロース含有率 (%)	5.9	8.5	18.0	19.5	30.6	33.2
パンの硬化速度 (g/cm^2/日)	—	3.9	15.0	15.4	23.2	42.8

米品種を利用した低コスト栽培による原料米の価格低下が期待されている。農研機構では、北海道から九州まで、各気候区分に適応した多収米品種（一般品種に比べ、二〜四割多収）を育成している。多収米の品種の中には、家畜の飼料用に開発された飼料米も含まれる。

　多収米品種では米の外観品質がやや悪い品種もあるが、製粉すると粒子が細かくなる傾向がある。これは白濁粒が多いために、粉質米ほどではないが穀粒が壊れやすいことが原因と考えられる。また、多収米品種の多くはコシヒカリよりもアミロース含有率がやや高いことからパン側面の崩れが少なく、コシヒカリなどの一般品種のパンより形が良い傾向がある（図６）。しかし、アミロース含有率が高いために、一部の多収米のパンは一般品種のパンより硬くなりやすい。

　したがって、パン用米粉の生産のための多収米品種の開発や選定においては、パンの形状ばかりでなく、成分の分析、パンの硬さや風味の評価を含めた製パン特性の検討が必要である。

　パンの形状と硬さの観点から、多収米の利用にあたっては、中程度のアミロース含有率で、米粉の糊化開始温度が高くない品種を用いるとよい。東北では「べこあおば」「べこごのみ」関東以西では「夢あおば」「ホシアオバ」「クサノホシ」「タカナリ」「北陸193号」などの品種が上記の条件に適合している。

さいごに

　小麦粉との価格競争、生産者の収入の確保のためにも、多収米品種の利用は重要である。近い将来、多収性と粉質性やアミロース含有率などを組み合わせた「米粉パン適性品種」が開発されると期待される。また、低グルテリン米品種の「みずほのか」や「LGC1」でつくる米粉パンは風味がよいといわれており、タンパク質も製パン性に関係すると考えられる。グルテンの網目構造をよく発達させる米タンパク質、具体的にはタンパク質含有率やタンパク質組成と製パン特性などの関連の研究も進められているところであり、風味や食感、保存性などが優れた、よりよい品質の米粉パンが開発されるようになるであろう。

　グルテン米粉添加パンの作成で使用しているグルテンは、ほとんどが輸入品であり、国産米を使っているとはいっても、その製造は海外の農産物に頼っている状況である。また、グルテンは小麦のタンパク質なので、グルテン添加米粉パンは、小麦アレルギーの人には不向きである。このようなことから、グ

図5　粉質米の種子構造と製粉特性

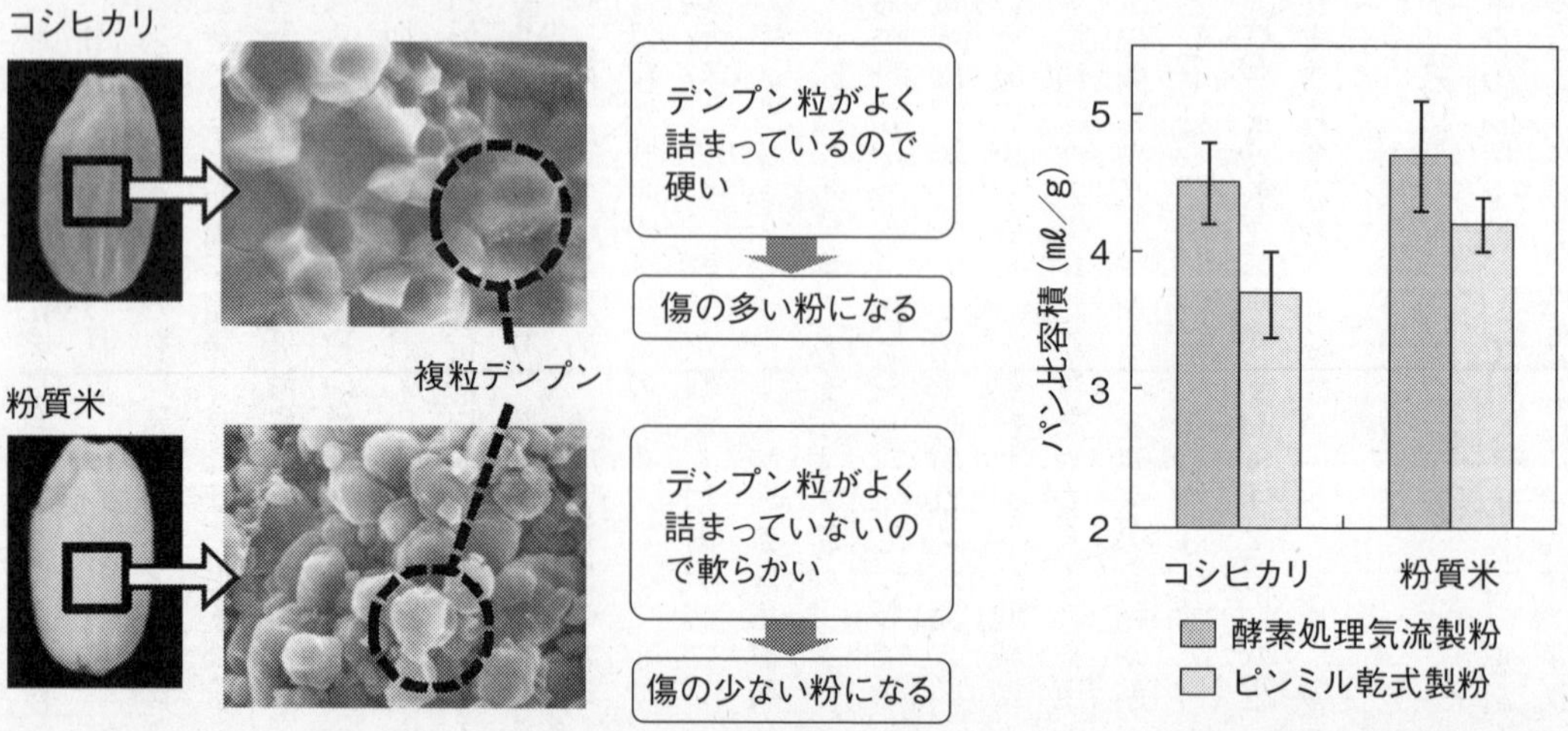

図6　多収米品種の粒と米粉の性質とグルテン添加米粉パンの形状

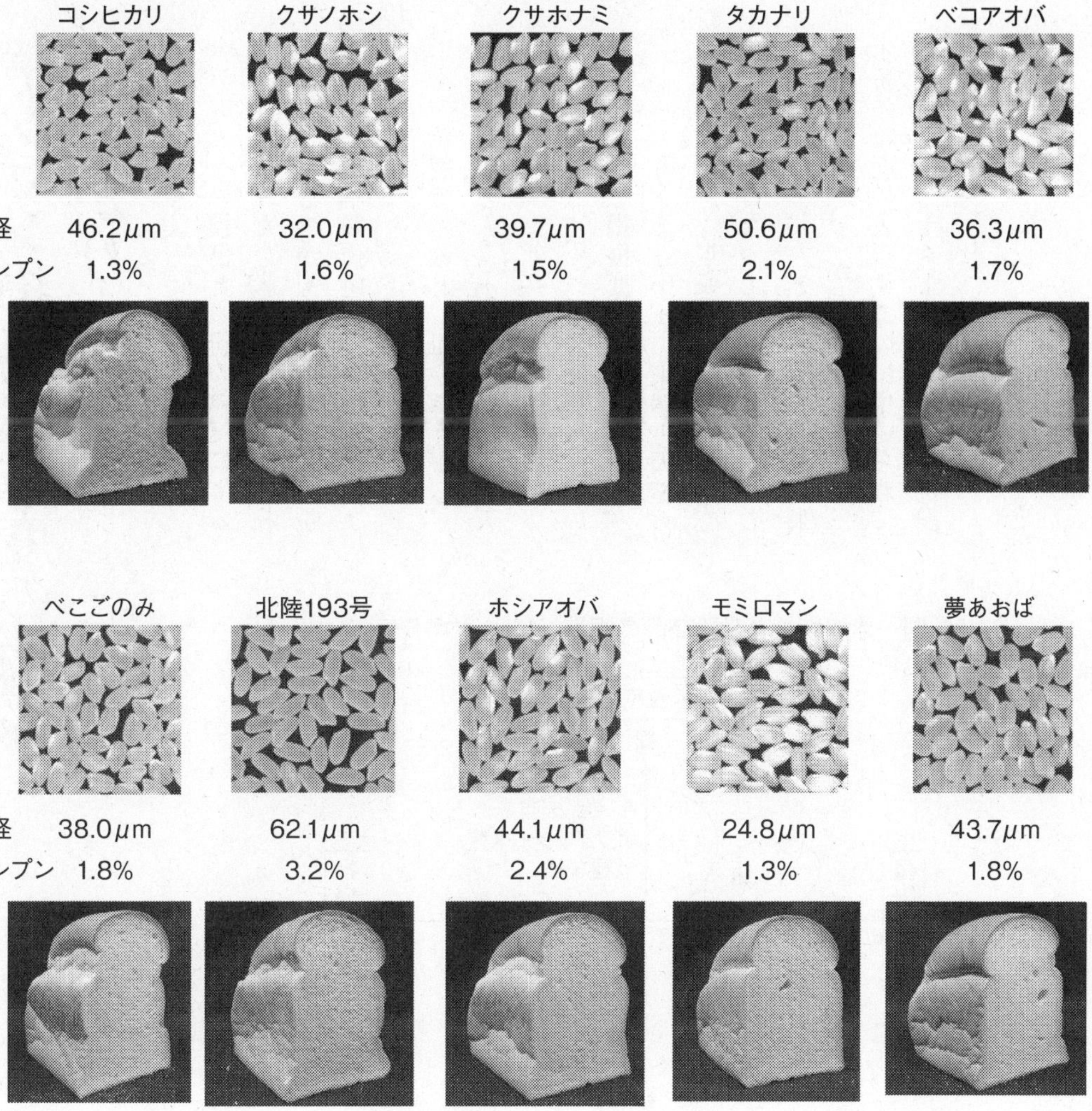

	コシヒカリ	クサノホシ	クサホナミ	タカナリ	ベコアオバ
平均粒径	46.2μm	32.0μm	39.7μm	50.6μm	36.3μm
損傷デンプン	1.3%	1.6%	1.5%	2.1%	1.7%

	べこごのみ	北陸193号	ホシアオバ	モミロマン	夢あおば
平均粒径	38.0μm	62.1μm	44.1μm	24.8μm	43.7μm
損傷デンプン	1.8%	3.2%	2.4%	1.3%	1.8%

ルテンを使用しない米粉パンの開発も今後さらに進むと考えられる。

グルテン添加米粉パンでは、品種の特性を活かした製品開発が可能になりつつある。しかし、米粉利用をより拡大していくためには、米粉の需要をさらに創出していく必要があり、そのためには用途に応じた加工適性の検討が不可欠である。パンと同様に、米粉用途のひとつとして注目されている米粉麺では、アミロース含有率が異なると、麺の軟らかさやほぐれやすさに違いが生じ、この点から評価すると「越のかおり」等の高アミロース米が適していることがわかってきている。また、小麦粉に比べ、米粉ではしっとりとしたきめ細かい生地ができるという特性を活かし、米粉を使った洋菓子の開発も盛んになってきている。

しかし、米粉利用の促進を自給力向上戦略のひとつとしていくには、農工商の連携システムの構築が不充分である。米の生産者と製粉業者、加工業者との新たな連携関係を作ること、パン用や麺用の米粉の流通が一般的ではないことなどの問題がある。米の生産から米粉、および加工品の販売までのシステム作りが今後の大きな課題である。

食品加工総覧第四巻「新用途米粉」二〇一〇年追録より

デンプン損傷と粒度の関係早わかり

米デンプンの損傷と米粉の粒度による米粉特性からみた、米粉の商品化との相性を整理したものが図と表である（製粉機メーカー山本製作所のパンフレットより）。

米粉の粒度でみると、粗いほうから、「だんご・柏もちなどの和菓子類」→「天ぷら粉・パン類」→「ケーキ・ホワイトソース・米麺」、デンプンの損傷度合いでみてみると、損傷度の高いほうから、「ケーキ・ホワイトソース・米麺・天ぷら粉」→「だんご・柏もちなどの和菓子類」→「パン類」となっている。それぞれの米粉商品によって、求められる米粉の特性に違いがあることがわかる。

米粉の粒度の表現するのに用いられているマイクロメーターとメッシュを併記したので、参考にしていただきたい。

（編集部）

図　米粉特性と米粉商品の相性（原図：山本製作所パンフレット）

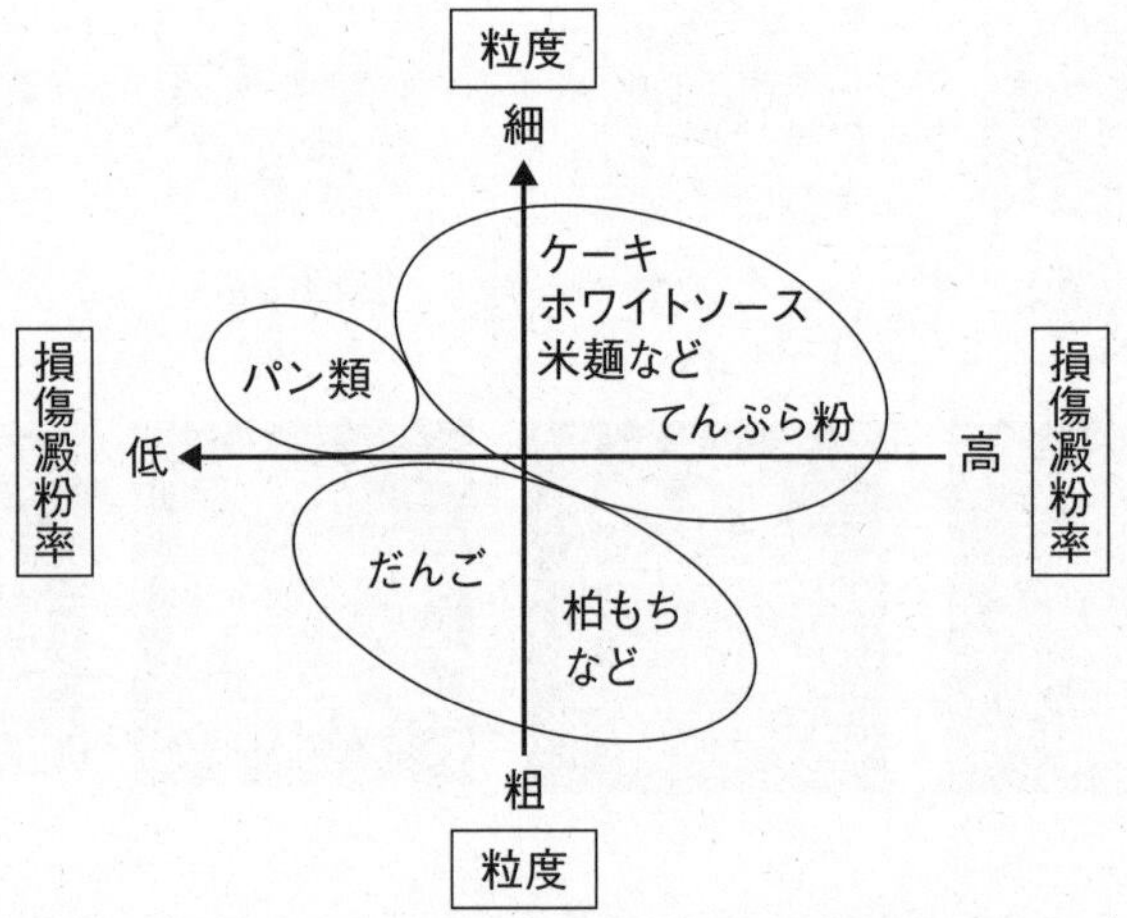

表　米粉の粒度と商品比較（山本製作所パンフレットより）

粒度	商品用途
150μm（約100メッシュ）	パン、ピザ、煎餅、団子または和菓子など
100μm（約160メッシュ）	パン、クッキー、シュークリームなど。PTCの（＊）「おこめ麺」
77μm（約200メッシュ）	めん類、てんぷら粉、ケーキ、カステラなど。PTCの粉商品（カップケーキ・ホットケーキ）
40μm（約250メッシュ）	ホワイトソース（グラタン、シチュー）、ムース、クリームなどのなめらかな食感の食品
30μm（約400メッシュ）	全粒豆腐、全粒豆乳、業務用茶葉、餃子の皮、てんぷら粉など

＊PTCとは、米粉商品の開発・製造・販売を行なっているパウダーテクノコーポレーション有限会社の略。

米粉の製粉方式と製粉方法―パンや麺に向く米粉をつくる

吉井洋一　新潟県農業総合研究所

小麦粉の用途に向く製粉の方式

《二段階処理による微細米粉》

和菓子製造の合理化や省力化、さらには膨化性（膨らみ）に優れた米菓製造の要請に応える米の製粉技術が「二段階製粉技術」である。

米粒は外層と内層の組織の並び方が異なっており、そのために外層と内層の硬度が違っている。組織が密な外層は硬く、通常の製粉においては粗くなるのに対し、柔らかい内層は細かい粉となる。そのため、粗い部分が多いと再度粉砕する必要があり、製粉時に発生する熱によって、澱粉が熱損傷を受け、米粉の品質低下を招いていた。

この細かくなりにくい外層部を微細にするとともに、微細化に伴う損傷の少ない製粉技術として、圧扁ロールと気流式製粉機の二段階で製粉を行なうのが二段階製粉技術である。

この製粉技術では、米を洗米・水浸漬後、脱水し、圧扁ロールと呼ばれる製粉機で米粒を押し潰し、フレーク状とする。次いで、気流式製粉機で粉砕した後、乾燥する。これにより、写真1に示したような平均粒径三〇㎛程度の微細な米粉を得ることができる。気流式製粉機の場合は、粉砕に伴う熱エネルギーが乾燥（水分の蒸発）に消費され品温上昇を抑えることができるため、米粉が熱損傷を受けにくい特徴がある。

この二段階製粉による米粉で製造した団子の品質は、表1に示したように粒径が非常に細かいために生地の水分が高くなり、生地の保形性、作業性が優れるとともに、団子の硬化が遅いために可食期間が延長されることが認められ、従来「朝生菓子」といわれてきた和菓子の日持ち（流通期間）延長が可能となる。

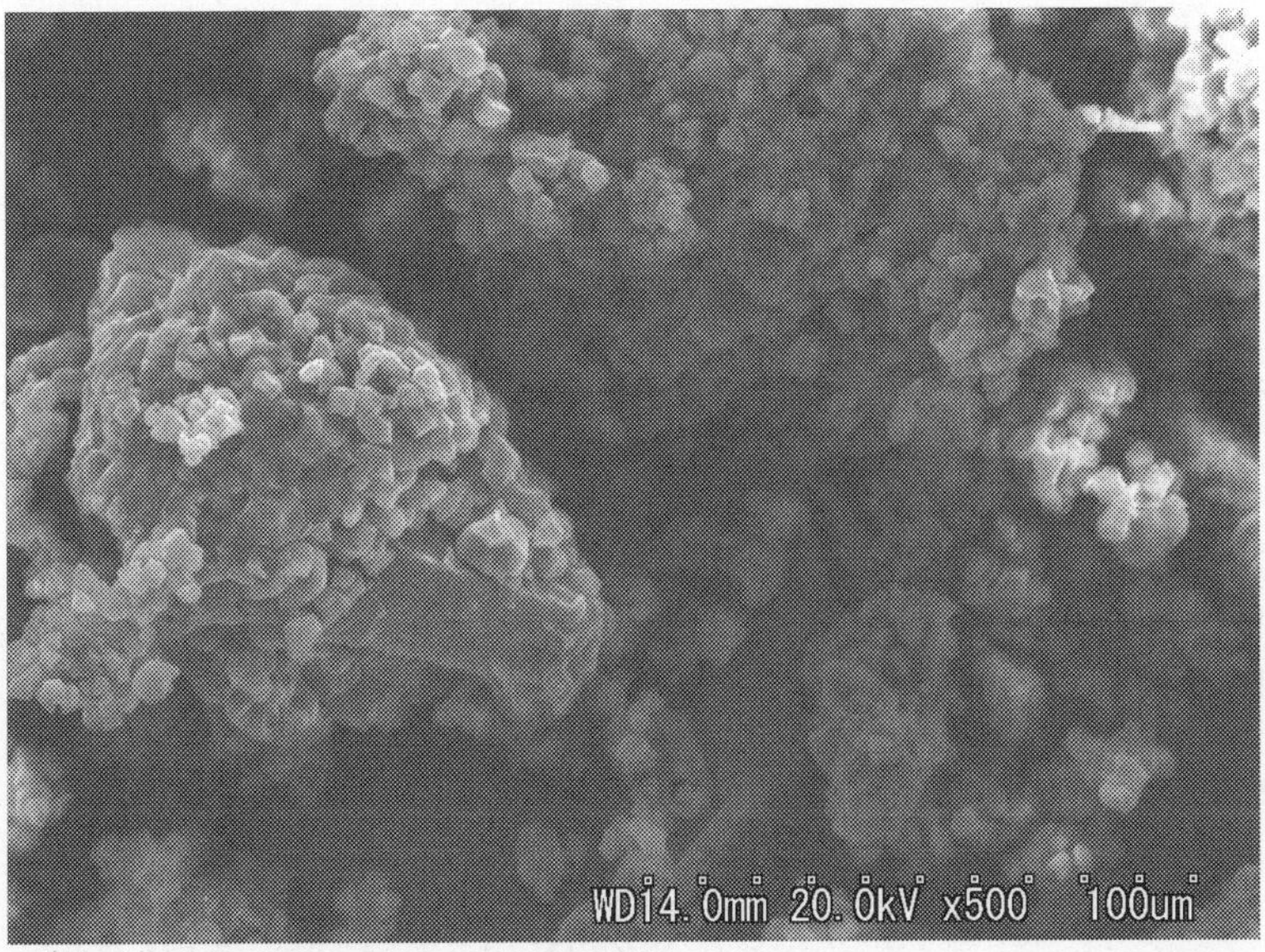

写真1　二段階処理米粉の電子顕微鏡写真

表1　各種米粉の団子加工性

	生地水分（%）	生地保形性	作業性	団子硬度			官能評価
				3時間後	1日後	3日後	
ロール粉	43.9	△	△	1.3kg	3.7kg	7.8kg	ざらつき粘り弱い
胴搗粉	55.5	○	○	0.9	0.9	1.7	良好
洗米を気流粉砕	51.5	△	△	0.6	1.7	5.7	口溶けに劣る
二段階製粉	54.5	◎	◎	0.6	0.8	2.6	最良

図1　米カステラの製造方法

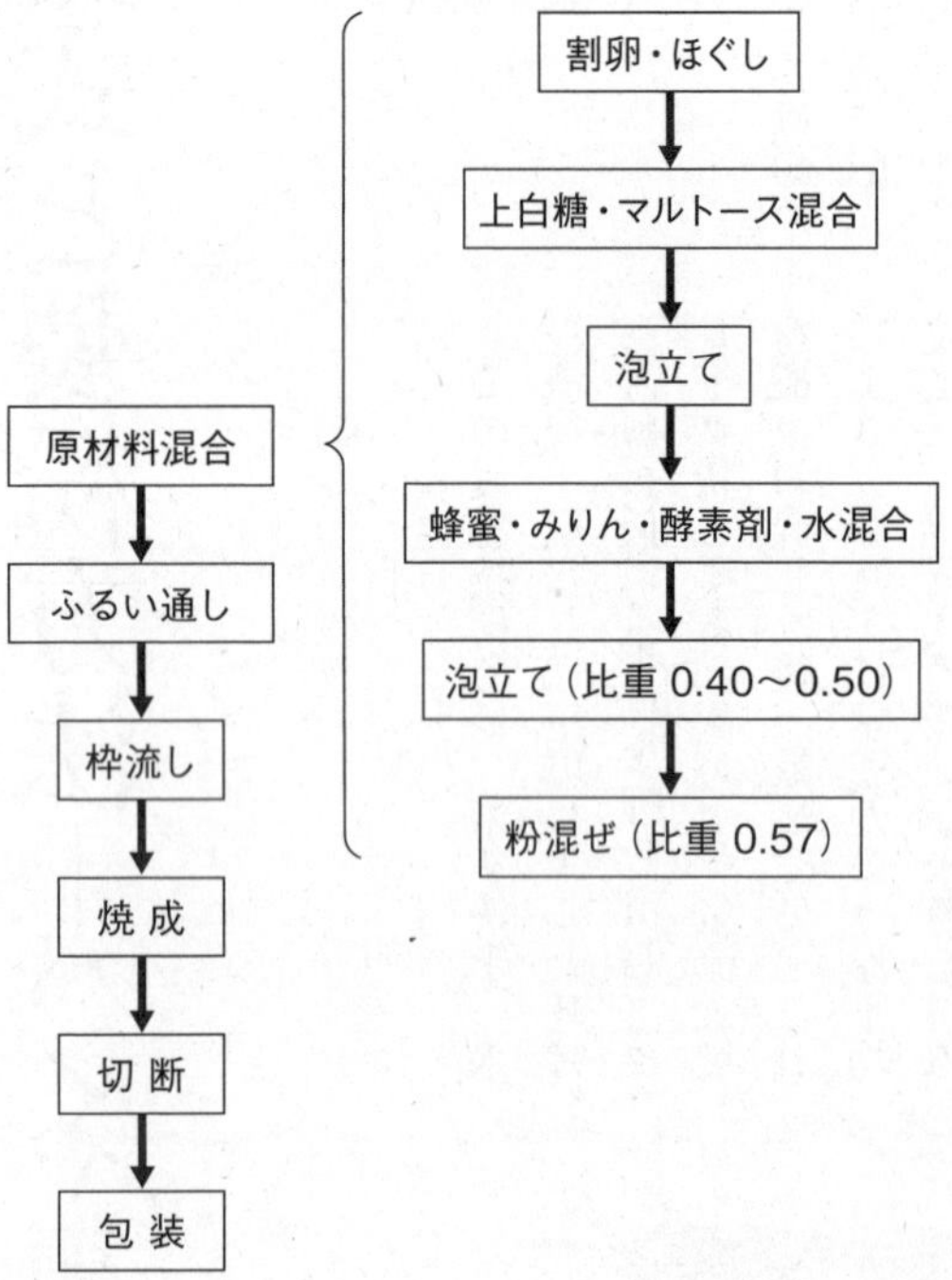

表2　米カステラの原料配合

材料	配合割合
全卵	100
上白糖	90
マルトース	20
蜂蜜	5
みりん	5
水	10 ～ 15
アミラーゼ製剤	0.25
米粉	50

また、この米粉は、団子などの和菓子にとどまらず、米カステラやロールケーキなどの洋菓子にも使用されるようになってきている。一例として、この米粉を利用したカステラの原料配合と製造法を表2、図1に示す。このカステラ製造のポイントは、泡立て工程時の比重を〇・四〇～〇・五〇、並びに粉混ぜ後の比重を〇・五七に管理することである。

《酵素処理・気流粉砕処理による微細米粉》

従来の上新粉と呼ばれる米粉に、小麦粉から分離したグルテンを添加して製パン試験を行なった場合、発酵時にガスが抜けてしまい、生地が膨らまず外観・食味などの品質が劣るものにしかならなかった。

そこで、パンなどの小麦粉用途に適用できる米粉の具備条件を検討したところ、粒径が小さいこと、安息角が小さい（編注・粒子が丸い）こと、さらにぬれ特性が大きい（編注・吸水率が低い）ことが明らかとなった。

小麦の内部構造は粉質（粒内部に粉が詰まった状態）であるのに対し、米では丸味を帯びた澱粉複粒が密に詰まった細胞が石垣状に並んだ組織構造をしている。そのために硬く、そのまま粉砕するとガラスビーズを砕いたように種々の形状の粒子が混在した粉となり、小麦粉製品への利用に必要なこの三つの条件（粒径が小さいこと、安息角が小さいこと、さらにぬれ特性が大きいこと）を満たすことはできない。

そこで、丸味を帯びた形状の粉とするためには、細胞単位もしくは複粒単位で粉砕することが必要と考えられ、細胞壁分解による米粒硬度の低減について検討を行なった。細胞壁分解に適した酵素の検索を行なった結果、果汁清澄用として一般的に使用されているペクチナーゼが最適であった。

この製粉技術では、水洗したうるち精白米をペクチナーゼを添加した温水（三〇～四〇℃）に浸漬し、米粒組織を強固に結合させている細胞間物質（ペクチン様物質）を分解して、組織を壊れやすくした後、脱水、気流粉砕、乾燥の順に処理する。得られた米粉は、写真2に示したように平均粒径四〇μm程度、粒形が丸みを帯び、水の浸透性やグルテンとの親和性が高く、前述の三条件を満たすことが認められた。

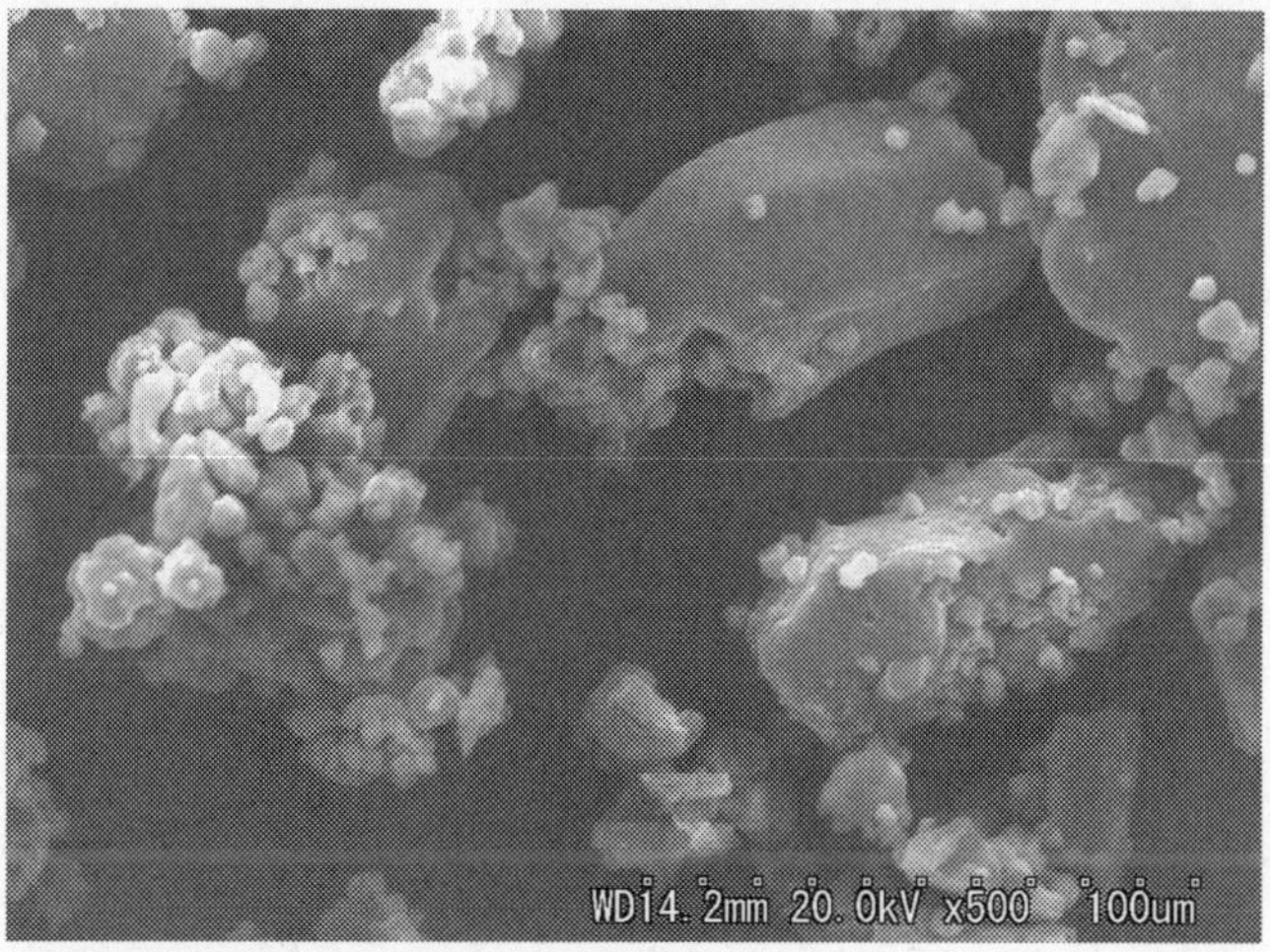

写真2　酵素処理製粉米粉の電子顕微鏡写真

この酵素処理米粉は、バイタルグルテンと呼ばれる小麦のグルテンを乾燥粉末化したものと混合されたミックス粉として、米粉パン、さらにはスポンジケーキなどの洋菓子に使用されている。

ここでは、米粉パン以外の用途の一例としてスポンジケーキの配合例と製造法を表3、図2に示した。このスポンジケーキ製造の基本は小麦ケーキ製造法に準じるが、卵、グラニュー糖、水でのバッター（編注・フライ料理に用いる素材と衣をくっつけるもの）調製時の比重を〇・二〇、並びに米粉、バターを加えた焼成前のバッター調製時の比重を〇・四〇程度に調整することである。

これら二つの微細米粉製造技術は、新潟県が製造法の特許を保有している

表3　米スポンジケーキの配合例

材料	配合割合
全卵	200
米粉	100
グラニュー糖	105
バター（無塩）	5
水*	4

＊水は米粉水分の補正用として加える。
（上記配合では、水分13.5％時）

図2　米粉スポンジケーキの製造方法

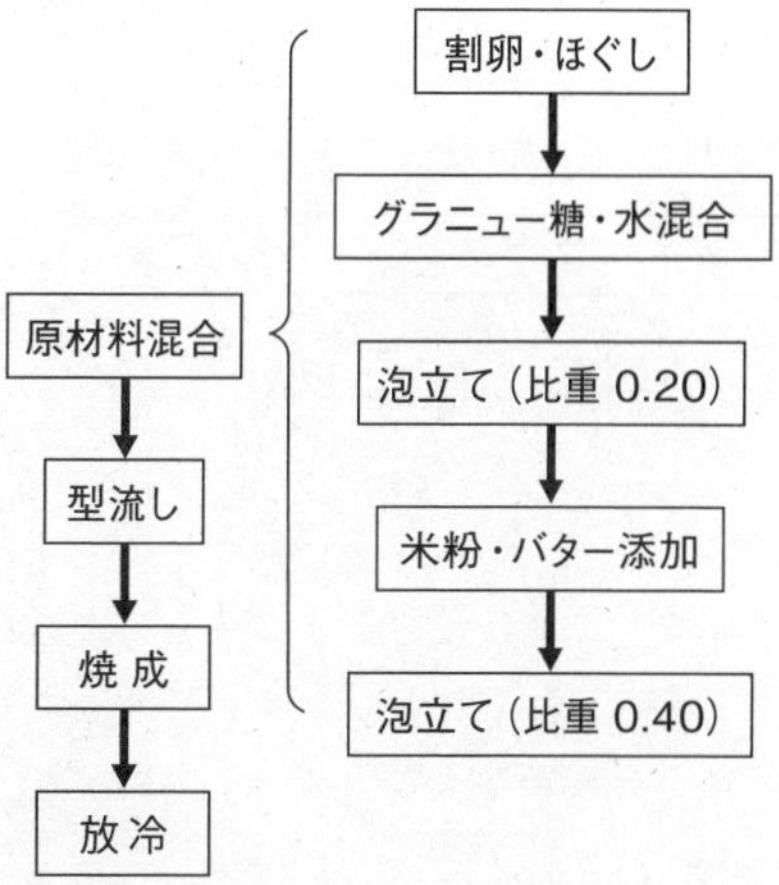

《湿式気流粉砕》

パンなど、小麦グルテンの持つ伸展性を活かした食品を製造する場合には前記の酵素処理製粉技術の優位性があり、実際そのような用途に使用されている。しかし、製粉時に使用する酵素など米粉製造時のコストが高くなり、そのコスト低下が最大の課題となってい

表4　製粉時水分と茹で麺の品質

製粉時水分（%）	澱粉損傷度（%）	加熱後水分（%）	酸溶解度（%）	麺の食味	茹で後の硬さ（gw）
32.1	1.3	39.8	45.4	コシがあり、のどごし良好	817.3
30.9	3.1	38.4	46.2	同　上	829.2
25.8	7.1	40.5	47.9	コシはあるが、表面がややべたつく	799.2
13.6	13.4	38.7	46.8	表面が溶けかかっている	674.3

る。

一方、糊化させた米粉をつなぎとして、米粉だけで麺で製造する場合のように、グルテンを使用せず米粉のみで製造される食品がある。このような用途向けの製粉技術として、「湿式気流粉砕技術」がある。

この製粉技術では、製粉時の澱粉損傷を防ぐために精白米を水洗し、一時間程度の水浸漬を行なった後、脱水して気流粉砕、乾燥を行なう。この操作により、二〇〇メッシュの篩（穴目寸法七四㎛）を八〇％以上通過する、粒度の細かい米粉を調製することができる。

高アミロース米を用いて、加熱（蒸し）→製麺（押し出し式）→切断→放冷→包装のような工程で米粉麺を製造する場合、粉砕条件と米粉麺の品質の関係は表4のとおりである。粉砕時の米の水分によって米粉の澱粉損傷度が大きく異なっていることがわかる。また、品質に優れた米粉麺の製造には、澱粉損傷度の低い米粉の使用が不可欠であることが認められる。

製粉機械と製粉方法

米粉の製造法は、精米を水洗後水分一五％程度まで乾燥して粉砕する乾式粉砕と水洗・水浸漬・脱水後に粉砕する湿式粉砕に大別することができる。

《乾式粉砕》

乾式で粉砕を行なう製粉機として、団子等の和菓子用途に使用される上新粉の製造に用いられるロール式製粉機、衝撃式製粉機（ピンミル）がある。

写真3　小型衝撃式製粉機（ピンミル）

近年、パンなどの小麦粉用途に適性の高い製粉機として写真3に示したような小型の衝撃式製粉機が販売されるようになった。製粉機の中では比較的安価であるところから、一日当たりの製粉量が六〇kgまでの規模で使用されている例が多い。

この衝撃式製粉機は、高速回転するピンと固定されたピンの間を米が通過する際に粉砕されるもので、周囲に一定の大きさの穴の開いたスクリーンが張られており、米粉の粒度をある程度そろえることが可能である。

写真4　気流式製粉機

しかし、この衝撃式製粉機による米粉は後述の湿式製粉方式と比較して粒度が粗く澱粉損傷度が高くなるため、小麦粉に一定量添加して製造するパンの用途には適するが、グルテンの添加量を増やしたとしても、品質に優れたグルテン添加型の米粉食パンの製造には向かない点が課題である。

《湿式粉砕》

湿式で粉砕を行なう製粉機として、和菓子用途に使用される胴搗粉の製造に使用される胴搗製粉機、白玉粉の製造に使用される水挽き製粉機、気流式製粉機がある。

胴搗製粉機は、米の水洗、水浸漬し水分を二五%程度に調整した後、杵で米を叩き潰す方式であり、この方式のものは従来の米粉の中では比較的粒度が細かいところから品質が高いと評価されていた。

また、水挽き製粉機は、グラインダーで水と一緒に米を擂《す》り潰す方式であり、従来の米粉の中では最も細かいものを製造することが可能である。

しかし、これらの製粉方式は、いずれも製粉装置が大掛かりとなり、胴搗き製粉機の場合にはその機構上騒音の発生が、また、水挽き製粉機の場合には水の使用量が多くなること、歩留まりの低い点が問題点としてあげられる。さらに、湿式粉砕の場合には、米粉の乾燥工程が不可欠であるところから、必然的に製造コストが高くなることが課題となっている。

《気流式粉砕》

近年では、比較的小型でメンテナンスが容易であるところから気流式製粉機の導入例が増えている。これは写真4に示したように、米粒どうし、さらには中心部の高速回転するブレードまたは外壁との衝突時の衝撃により粉砕するものである。この方式による米粉は、粒子が小さく澱粉損傷度が低い特徴がある。この気流式製粉機は、一日当たりの製粉量が五〇〇kg以上の場合に使用される例が多い。

食品加工総覧第四巻「新用途米粉」二〇一〇年追録より

和菓子に使われてきた 伝統的な米粉とつくり方

町田　榮一　五百城ニユートリイ株式会社

米穀粉は古くから彼岸、花見、月見などの季節的行事や冠婚葬祭などの供え物とされ、また生活のなかで、庶民の嗜好食品として切っても切れない深い関わりをもっている。もともとは中国大陸から伝来し、日本でさまざまに工夫、開発されて定着したもので、米穀粉には種々な製品があり、名称も地方によりいろいろである（写真1）。また、主要用途である和菓子の名称にちなんでいろいろに呼ばれ、同品異名が多い。

これを大別すると、原料の種類によって糯《もち》米製品と粳《うるち》米製品に分けられ、また製品の物理的性状によって、アルファ型製品とベータ型製品とに分類するのが一般的である。米穀粉の種類と用途は図1のようである。

米穀粉はこのように和菓子やだんごなどの原料として普及し、明治以降は機械技術の発達により量産化が進められ、品質の改良が図られてきた。しかし戦後は主食である米不足、その後は食生活の洋風化、インスタント化の波に押され、伝統的食品である米穀粉の家庭での消費が減退し、和菓子の消費も洋菓子に押され伸び悩んできた。

一方、米穀粉は加工度が低いため、製造コスト中に占める原料費の割合が高く、麦価に対する米価の大きな差が、製品の高コスト・高価格にも直結し、需要拡大をはばむ一原因ともなっている。

ここでは、主に菓子用の各種米穀粉について、加工法をまとめる。なお、製品のアピールに必要な情報として、それぞれの使用法の留意点や、伝統的な菓子の由来、家庭でのつくり方の例を付け加えたものもある。

写真1　伝統的な米粉製品
左上：道明寺粉、右上：上新粉、左下：もち粉、右下：白玉粉（写真提供　全国穀類工業協同組合）

図1　米粉の種類と主な製品

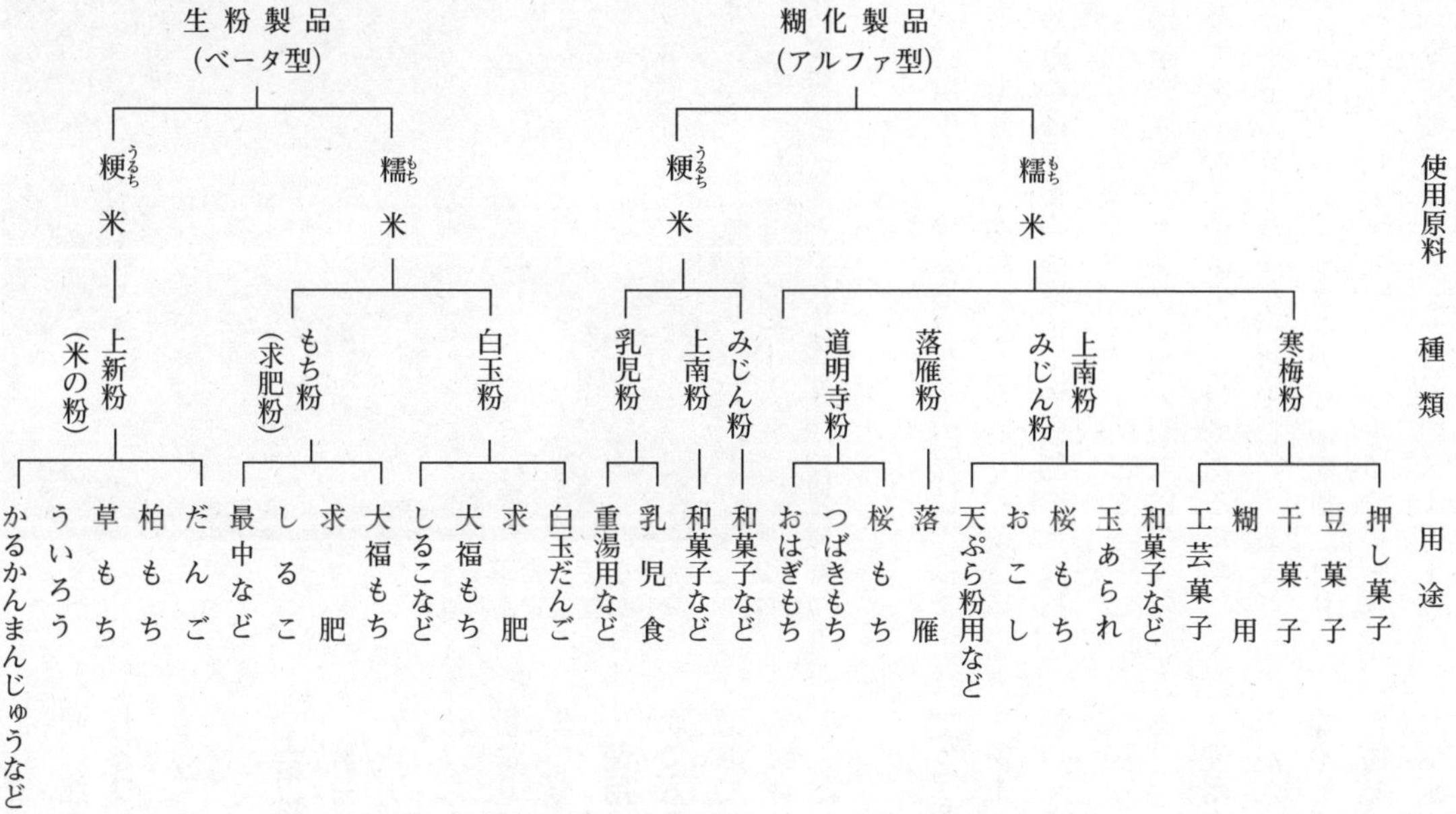

生のまま製粉（ベータ型米粉）

【上新粉（米の粉）】

古くは糝粉《しんこ》と書き称されていた。

今日の穀粉業界では、粳米を原料とし、水洗いした米を水切りした後、胴搗き製粉したものを米の粉、ロール製粉で仕上げたものを上新粉として分けている（図2）。色は白く、歯ごたえがあり、主に柏もちやだんご、草もち（よもぎもち、写真2）、ういろうなどに使用される。上用粉より粗く、米の風味があるものがよいとされている。

草もち（よもぎもち）の由来…昔、宋の通幻禅師が摂津有馬に永沢寺を開き、三月三日には、はこぐさをもちに搗き入れてつくり、同地方のしきたりとしたのが始まりといわれる。草もちは桜もちとともにひな節句に供される行事菓子の一つであり、一般に愛好されている季節菓子でもある。材料は上新粉（米の粉）と砂糖と茹でよ

図2　上新粉、もち粉（求肥粉）の製造工程

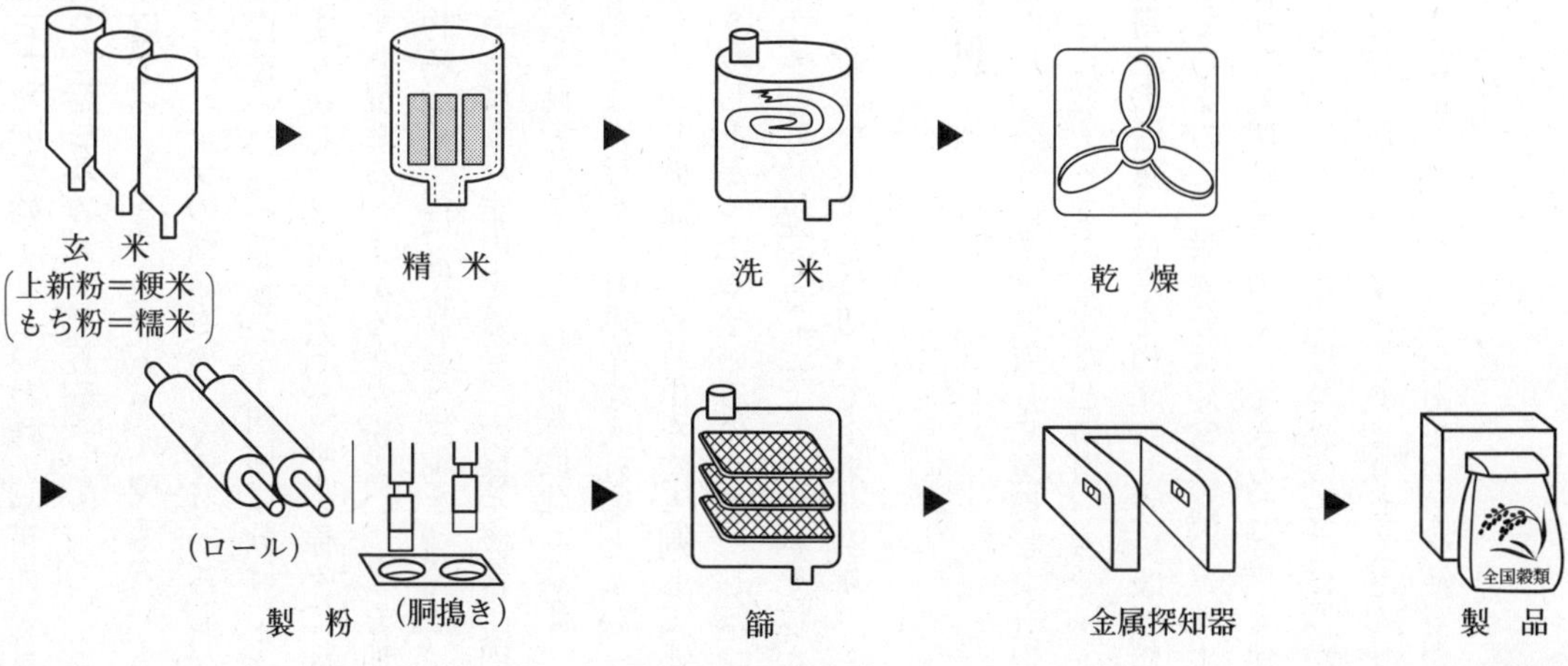

写真2　上新粉を使った草もち
（写真提供　全国穀類工業協同組合）

もぎ、食塩少々でつくる。菓子の形は、はまぐり形、巾着形、木魚形などがあり、茶席に用いるときは丸腰高小形にして底部にきな粉をつけて供される。

使用上の注意：上新粉（米の粉）は少々乾燥させてあるが、粳米の生の粉であるため、水分は一三％以下の保存が望ましい。あまり長期に保存すると、細菌やカビが繁殖したり固まったり、穀虫が入ったりするので、できるだけ早く使用する。また各製粉メーカーによって品質がかなり違うので、だんごづくりには、加水や蒸す時間に注意する。なお、だんごづくりには、米本来の力（粘り、コシ）を出すためには杵搗きをしたほうがよい。

【上用粉（薯蕷粉）】

薯蕷粉《しょよこ》とも呼ばれ、原料の粳米（精白米）をより磨き、十分に水洗いしてから胴搗き製法（スタンプミル工程）でつくられる。上新粉よりは粒子が細かく薯蕷まんじゅう（写真3）をはじめ高級和菓子に使われる。

使用上の注意：上用粉は、すべての粉のなかでも非常に粒子の細かい粉である。十分注意して使用する。なお、上用まんじゅうの基本配合は、つくねいものおよそ一倍量が砂糖で、総目方の二分の一が上用粉である。

【かるかん（軽羹）粉】

粳米を水に浸し、その後水を切り、それを挽いて上新粉より粗めに粉末にしたもの。かるかんをつくるのに必要な材料の一つである。

使用上の注意：乾燥かるかん粉と生のままのかるかん粉がある。それぞれ加水分量が違ってくるので注意する。かるかんは鹿児島名物で、江戸時代後期に藩主島津侯が江戸より帰国のとき、連れ帰った菓子職人によって製造されたのが始まりといわれ、やまのいもを使った蒸しカステラである。

家庭でつくるかるかん：①やまのいも五〇〇g（コシの強いもの）をすりおろし、②上白糖一〇〇〇gを三～四回に分けて入れ、すり抜く。③冷水六〇〇㎖を徐々に加え、すり混ぜる。④かるかん粉六〇〇gを加え、杓子で均一に混合して生地をつくる。⑤せいろにぬれ布巾を敷き、木枠を置き、内側に紙を敷き込み、一時間程度強く蒸す。⑥甘納豆または刻み甘露栗を入れるとよい。⑦蒸し上がり確認のため竹串を突き刺してみる。⑧蒸し上がったらせいろのふたにしぼった布巾を使い、逆さにして裏面の紙をはがす。⑨適当な大きさに切って出来上がり。

【玄米粉】

精白していない米を焙煎して製粉したもので、打ち菓子・まぶし物などに用いる。

使用上の注意：飯米を白米にしないまま焙煎してあるので、栄養分は非常に高い。味より香りを大切にするので、できるだけ早く使用すること。麦こがし（はったい粉）に似かよった香りがある。また、あまりたくさん使用すると苦くなるおそれがあるので、注意が必要。

【パフ玄米粉】

最近はよく使われるようになった製品である。玄米粒を高温・高圧で加熱し瞬間的に常温・常圧の状態に開放すると、米粒の組織が内部から膨化され、アルファ化の状態となる。玄米粉と比較しソフトな状態で消化しやすいが、風味は劣る。

写真3　上用粉（薯蕷粉）を使った薯蕷まんじゅう（写真提供　全国穀類工業協同組合）

【白玉粉】

糯米を原料とし、昔は寒中につくられたため**寒晒し粉**とも呼ばれている。

糯米を精白し、一夜（一二〜一五時間くらい）水浸漬する。水切り後、原料に対して一〜二倍の水を加えながら石臼で磨砕（水挽き）する。ふるい分けられた乳液を圧搾脱水（プレス）して切断、六〇〜八〇℃で熱風乾燥してつくる（図3）。

石臼は熱をもたずに粒子が細かくなるために用いるが、現在はセラミック製の臼が使用されてきている。

主に求肥、だんご、ういろう、うぐいすもちに使用される。

この白玉粉は**観心寺粉**ともいわれる。このいわれは、大阪・河内長野市にある和泉山脈の主峰金剛山の山麓にある真言宗の名刹観心寺において、南北朝時代、後村上天皇を迎えたとき（一三五九年）、当山の衆徒が寒晒しのだんごを奉ると大変喜ばれたという話からきている。この寒晒し粉は後村上天皇ゆかりの品で、観心寺の名産品として後世に連綿と伝えられている。

家庭でつくる、ぜんざい、氷白玉：①白玉粉二〇〇gに水一六〇g程度を入れ、よく捏ね、耳たぶ程度の軟らかさとし、丸めてお

図3　白玉粉の製造工程

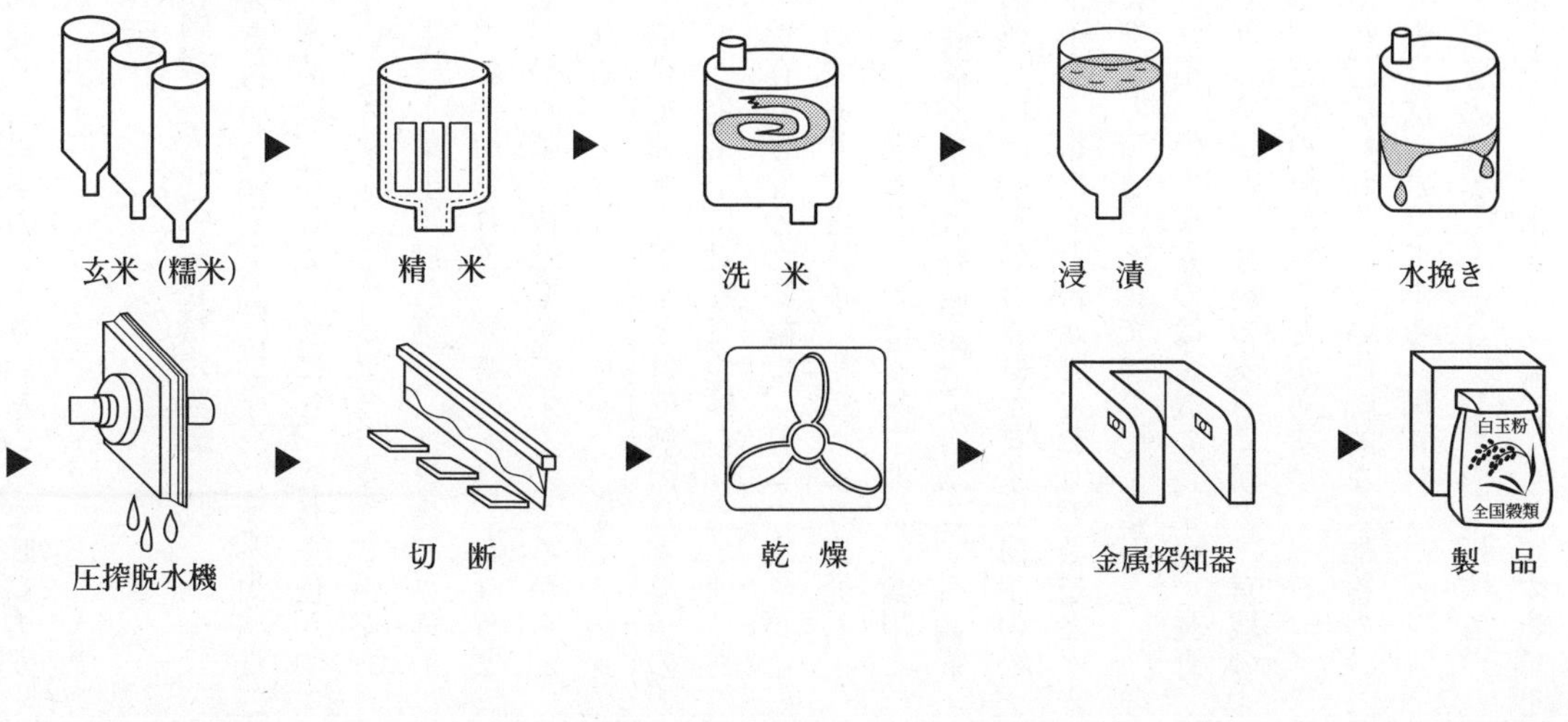

く。②熱湯のなかで三分ほど茹でると浮き上がる。③すくい上げ冷水に入れてヌメリを取り、引き上げると出来上がり。しるこ、またはぜんざいに、夏は冷やして氷白玉に。

【もち粉、求肥粉】

全国的な呼び名（求肥粉）と、関西の呼び名（もち粉）とがある。糯米を水洗いし、浸漬したのち挽いて乾燥させたもので、白玉粉より、製粉時に水と交わる時間が少なく、やや粗い粉である。用途はほぼ白玉粉と同じで、特に求肥を練るのに使われる。

主な製造方法は次の三種がある。

◎胴突製法（スタンプミル製法）：別名、杵搗き式といい、洗米後、米に水分が多く保たれた状態で、杵搗き臼で徐々に細かく粉にする方法である。時間はかかるが粉の粒度分布が広く、よい粉が得られるので、関西地方では古くよりこの製法のものが主流となっている。

◎2ロール製法（挽き臼式）：洗米後、米を乾かしロール製粉機で製粉する方法である。スタンプミルと比較すると粒度分布幅が少なく、粘弾性（コシ）は強いが硬化度が早い。

◎衝撃式製法：短時間に製粉できるが、急激に粉にするため粉に熱をもち、澱粉質が損傷されているのでもち粉の粘弾性（コシ、のび）が劣る。

使用上の注意：糯米の生の粉であるため、必ず熱を入れて使用する。また求肥にする場合、何回かに砂糖を分けて加糖していくのがコツである。

加熱してから製粉

糊化製品（アルファ型米粉）

澱粉粉を加熱してベータ型からアルファ型に変えてすぐ乾燥して、水分を一〇％以下まで除去すると、ベータ型に戻らずアルファ化で固定する。この原理を応用したものに**寒梅粉**、**みじん粉**、**乳児用穀粉**などがある。

寒梅粉、みじん粉などに要求される要素としては、基本的にはアルファ化度の安定性であるが、そのうえに粉の嵩（容積）および粘性があり、用途により製造方法を変えて行なわれる。

寒梅粉、みじん粉は押し菓子や豆菓子の原料として使用されるが、寒梅粉は製造過程でもちに搗き込んでつくられるため粘性が強く、特にホットロールによる製品は嵩が高く、焼きみじん粉とも呼ばれ高級押し菓子の原料となる。みじん粉、落雁粉は粘性がやや劣るが、落雁などの押し菓子に適する。これらの製品には地方によりいろいろな呼び方がある（表1）。

【寒梅粉（アルファ化糯米粉）】

焼きみじん粉とも呼ばれる。糯米を水洗い、水漬後、蒸してもちにし、これを色がつかないように焼き上げ粉末にしたものである。主に干菓子（打ち菓子、押し物、豆菓子など）に使用される。寒梅の名は、ちょうど寒梅が咲く頃に新米を粉にするところからといわれる。

寒梅粉を使う干菓子とは乾製の日本菓子の総称で、生菓子に対してつけられた名前である。保存のきくのが特徴で、日本古来の菓子の一つであり、唐菓子「粔籹《こめ》」より出発し、菓子として発達したのは室町末期に、食用として砂糖が輸入され始めてからである。『茶道辞典』には濃茶のときは生菓子、薄茶のときは干菓子を出すと書かれており、茶道とともに発達してきたものである。

打ち菓子の主なものは金沢の長生殿、長野のくりらくがん、群馬の麦らくがん、宮城の塩釜、新潟の越の雪などがある。

現在行なわれていない伝統的な寒梅粉のつくり方は次のようである（図4）。

①上質の糯米をよく洗い白蒸しにする。

②水車で蒸した米をよく搗き、もちにする。

表1　糊化米粉の地域別呼び名のいろいろ

名称 粉度別	北海道	東北	関東	信越	東海	北陸	近畿	中国	四国	九州
寒梅粉 焼きみじん (100メッシュ前後)	焼きみじん	焼きみじん	寒梅粉 焼きみじん 上焼きみじん	焼きみじん 上焼きみじん	寒梅粉 種　粉	寒梅粉	寒梅粉	寒梅粉	寒梅粉	寒梅粉 本寒梅粉
上早粉 春雪粉 (100メッシュ前後)	早　粉	雲平粉	上早粉 上早みじん粉	上早粉 上早みじん粉	上早粉	春雪粉 上早粉	春雪粉	春雪粉	上早粉	春雪粉 落雁粉 いこもち粉 煎もち粉
上南粉 落雁粉 (50～80メッシュ)	上南粉	上南粉 特上南粉 上々南粉	上南粉	上南粉 ゆべし粉	上南粉	落雁粉 上南粉	極みじん粉 本極みじん 落雁粉	みじん粉 本極みじん粉	落雁粉 本極みじん粉	落雁粉 極みじん粉 香砂粉 煎もち粉
みじん粉 真挽き種 (20～50メッシュ)	真挽き種	真挽き種	みじん粉 真挽き種	真挽き種 真引き粉	いら粉 白いら	真挽き種 真引き粉 いら粉	みじん粉 中みじん粉	みじん粉 真挽き種	みじん粉 真挽き種	みじん粉 真挽き種
狐色種 こがしみじん	狐色種	岩　種	狐色種	狐色種	こげいら	狐色種 古賀志	こがしみじん 極こがしみじん	こがしみじん	こがしみじん	こがしみじん いり粉もち粉

③めん棒で煎餅状にのばし、一〇cm位の正方形に切る。④鉄板を炭火で熱し、全体に焦げむらのないようまんべんなく焼き、白焼き煎餅をつくる。⑤焼いた煎餅をすみやかに粉砕してシフター（絹ふるい）にかけ、粉の粒子を揃えて完成させる。写真4が、昭和四〇年代まで使用されていた手焼き式の煎餅型の装置である。

寒い時期にもちを搗き、炭火の煎餅器で焼くと、長期間虫がつかないし、打ち物にしても煎餅の香ばしさが残っている。これが、非常に上質な寒梅粉の製造方法である。

京都では工芸菓子の原料によく使用されていた。寒梅粉の質もよく、うすくのばしてもやぶれず、食べても独特の風味があった。ただし、昔風の手焼煎餅式では、餅生地の時間経過による浮きムラ、炭火など熱源の不安定による焼けムラなどといった色沢、粉のカサの不揃いがある。

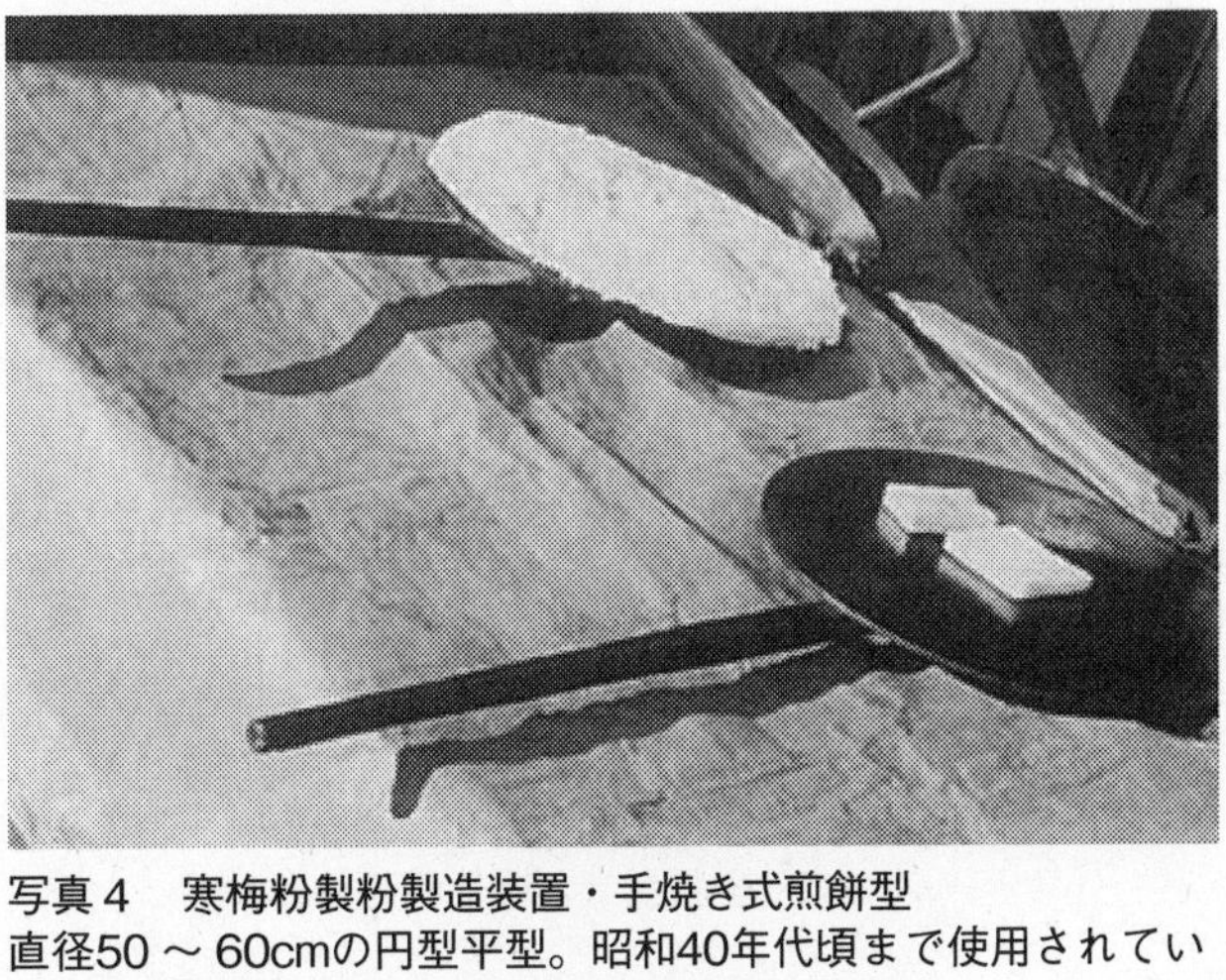

写真4　寒梅粉製粉製造装置・手焼き式煎餅型
直径50～60cmの円型平型。昭和40年代頃まで使用されていた。手前は薄くのばした10cm角程度のもち生地

現代の機械製法（ホットロール）は、先の伝統的な平焼き煎餅製法より色むらがなく白く焼き上がるので、香ばしさに欠けるが、打ち物などへの彩色仕上がりがきれいで出来映えがよい。

【乳児用穀粉（アルファ化粳米粉）】

粳精白米を、寒梅粉のように熱処理し製粉したもの。乳児食原料になるので、このように呼ばれている。また、病人の重湯用にも使用される。戦前戦後のミルク不足のときに乳児の栄養源として使用された。

【上南粉（極みじん粉）】

極みじん粉とも呼ばれている。糯精白米を水洗い、水漬け、水切り後、せいろで蒸し上げ、よく乾燥したもの（道明寺種）をザラメ状に粉砕して、二〇〇℃前後の平らな焙煎機で少しずつ煎り上げたもの。打ち物菓子によく使用される。少し焦がしたものを**茶みじん粉**（または、こがしみじん、狐色種）ともいう。

使用上の注意：全国的にそれぞれの地域ごとの呼び名があるので注意する。**上みじん**、**細真引き**とも呼ばれている。いずれにせよ、蒸した糯米を煎って白焼きにしたものであるので、寒梅粉などに混合して打ち物にするとよい。また、**茶みじん**ともいうこがしみじんは、より濃く焙煎してあるので、香りを味わうものである。

【新引き粉（真挽き粉）】

いら粉、**みじん粉**、**真引き粉**とも呼ばれ、上南粉（極みじん粉）と同じ製造方法であるが、煎るときは特に平型でなく、円筒型砂釜で行なわれ、目の大きさにより用途が変わる。粒の大きさは米粒大からけし粒程度まで各種あり、煎る前にふるい分けしておく。糯米は煎り上げると、粳米の数倍もふくれ上がり球状になる。主に打ち菓子やまぶし物、高級おこしなどに使われる。

使用上の注意：新引き粉は目の粗さによって、いくつもの大きさに分けられていて、使い方もそれぞれ違ってくる。新引き粉は色づけが非常にむずかしく、アルコールに着色して新引きにかけるとよい。しばらくするとアルコールだけ蒸発してきれいに色が染まる。

【道明寺種】

大阪の藤井寺市にある尼寺で最初につくられたことにより、この名前がつけられている。糯米をよく水洗いし、一晩水漬後、せいろまたは自動蒸米機で蒸して十分に乾燥させ、「ほしいい」（乾燥・糒）にし、丸粒、二つ割り、三つ割りなどの適当な粒に粗挽きしたものをふるい分けする（図5）。大きさにより丸粒道明寺、中荒道明寺、細道明寺などに分けられる。主に桜もち、椿もち、みぞれ羹に使われる。

保存は、水分をさけ、また穀虫に注意し、涼しいところで管理する。京都、名古屋などの上菓子店では五つ割り程度のものが多く使用されている。

家庭でつくる関西風桜もち：①道明寺種三つ割り一〇〇g、②上白糖五〇g、③ぬるま

図4　寒梅粉の製造工程

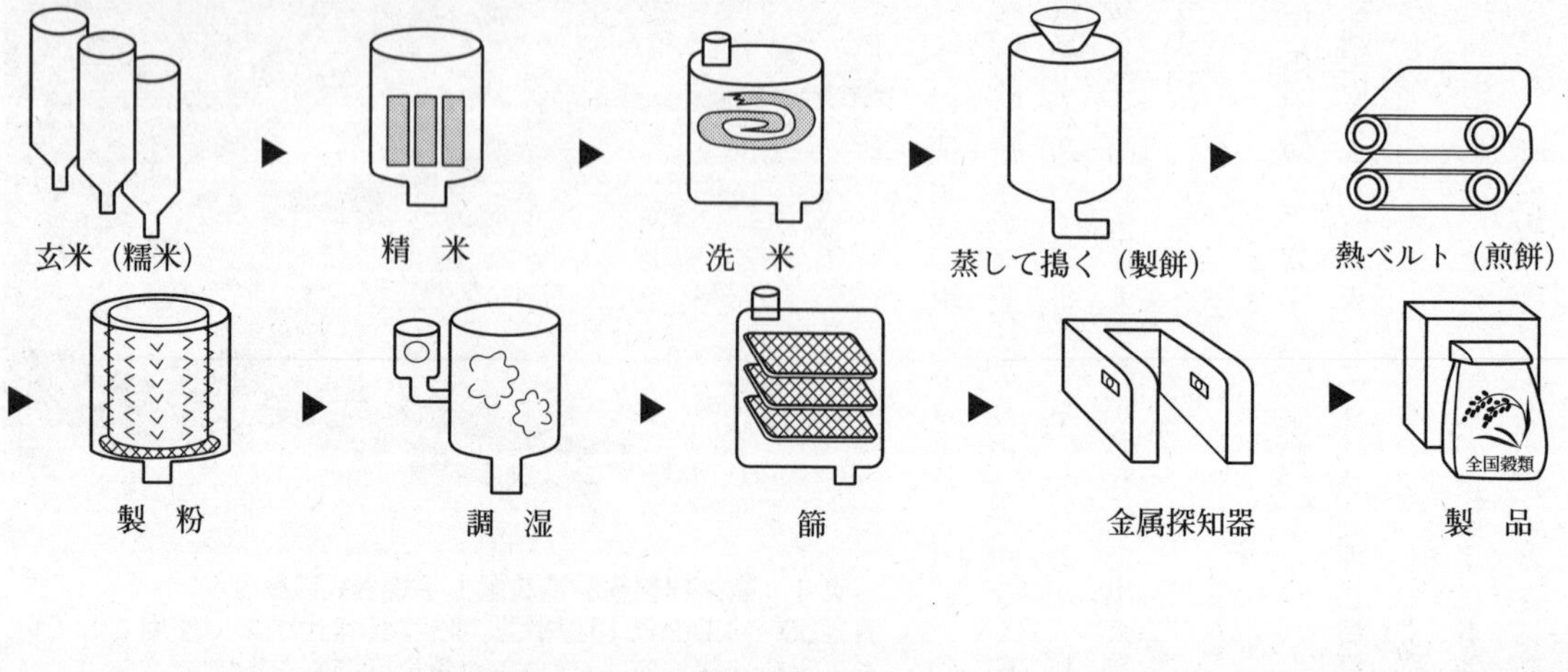

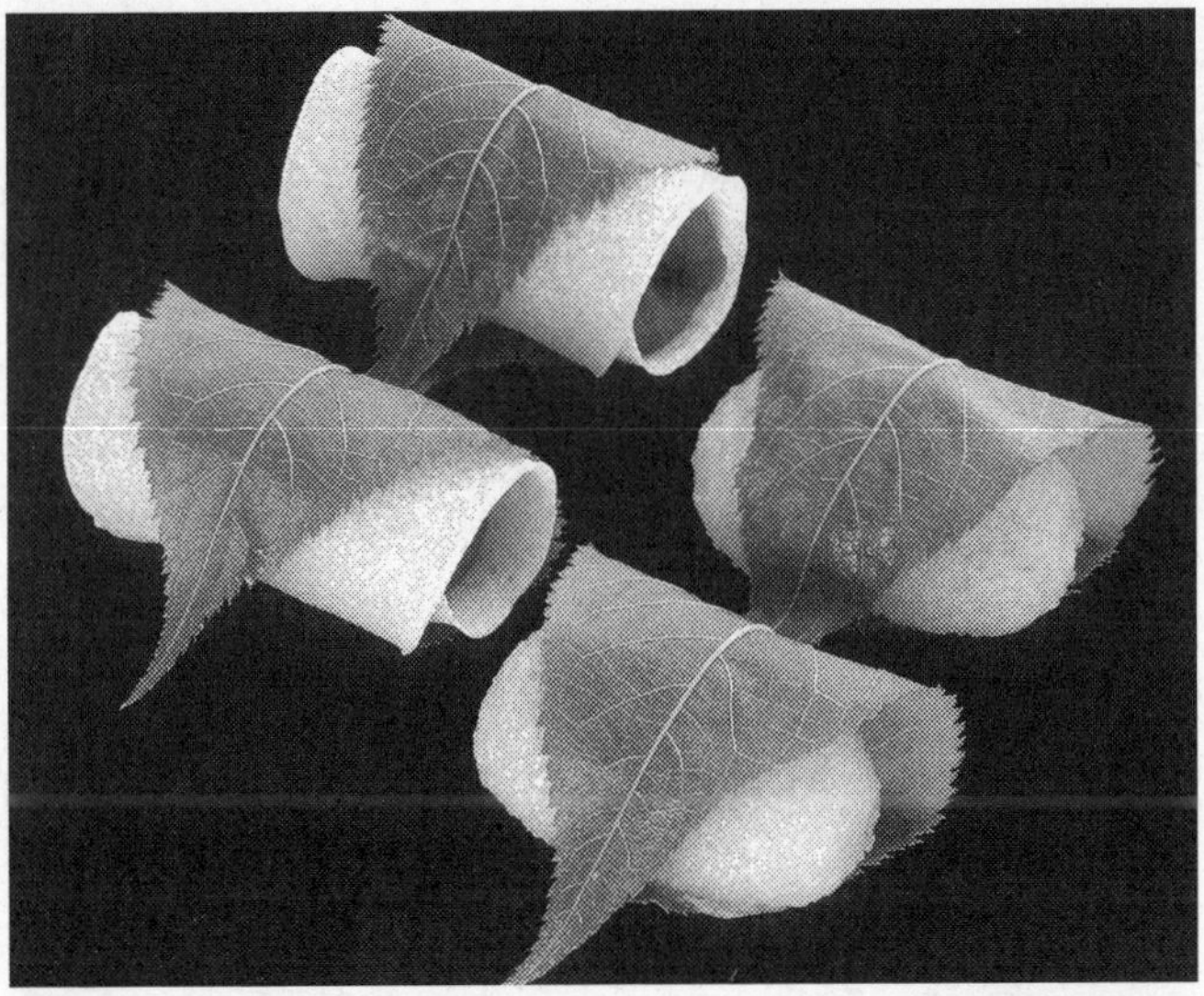

写真5　道明寺種でつくった桜もち（写真提供　全国穀類工業協同組合）

湯一八〇g、④こしあん二〇〇g、⑤食紅少々、⑥桜葉漬一〇枚。

①をさっと水洗いし、ザルで水切りしておく。③を熱湯にして①と②と⑤を入れてよくかき混ぜ、中火で煮立たせる。五～七分程で火を止め、三〇分程度うましておく（芯まで柔らかくなっているかを確かめる）。別に④を二〇gのあん玉一〇個にする。道明寺種三〇gをのばしてあんを包み桜葉を巻いて出来上がり（写真5）。

【道明寺糒】

糒《ほしいい》は乾飯の略で、『倭名類聚抄』に出てくるが、旅行の携帯に重宝されたらしい。最初は粳米であったが、のちには糯米が主となった。大阪、藤井寺市の道明寺にて今から千年以上も前に、菅原道真公の伯母覚寿尼がご飯を乾燥させたものからつくり、有名になったので道明寺糒といわれている。

糯米を一晩水につけ、蒸した後、一〇日程乾燥させ、さらに二〇日白天下で干してから石臼にかけてザラメ程度に仕上げる。明治以後になってようやく一般庶民にも販売されるようになった。

食品加工総覧第四巻「伝統的な米粉」より抜粋

図5　道明寺種の製造工程

お米の製粉機情報

家庭用から地域の加工所用本格派まで

やまびこ号L−S号

㈱國光社

　わが社は、加工機メーカーとして長年にわたり、農家向けの製粉機やもちつき機、味噌すり機などの加工機分野で息の長いヒット商品を生み出している。そのなかでも、イチ押しの製粉機が「やまびこ号L—S型」である。

　【特徴・性能】製粉できる原料は、米・そば・小麦・大豆・にぼし・ウコン・雑穀（アワ・キビ・ヒエなど）。米を製粉する場合は、食品の加工目的に応じて粗粉、細粉、微粉等に挽き分ける必要があるが、本機では、ハンドルの操作と一回挽き、二回挽きと製粉を繰り返すことで、一〇メッシュ（一・五㎜粒）〜一〇〇メッシュ（〇・一㎜粒）くらいまでの粉を得ることができる。

　歩溜まりとしては六〇メッシュ（〇・三㎜粒）で九〇％、八〇メッシュ（〇・二㎜粒）で六〇％、一〇〇メッシュ（〇・一㎜粒）で三〇％が目安となる。

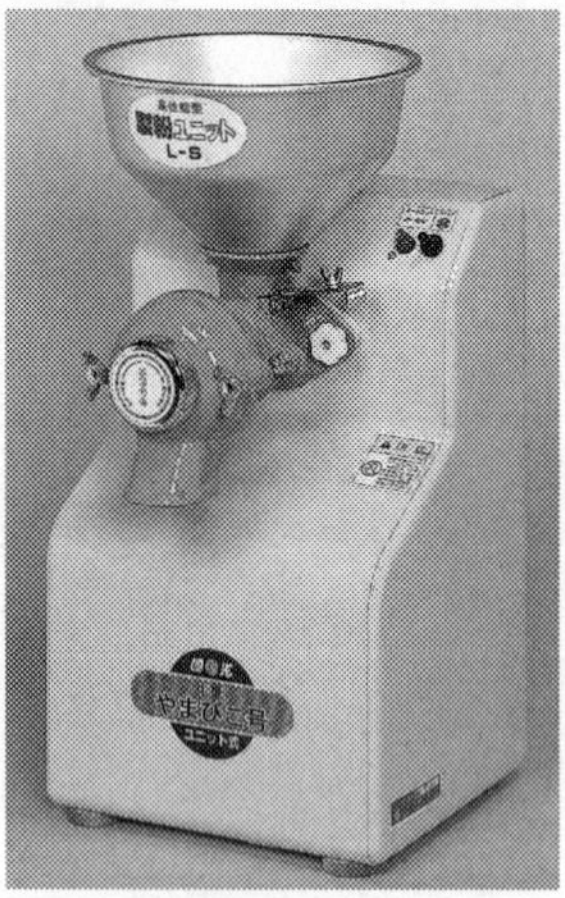

やまびこ号L-S型
能力: 米の場合は毎時12kg
(60メッシュのとき)

　米粉の粒度と加工品については、①ダンゴ、和菓子などは六〇メッシュ、②米麺は八〇メッシュ、③ケーキ・ドーナッツ・カステラなど洋菓子は一〇〇メッシュ（〇・一㎜粒）、④米粉パン（食パン）などは二〇〇メッシュが目安である。したがって、本気で米粉パン用の粉を挽くのはむずかしい。

　【価格】価格は約八万円（平成二十年一月〜）。オプションとして、味噌ユニットと豆腐豆すりプレイトがある（魚のミンチも可能）。

（名古屋市南区星崎一—一三二—一　TEL　〇五二—八二二—二六五八）

クラチ式全粒粉粉砕機

倉地綜研産業㈱

　【特徴・性能】粉砕機の場合は、ミキサーのように大さじ一杯くらいの量を手軽に製粉するというわけにはいきませんが、一馬力のモーターで一時間に二〇kgもの製粉が可能です。きな粉なら、〇・六㎜のスクリーンを使った場合で三〇kgもできます。スクリーンは、製粉する材料と用途によって〇・三㎜、〇・一㎜のものにも付け替え可能です。

　当社の粉砕機には、粉砕する材料・量に応じて0〜6号まで（〇・五〜七五馬力）のタイプがあります。何でも無理なく粉砕するなら1号以上がおすすめですが、0号でも大事に使っていただければ申し分のない製粉ができます（電灯線利用は0号の

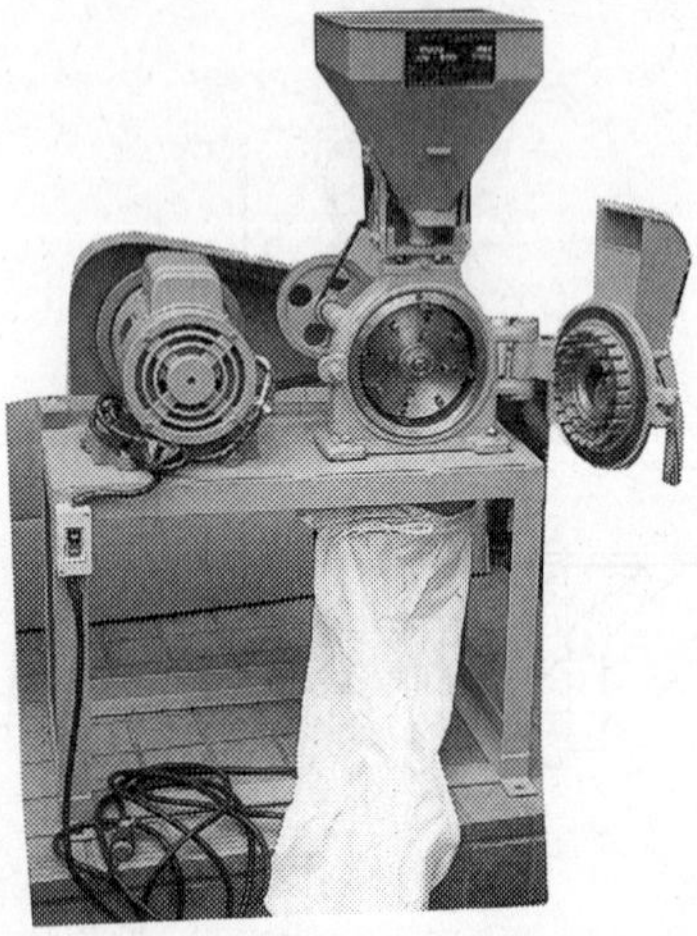

クラチ式全粒粉粉砕機0号

み）。

【価格】０号の価格は本体のみ三五万円、架台からモーター・プーリーとセットで五八万円（部品によって多少変わります、送料・税別）です。

（東京都豊島区要町三—九—三　ＴＥＬ〇三—三九五七—三五一二）

ふるい機一体型石臼

㈱田中三次郎商店

【特徴・性能】弊社の石臼は、硬度が非常に高いため磨耗しにくい利点があります。ゆえに石粉の混入を抑えることができ、しかも長期にわたり目立て等の必要がありません。白米は、穀物の中でも硬い部類に入るので、弊社のナクソスストーンのような硬い石を使うことで、安全安心の米粉ができます。

石臼で挽いたお米は、お団子や和菓子、パンやお好み焼きの生地などに使用されています。粉の粒形が丸みを帯びているので、出来上がった製品の味や食感にも影響してくるでしょう。また、弊社の石臼でも小型のものだとかなり高温になることがありますが、石の直径が四〇cm以上の中型機を使うと、熱を抑えながら製粉することが可能です。

写真の石臼は、ふるい機と石臼が一体型になったものです。とくに細かい粉になると、製粉後のふるい分けに時間を要しますが、この一体型を使用すれば製粉した粉をただちにふるい機に送るので、製粉時間プラス二〜三分程度で作業が終了します。

ふるい機一体型石臼A-400MSM Super-J
大きさ1600×800×H450mm、重さ120kg、モーター 3相200V。
製粉能力：毎時15 〜 20kg

【価格】価格は写真のもので一八五万円程度。これ以上の製粉能力や、短時間での製粉を求める方には、より大きな石臼もあります。反対に小さなタイプも数種類用意しています。小さい石臼では石の自重が軽くなるので、お米などの硬い原料は一度では細かく製粉できません。何度か製粉とふるい分けを繰り返していただくことになります。

（福岡県小郡市小郡一五六二　ＴＥＬ〇九四二—七三—一一一一）

ふるい付高速粉砕機

㈱東洋商会

現在はなによりも「安全・安心」が求められ、アレルギーに対する関心もたいへん高いものがあります。その点、米は、日本人にとってもっともノンアレルギーな食材です。

こうした米を、原料生産者自らが自家製粉して米パンや米麺等各種の米粉食品をつくるために開発されたのが弊社の米粉食品対応製粉機「ふるい付高速粉砕機ＨＴ−１−ＫＪ２ＦＳ」です。

【特徴・性能】複合性粉砕機とふるいが一体となった独自の構造（粉砕機のスクリーンを通った粉を、さらにふるいにかける）で、米パンや米麺等の各種米粉食品の原料の粉を少量からでも製粉できる。洗米せずにそのままホッパーに投入するだけで瞬時に製粉できる。玄米や赤米・黒米やもち米等あらゆる

ふるい付高速粉砕機HT− 1− KJ2FS

穀類も製粉できる。

粉の粒度は、ふるい一〇〇メッシュのとき〇・一五㎜以下、ふるい二〇〇メッシュのとき〇・〇七㎜以下（ふるいにより歩留まりは異なる）。

【価格】価格は、一八八万円（消費税別、搬入運賃等別途）です。その他、大型機・小型機等各機種があります。（滋賀県蒲生郡安土町上豊浦一三九七―一一　TEL〇七四八―四六―二二五八）

製造は宝田工業㈱。能力：毎時一〇kg（ふるい一〇〇メッシュのとき。米の水分量、ふるいにより異なる）

『現代農業』二〇〇七年一二月号

旋回気流式微粉砕機
MP2-350YS2

旋回気流式微粉砕機
MP2-350YS2
株式会社山本製作所

【特徴】米・大豆・そば・雑穀などを微粉砕できる「汎用機」。粒子の細かな全粒豆腐用の粉砕四〇〇メッシュ（三八μm）から、パンやピザ用の粉砕一三〇メッシュ（一一五μm）まで、素材と用途に応じて粉砕流度を設定できる。

粉砕は、インペラ（回転翼）の高速旋回によって発生する気流で、素材通しの衝突作用などで微粉砕を行なう。

【性能】一五kg／h（一三〇メッシュ時）

【価格】五四〇万円（本体のみ、税別）

（山形県東根市東根甲五八〇〇―一　TEL〇二三七―四三―八八一六）

イクシードミル
上は湿式の場合のプラント、
下は粉砕部

湿式米粉製粉
イクシードミル
槙野産業株式会社／
株式会社西村機械製作所

【特徴】少量生産タイプの高周速部粉砕機。粉砕部には高速回転する特殊な円柱ピンと扉側の固定円柱ピン（ピン数三〇八本）で構成されている。一般的な衝撃粉砕機についている大きな平面ピンではない。円柱ピンの高速回転運動によって乱流が生じ、気流式粉砕機のような風も発生して、円柱ピンと乱流によって製粉される。ピンの円盤外周部にふるいのスクリーンがないので、原料の詰まりがない。粒子径は三〇μm、澱粉損傷度五％以下。

【性能】三〇～六〇kg／h

【価格】四八〇万円（本体のみ：乾式の場合）。同製粉機を用いた湿式製粉プラント一式だと一五〇〇～二〇〇〇万円

（槙野産業　東京都葛飾区東四つ木二―一一―八　TEL〇三―三六九一―八四四一／株式会社西村機械製作所　大阪府八尾市松山町二―六―九　TEL〇七二―九九一―二四六一）

旋回気流式微粉砕機
サイクロンミル
（SM-150）
静岡精機株式会社

【特徴】米・麦・大豆・ハト

サイクロンミル SM-150

ムギ・そば・お茶などを微粉砕できる「汎用機」。二枚のインペラ（回転翼）が高速で回転し、インペラの周りに旋回気流を発生させる。投入された米は吸い込まれて、この旋回気流中で互いに衝突して粉砕される。温度上昇が少なく、米粉の品質劣化がほとんど発生しない。さらに、外部からの水冷式冷却も可能で、さらに温度上昇を小さくすることができる。

米粉の粒度調整は、インペラやブロワーの回転速度をかえることで調整する。

なお、上位機種のＳＭ－２５０は穀粉以外も製粉可能なタイプＡと、米粉のみのＢタイプが準備されている。

【性能】一～一五kg／h

【価格】ＳＭ-１５０　六三〇万円（本体のみ、税別）、ＳＭ-２５０　Ａタイプ一九六九万八〇〇〇円（税込）

（静岡精機株式会社　静岡県袋井市山名町四－一　ＴＥＬ〇五三八－四二－三二一二）

乾式米粉製粉
SRG10A
株式会社サタケ

【特徴】米粉食品に対応した小型の衝撃式製粉機（ピンミル）。粗砕機と高速粉砕機、ふるいが一体となっているため、米粉パン原料の米粉を効率的に製造することができる。

ふるい一体型の SRG150

粒度約九〇μm（上新粉よりちょっと粗い）の粉砕が可能で、しかもコンパクトな一体型のために道の駅などにも設置することができ、地産地消を可能にする。ただし、米の油分によってふるいが目詰まりをおこすことがあるので注意する

【性能】一〇kg／h

【価格】二四八万円（税別）

（株式会社サタケ　広島県東広島市西条西本町二－三〇　ＴＥＬ〇八二－四二〇－八五七五）

気流粉砕機
スーパーパウダーミル
（SPM-R290）
株式会社西村機械製作所

スーパーパウダーミル

【特徴】一〇〇kgから五〇〇kgまでの大量生産ができる。高速でブレードが回ることによって高速気流が発生し、吸い込まれた米粒同士がぶつかり合って粉砕される自己粉砕方式のため、米粉のデンプン損傷が極めて低い。

ケーシングも容易にフルオープンするため、清掃面も簡便。湿式時のデンプン損傷は五％以下、乾式時で一〇％前後。粒子径は平均三〇μm前後。

【性能】～八〇kg／h

【価格】一〇〇〇万円（本体のみ）。プラント全体だと三〇〇〇万円程度

米粉は、小麦粉の代替だけの原料ではないのだ

全国穀類工業協同組合専務　渡部五十八さん　米粉を語る

編集部

米粉はほんとうに地味な存在です。

猛暑に見舞われた今年の夏、フルーツ白玉や氷白玉などを食べて涼をとった方もあると思います。しかし、こうした伝統的なお菓子を食べながら、原料である米粉のこと、お米のことを考える人はありません。米粉でつくられた商品を宣伝することはあっても、米粉そのものを全面に出して伝えることはありません。それが米粉という存在だったのです。

今から二〇年ほど前までは、地域の乾物屋さんには、乾物のほか「上新粉」や「白玉粉」などのさまざまな米粉が並べられていました。しかし、あっという間に乾物屋さんは姿を消していきました。それに変わってスーパーマーケットが展開していったわけですが、そこには、お団子の原料となる上新粉などは、売り場の一番地味な場所にひっそりと置かれているにすぎません。商品としての月見団子や柏もちなどが前面に並ぶことはあっても、米粉はいつも隅っこに。それが米粉の存在を象徴しています。

フルーツ白玉

この秋、米粉を生産する業者の集まりである全国穀類工業協同組合として、東京ビッグサイトで開かれた「米粉ビジネスフェア」に、新規用途米粉、つまり従来の和菓子などへの米粉利用以外の用途を宣伝するために、組合の皆さんと一緒に出展しました。新規用途米粉の宣伝のための出展は初めてのことでした。米粉が主役になって、商品をアピールするチャンスが到来したのです。

米粉は、主食用の米が過剰になったときにはそのはけ口として、反対に不足のときはそれまで米粉用に回っていた米まで主食用に回されるといった、主食用の米の調整弁的な働きもしてきました。

昭和五九年、米不足を解消するために韓国米を緊急輸入の年、生産者団体から「米粉に回す米は一粒たりともない」と宣言され、その原料探しに奔走したことを忘れることができません。

また昭和五二年には、増え続ける米の在庫を解消するために、農水省は今と同様に、古米処理としての新規用途を検討し、ビーフンや米麺、天ぷら粉、米酢など、さまざまな食品が考案されました。米の麺

は当時の加工技術ではむずかしかったようですが、天ぷら粉に米粉を混合する技術は今も引き継がれています。また、このときに開発された米酢は、しっかりと定着しています。

小麦粉に一割ほど米粉を混合しても、商品にはそれほど影響はないといったこのときの経験が、今回、小麦消費量五〇〇万tの一割、五〇〇万tを米粉で置き換える政策の背景にあったのかもしれません。

国内で製造されている米粉は約一〇万t、米粉調製品として輸入されている量が八～九万tあります。米粉調製品とは、米粉に加工デンプンや砂糖などを混合されたもので、輸入後、国内で砂糖などを分離して米粉として用いられます。現在、添加物として表示義務が課せられるようになりましたが、こうした輸入米粉は、機械による団子製造の場面では欠かせないものになっています。

渡部五十八さん

用いる米粉商品によって、さまざまな特徴をもった米粉がつくり出されてきました。大きくは、原料となる米の種類では「うるち（粳）」と「もち（糯）」、そして、事前の処理方法によって、アルファー型米粉（加熱）とベータ型米粉（生粉）に分けられます。さらに製粉の方法によって、さまざまな和菓子に一番適した米粉が生み出されてきました。米は、硬い粒をもつために、水洗いしていったん水に浸けるという、小麦にはない工程が必要です。そうした手間がかかるだけに価格も高くならざるをえませんでした。

今、これまでの和菓子中心の製粉技術を超えて、パンや洋菓子にも適した製粉方法と技術が生み出されてきました。組合員も、この新しい動きを支えるために、製粉や米粉商品つくりにさまざまな取り組みを始めています。

当組合は、国内産の米を原料として使っていきたい。価格の問題はあるけれど、今後、パンに向く米、麺に向く米品種など、用途を明確にした日本の米をつくり出していただきたい。

米粉は、小麦粉の代替原料ではありません。今こそ米粉の本来の良さを伝えていくときだと思っております。

＊全国穀類工業協同組合＝東京都台東区松が谷四―十一―三　TEL〇三―三八四五―〇八八一

新規需要を開拓する米粉商品

〝米粉〟今昔物語

町田榮一　五百城ニュートリイ株式会社

『だんご三兄弟』異変！

一九九九年（平成十一）年春、予期せぬ状態が現出した。それは、NHK教育テレビにて放映された、朝八時台の幼児向け番組『おかあさんといっしょ』であった。番組では軽快な『だんご三兄弟』の音楽が流れ、いつの間にか和菓子屋さんへ足を運ぶ人が増え、米穀粉業界にも米粉（上新粉）の注文が殺到した。この年、原料調達を一手に引き受けていた全農に対し、米穀粉業界は、加工用粳米の前倒し発注に追われる状態となった。

この年の米穀粉の生産量は飛躍的に伸び、一三万四〇〇〇tを記録した。前年比一六％の増加となり、部門別では米粉（上新粉）が前年対比二七％の増加となった。（表1）

しかし、一九九九年に突如わき起こった『だんご三兄弟』のブームも長くは続かず、二〇〇〇年以降も米穀粉の原料需給状況が不安定のなか、国内産米・外国産米・輸入米粉調製品など多様化して、米穀粉の生産量は、格安の輸入米粉調製品の増加の影響もあり、経済的な不振も重なり一〇万t程度で推移していったのである（表2）。

戦後の米穀粉生産の歴史

戦後の穀粉業界は、一九五〇（昭和二五）年に加工原料米として政府から若干の輸入砕米（主としてタイ国産）の払い下げを受け、再建を図ることから始まった。しかし、当時の米穀は強い統制下にあったため、製品は「砕米加工品」の名称で、主食の代替品として配給に回された。その後、昭和三〇年代に入って豊作が続き、米の需給事情が緩和し、内地米が加工原料米として売却されるこ

表1　米穀粉生産量の推移

品名	1985（昭和60）生産数量（t）	1997（平成9）生産数量（t）	1999（平成11）生産数量（t）	前年対比（%）	2002（平成14）生産数量（t）	2005（平成17）生産数量（t）	2008（平成20）生産数量（t）
上新粉	54,504	71,092	89,732	127.3	68,267	63,074	68,091
もち粉	16,645	25,634	23,158	96.4	21,502	19,296	14,865
白玉粉	4,874	4,838	4,930	105.7	4,551	3,733	6,639
寒梅粉	3,125	3,259	3,283	85.5	3,073	2,627	1,625
落雁粧・みじん粉	1,918	2,363	1,735	102.0	1,485	1,146	824
だんご粉	5,877	4,523	3,172	88.2	3,175	2,176	1,466
菓子種	6,682	9,541	8,642	112.9	7,504	6,440	8,914
合　計	93,625	121,250	134,652	116.1	109,558	98,492	102,424

注　米穀粉生産量の年度は、当該年4月1日より翌年3月31日まで
農林水産省調べ

とになった。その時期から、業界は本来の生産活動に入ったといえる。

昭和四〇年代に入ると米は過剰時代に移り、一九六九（昭和四四）年産米から自主流通米制度が実施され、原料米の入手は比較的容易となった。しかし高米価＝高原料コストのために需要は伸びず、輸入もののコーンスターチ、ワキシースターチなどによる代用製品が米穀粉の分野に進出してきた。

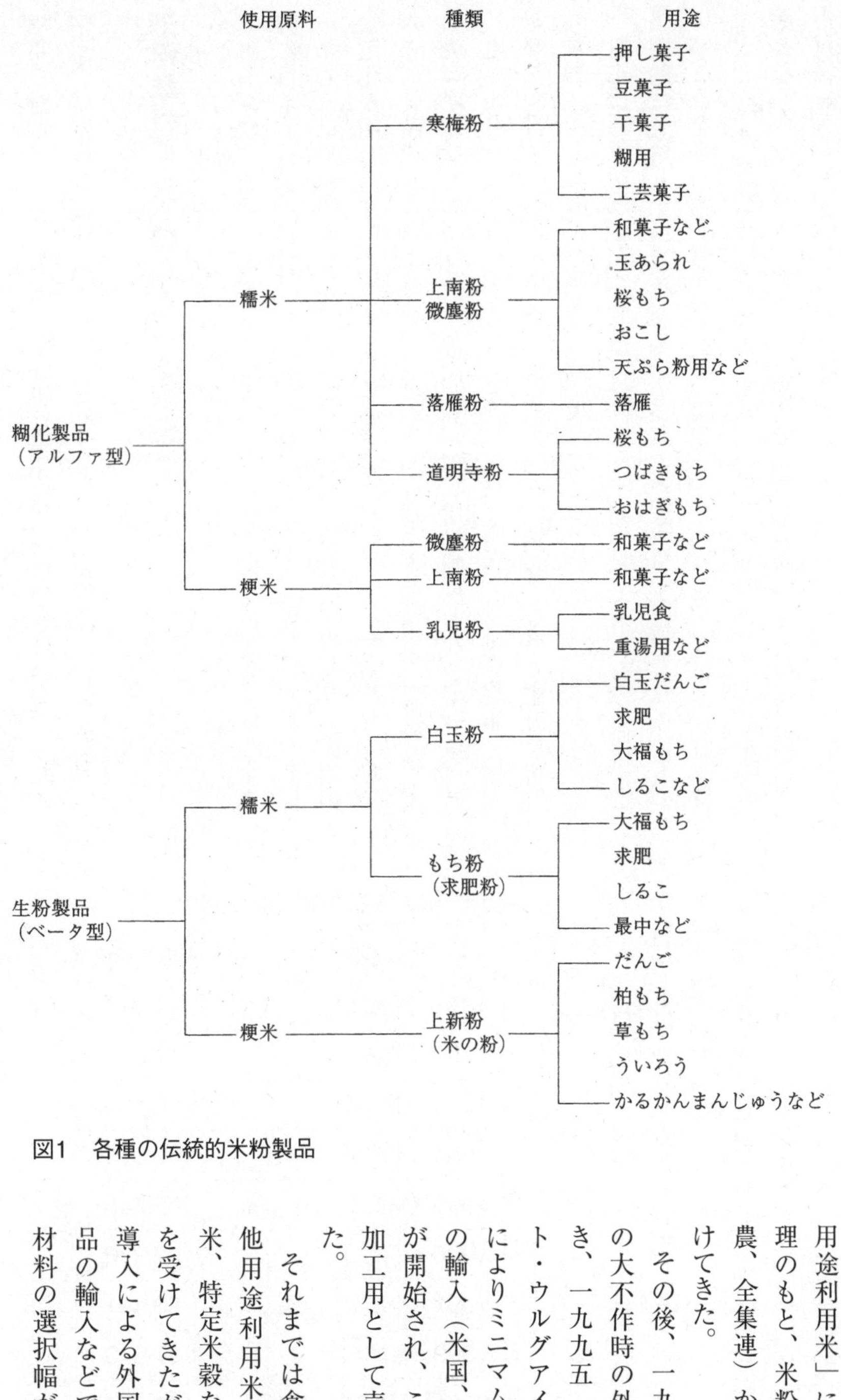

図1　各種の伝統的米粉製品

米粉原料としての「うるち（粳）米」

うるち（粳）米とは、私たちが主食として食べている米の種類である。このうるち米は大量の過剰米を抱えたため、一九七〇（昭和四五）年から政府は、加工原料として古米の売却を行なってきた。しかし、過剰米の処理が完了した一九八四（昭和五九）年からは「他用途利用米」に切り替えられ、政府管理のもと、米粉業界は、指定法人（全農、全集連）から破砕精米の供給を受けてきた。

その後、一九九三（平成五）年産米の大不作時の外国産米の緊急輸入に続き、一九九五（平成七）年からはガット・ウルグアイ・ラウンドの農業合意によりミニマム・アクセス米（ＭＡ米）の輸入（米国、豪州、中国、タイ国産）が開始され、このＭＡ米を食糧庁より加工用として売却を受けることになった。

それまでは食糧庁ならびに全農から他用途利用米、加工用米、政府備蓄米、特定米穀などを主とした原料供給を受けてきたが、ミニマム・アクセス導入による外国産米ならびに米粉調整品の輸入などで、米粉製造に用いる原材料の選択幅が広がってきたのがこの時期である。一方、国内産米は新食糧法移行にともない、一九九六（平成八）年より加工用米制度に衣替えとなり、現在に至っている。

米粉原料としての「もち（糯）米」

もち（糯）米については、一九六九（昭和四四）年産米から全面的に自主流通米に移行した。しかし、需給不安定が続いたため、一九七三（昭和四八）年産米から契約栽培制度が実施され、需給の安定化が図られている。また、もち米についても、一九八七（昭和六二）年産米から自主流通米のほかに一部他用途利用米（破砕精米）の売却が行なわれ、うるち米と同様、加工用米制度となっている。

もち米はコスト高であることから、近年割安な穀粉調製品（輸入ミックス粉）の輸入が増大している。これに対応する形で他用途利用もち米（加工用米）が導入され、現在に至っている。

自主流通米制度が開始されて以降、一定規模以上のもち米を組織的集団的に栽培している生産地をもち米契約栽培の中核として位置づけ、これをもち米生産団地として指定し、その育成・整備を図る「糯（もち）米生産団地方式」が定着し、良質米の供給が安定している状態となっているが、一方では低価格で良質な外国産も、徐々に国内で市民権を得られつつある。

平成の大凶作を境にした米穀粉原料の流通の変化

平成の世となり、政府は米作の減反政策および余剰分を調整保管することによって、やや需給バランスも整って来たが、一九九一（平成三）年産米の作況指数が九五となり、もち米も主産地佐賀県産が作況指数六四、続いて一九九二（平成四）年産には北海道産が八九の計数となり、この原料不足をカバーするため輸入米粉調製品（もち米粉）が増加した。そうした動きに拍車をかけたのが、一九九三（平成五）年の大凶作であった。

一九九三年産米は史上最悪の作況指数七四となり、未曽有の大凶作で政府は主食用を主体として（中国産・タイ国産・米国産・豪州産）二四一万tを緊急輸入し、加工用米穀にはタイ国産（インディカ種）が主に配分された。しかし、タイ産のうるち米は団子適性には不向きのため、従来は輸入米粉調製品はもち米の粉が主流であったが、一九九三年度よりうるち米粉（ジャポニカ種）の驚異的な大量輸入（表２）となり、その後は、現在まで毎年約一〇万t前後で推移している。

一九九五（平成七）年度からは、緊急輸入に引続き、ガット・ウルグアイ・ラウンドの農業合意に伴いMA米の輸入が始まり、入札制に

表2　輸入米粉調整品輸入状況

輸入年度	輸入数量（単位：t）
1991（平成3）	21,317
1992（平成4）	47,554
1993（平成5）	95,193
1994（平成6）	170,068
1995（平成7）	82,248
1996（平成8）	107,976
1997（平成9）	93,451
1999（平成11）	97,970
2001（平成13）	106,157
2003（平成15）	111,761
2005（平成３）	120,633
2007（平成19）	90,201
2009（平成21）	93,055

総合食料局食糧部調べ

平安中期に編纂された『延喜式に』、唐菓子（からくだもの）の材料として米粉が登場しており、これが米粉と菓子のかかわりを示すもっとも古い文献だといわれている。中国から伝わったばかりの唐菓子の材料は小麦だったが、この時代に水に浸してから搗いたり、粉にする方法が発明され、米粉が使われるようになったといわれている。（全国穀類工業協同組合発行の小冊子『彩　IRODORI』より）

よって約四〇万tが輸入され、一般輸入とSBS方式輸入の二通り方式（米国・タイ・豪州・中国など）となった。

米穀粉用としては、指定法人より買受けた他用途利用米の不足分をカバーするため、農水省は一九九六（平成八）年二月にMA米（米国産・豪州産など）の売却を開始した。

このことにより、①農林水産省からはMA米（もち米・うるち米）の売却、②指定法人（全農・全集連）から、もち米は自主流通もち米・他用途利用もち米、うるち米は他用途利用米（破砕精米）の販売、③民間からは特定米穀ならび輸入米粉調製品、と、その入手ルートが多様化し、全体的には需給はほぼ安定したが、需要先別では、老舗の和菓子店では国内産米銘柄品の指向が強く、需要先の希望を満たす状況には至っていない。

新食糧法への改正による原料調達の変化と需給

五〇年以上続いた食糧管理法も、一九九五（平成七）年十一月一日に施行された新食糧法に改正され、許諾制度も「認可制」から「登録制」に変わり、民間流通による白主流通米を流通の主体とし、備蓄運営と合せた計画流通制度により需給と価格の安定を図ることとなった。

従来の指定法人（全農・全集連）販売の他用途利用末も加工用米（変形加工品）と名称が変更された。生産者側は手上げ方式（主食用以外の作物は生産者の選択制）のためか、業界の需要を満たせず政府備蓄米で不足分を補う状態となった。

うるち米は一九九四（平成六）年産以降、二〇〇二（平成十四）年産の期間はほぼ平年作と作柄は比較的安定し、政府備蓄米の在庫が積み上ったが、もち米は生産量が三〇万t弱程度で推移するなか、主産地（北海道・佐賀）の冷害・台風被害など常に需給不安定が続いた。このため二〇〇三（平成十五）米穀年度では、自主流通糯米の安定した生産と供給を行なうことを目的に、需要者とJAを結び付ける「二〇〇三（平成十四）年産米・契約栽培」を六月に実施し、その後は販売数量・価格の提示を年間三回実施する「年間契約」と、その都度契約の「スポット取引」の三方法に改めた。

また、二〇〇三年産米は「播種前契約栽培」を二〇〇三年三月に実施し、もち米計画出荷指標数量三分の一以内の提示数量を条件に、九道県の主要もち米産地から提示を受け、九月から「年間契約ならびスポット取引」の計画をした。しかし秋の収穫期では、主産地の佐賀は作況指数七六、北海道は作況指数七三となり、全国的に「著しい不良」の大凶作となった。JAは高値集荷のため価格の高騰、集荷不足の影響で契約栽培数量による販売は少量にとどまり、高価格の「スポット取引」（売買業者との相対価格）が主となった。米穀粉業界は市場価格の暴騰でパニック状態となり、数量確保にエネルギーを費やし、品質の安定供給に腐心し、原料価格高騰でも需要者に対し価格転嫁は最小限に留めるなど、二〇〇三年は米粉業界にとって苦難の一年となった。

二〇〇四（平成十六）年以降、二〇〇九（平成二一）年産までの間、もち米の作柄は、国内で二大主産地の北海道が日照不足による冷害、佐賀が台風による潮風害等で常に需給タイトの状態である。

指定法人（全農・全集連）は需要に応じた生産の確立と安定した流通を図るため、販売方法は「契約栽培」「年間契約」「スポット取引」の従来方式を踏襲している。そのため、糯米の二大主産地の作柄が、「やや不作」が続く状況で需給は常時逼迫した状態となっている。

うるち米は、二〇〇四年度から始まった米政策改革にのっとって、豊作により発生した過剰米を適切に処理することとされた。供給過剰による米価下落防止のための取組みが必要とのことで、集荷円滑化対策の決定により、（社）米穀安定供給確保支援機構（略称、米穀機構）が管理を行なうことになった。二〇〇五（平成十七）年は、産米が作況指数一〇二の豊作であった。この年、過剰米七万五〇〇〇tが集荷円滑化対策の対象となり、農家から区分出荷されて、一年間、市場から隔離保管された（これが「現物弁済米」で、出荷した際に農家が受けた融資の支払いに充てられるためこのように呼ばれている）。

新しい米粉需要を拓く米粉パンをきっかけに

一方、政府備蓄在庫の増大するなか、食糧自給率が四〇％を割ると報道されている。そんななか、海外の穀物相場も上昇気運が見られ、政府は二〇〇一（平成十三）年頃より新規用途として備蓄米を使用した米粉製のパンを研究することとなった。全国にさきがけて近畿農政局管内では、管内の製パン業界・製粉業界・食育業界・米穀粉業界・生活協同組合・製菓専門学校等々で発起し、二〇〇二（平成十四）年六月に近畿米粉食品推進協議会を設立し、米粉による製パン技能者より技術講習を重ね、二〇〇三年（平成十五）四月より兵庫県篠山市において全国で初めて学校給食に米パンを採用することになった。

二〇〇三年以降、各農政局管内において米粉食品推進協議会の設立が行なわれ、二〇〇五（平成十七）年二月には全国米粉食品普及推進協議会が設立された。当時、米穀粉業界でのパン用米粉の製造は、それぞれ自社既存の製粉機により加工用粳米（変形加工）を原料として、和菓子用より微粉の米粉をパン用米粉としてパン店へ納入していた。しかし、小麦粉価格と比較するとかなりコスト高となり、米粉パンの普及は遅々として進まなかった。

二〇〇六（平成十八）、前述の「現物弁済米」がパン・麺・ケーキ用、つまりが小麦粉代替用として、一般入札で（社）米穀機構より格安価格で売渡され、用途限定売却された（平成十七年産米）。それ以降、二〇一〇（平成二二）年まで続いている。

海外での穀物相場の上昇、国内の食糧自給率アップ等々を踏まえ、農水省は二〇〇九（平成二一）年四月に『米穀の新用途への利用の促進に関する法律』を公布し、七月に関係法令が成立、七月一日より施行された。米穀の新用途（米粉・飼料用等）への利用を促進し、貴重な食糧生産基盤の水田を最大限に活用し、食料の安全供給を確保する趣旨で、これは生産者と米粉製造事業者と促進事業者の三者による生産製造連携事業を行なった場合、生産者には一〇アール当たり八万円の助成金、米粉製造業者には機械整備資金として半額を助成するという、米粉消費量アップのキャンペーンで、新規用途米粉の認知と消費拡大の促進を目的がネライではある。しかし、この運用については、初年度には次の様な課題が思い起こされる。

法案成立の二〇〇九年四月より約二か月前に、生産者はまず、新制度への参入の意思決定をする必要がある。しかしこれに対し、指導者側の農政事務所の出先機関ならび地域のＪＡ農協担当者は、法律成立前であったこともあり、法律の運用に対する知識不足のためか指導が不充分であった。米粉製造者との契約についても手間どり、播種時期に遅れが生じるため、二〇〇九年度産米栽培に対する農家の希望は消極的であった。次年度よりは官民一体となり、広報活動を積極的に行ない、米の新規用途が増大することを期待している。

食品加工総覧第四巻「伝統的米粉」より　二〇一〇年

ご飯でパン・うどん最新事情

「ＧＯＰＡＮ」登場

米からパンをつくる画期的な方法が誕生！　三洋電機の「ＧＯＰＡＮ（ごぱん）」（写真）。これは「ライスブレッドクッカー」と呼ばれるものであり、なんと米粒（精白米）からダイレクトにパンがつくれる。世界初だという。

まず水を吸ってやわらかくなった米が、一分間に約六三〇〇回転する「ミル羽根」によって切削され、ペースト状になる。今度は一分間に約四〇〇回転する「こね羽根」で生地がこねられる。そして発酵。すべて「ＧＯＰＡＮ」の中での出来事であり、もちろん全自動。

材料は、米、水、砂糖、塩、ショートニング、グルテン、ドライイーストが基本だが、グルテンを使わない（上新粉でねばりをつける）「小麦ゼロコース」もある。また、白米だけでなく、玄米や黒米、赤米、雑穀など、二二種類のパンづくりに対応している。

この「ＧＯＰＡＮ」、発売が決まるやいなや反響がものすごく、十月八日の発売が十一月十一日に延期されたほどであった。

「ごはんうどん」も

パンではないが、ご飯で麺をつくる動きも見逃せない。福岡県の米、それも炊きたてのご飯を使った「ＪＡ博多ごはんうどん」も今、話題となっている。小麦は使わず、米一〇〇％なのが売りである。

もっとも当初、炊いたご飯だけで試作していた頃は、麺がプップツと切れてしまう悩みがあったという。さまざまなつなぎを試してみた結果、米粉が一番いいという結論に達し、問題解決。苦節五年、現在はご飯六割、米四割の配合である。

茹であがったうどんは、真っ白で真珠のようにキラキラと輝く。食べれば、もっちりしており、コシがあり、喉ごしもいい。低カロリーで腹もちがいいのもまたうれしい。

GOPAN（ごぱん）

『現代農業』二〇一〇年十二月号　いまどきのご飯パン事情

米粉づくり 安全と衛生管理のポイント

米粉は食品原料であり、そのトラブルは企業イメージに悪い方向に大きく影響するところから、それらのトラブルを未然に防ぐことが必要であり、そのためには安全・衛生管理が必要となる。

食中毒などの事故を引き起こす食品衛生上の危害要因としては、微生物などの「生物学的要因」、天然毒素などの「化学的要因」、異物混入などの「物理的要因」の三つが挙げられる。

米粉製造においては、これらのうち、とくに生物学的要因と物理的要因に対する対策・管理法の構築がポイントとなる。

衛生管理

菌管理

米粉については、食品衛生法で微生物規格基準は設けられていない。しかし、とくに湿式粉砕を行なう場合には、工程中に水洗・水浸漬工程などの水を使用する工程が含まれるために、一般生菌数と大腸菌群の管理は必須となる。

大腸菌群の簡便な検査法として一般的に行なわれているデソコシコレート培地を用いる場合、培地上で赤変するところから大腸菌群と誤認される例がある。しかし、この問題となる菌は製粉工程中の汚染によるものではなく、原料米由来の*Erwinia*属であることが多く、五〇～六〇℃で乾燥することにより、粉の品質に影響を与えることなく当該菌を除去することができる。

異物混入

食品工場における最大の衛生管理のポイントは異物混入の防止であり、金属片、製造機器の部品、毛髪、昆虫などの混入が事例としてあり、いずれも徹底した管理が必須である。

製造機器の保守点検

製造に水を使用する湿式粉砕の場合には、機器の裏側などの目につきにくい部分にカビが発生・付着している場合がある。また、製造機器は使用に伴い、必ず損耗などの劣化を起こし、それに伴い部品並びに消耗品が異物混入の原因となりやすい。

これを防止するためには、清掃作業及び製造機械の保守点検について、マニュアル作成などの「見える化」を徹底的に図る必要がある。

毛髪混入防止

製造担当者から落下するもので、基本的には個人の衛生意識の問題であり、そのためのマニュアル作成と教育が不可欠である。

作業現場に入る直前の粘着式のローラーかけで対応しているところが多いが、しっかりかけることが最大の防止策である。これに加えて、作業員が私服から作業着に着替える更衣室において、私服についた毛髪などが作業着に移らないようにするために、私服と作業着が直接触れないようにする工夫が必要である。

防虫

基本的には、虫の侵入防止と清掃の徹底による発生防止である。侵入防止のためには、工場の密閉を保つことが必須で、隙間をなくすビニールカーテンなどの設置、工場周りの清掃を含めた総合的な取り組みが必要である。

また、製粉工場は、その工程上粉塵の飛散は避けがたく、どれだけ注意しても微粉は飛散する。また飛散とともにわずかな隙間にも入り込んでしまう。そのため、床をはじめとして製造機器の上面や裏側、機器間の隙間まで、マニュアル化により工場内の清掃を徹底しなければならない。

さらには、湿式粉砕の場合には水回り、とくに排水溝の清掃管理も不可欠となる。

（吉井洋一　新潟県農業総合研究所食品研究センター）

Part 4
畜産飼料としての米粉利用

籾つきのまま米を食べる鶏たち（トキワ養鶏）

食品であれ飼料であれ、米粉の利用は「地産地消」が原則だ。

鶏・豚・肉牛など、畜産の分野でも地域の米の利用が始まっている。ワラだけでなく米を飼料米として用いることで、鶏や豚にも最高の飼料となる。

単に、これまで配合されてきたトウモロコシを米に置き換えたというだけではない。米を食べさせることで、生産される卵に肉に、品質の面からも確かな変化が現われてきている。

黄身はレモンイエロー　肉もおいしい
籾米与えて 鶏も元気 人も元気

青森県常盤村　常磐村養鶏農業協同組合

編集部

三年間で飼料米生産一五〇倍増

二年半前の二〇〇八年、トキワ養鶏（常盤村養鶏農業協同組合）が購入していた飼料米は一・五ha分。それが昨年（二〇〇九年）産では三七ha、今年の二〇一〇年産では、一九七戸の農家と二三四ha分の飼料米を購入する契約を結ぶまで拡大した。県内全体の飼料米の作付けが八四三haなので、その四分の一以上がトキワ養鶏の契約分ということになる。

契約は、農家と直接結んでいる場合もあるし、農協が間に入っている場合もある。

購入した飼料米は、藤崎町にある養鶏場の鶏五万羽のエサになる。以前は玄米で鶏に与えていたが、現在はモミのままだ。エサに入っているトウモロコシの全量をモミで置き換え、エサ重量の六八％をモミ米で育てた鶏の卵を、平飼いの場合は一個一〇〇円、ケージ飼いの場合は一個五〇円で販売している。

モミ米給与で鶏も人も元気になる

「モミのままエサにしたら、いろんなことがよくなりましたよ」とトキワ養鶏組合長の石澤直士さん（五〇歳）。一つには、鶏や卵に現れた変化だ。

四年前、玄米を与えるようになったときも、トウモロコシのエサに比べて良くなったことがあった。産卵率がやや上がったうえ、卵の成分に甘み・うまみにつながるアミノ酸のセリンや、人間の健康にいい脂肪酸であるオレイン酸が増えたりした。モミでやるよう

◆常盤村養鶏農協

一九六〇年に組合員一七人の養鶏専門農協として設立された。現在は、採卵・育成鶏約四五万羽を飼育するほか、母豚五五〇頭の一貫経営と、その肉を使ったハム・ソーセージの加工、リンゴ直生農場三〇ha、その他、ニンニクなどの野菜の生産販売という経営である。

トキワ養鶏では、二〇〇六年から米のエサ利用に取組み始め、地域の減反田で飼料米を生産して、エサ自給率五〇％の養鶏を目指す。

コメ育ちの卵は、黄身がイエロー（淡い黄色）

になってからは、それに加えて鶏が元気になった。飼育中に死ぬ鶏が極端に少なくなったのだ（生存率九九・三％）。

　鶏舎のニオイが減ったのも鶏が健康な証拠だろう。ケージ飼いの場合は糞尿のニオイが気になるものだが、トウモロコシに比べると玄米のほうがニオイが弱まるし、モミにするとそれがもっと減る。

　卵の成分では、モミ米をエサにすると「若返りのビタミン」といわれるビタミンEが卵の中に増えるという。これは鶏の消化機能が高まることが関係しているようだ。玄米にもトウモロコシにもビタミンEは含まれているのだが、硬いモミガラ付きの米を食べた鶏は砂嚢（砂肝）が発達して大きくなる。そのためヌカの部分に多く含まれるビタミンEが卵によく移行するらしい。

「最近の日本人は、とくに男性が元気がないといわれますね。一方、温暖化でスコールは増えたが夕立は減った。温暖化とは関係ないのかもしれないが、朝立も減ってないか。元気のない人にピッタリの卵になるわけです」

　いかにも元気そうな石澤さんが言うと説得力がある。

　モミ米には流通経費が安くすむ利点もある。なにしろ、モミの状態なら冷蔵保管の必要がない。農家・農協でもそうだし、トキワ養鶏に届いてからもそうだ。購入した飼料米は、一年の間に何回にも分けて農家や農協から養鶏場に運ばれてくることになるが、届いたモミ米をフレコンバッグに詰めたまま常温の倉庫内に置いてこの夏もなんの問題もなかった。それにモミのまま給与するので、モミすりしたり粉砕したりの調製の手間や経費もかからない。

鶏糞二tで べこごのみ一tどり

　トキワ養鶏が飼料米を購入する価格は玄米換算で一kg四五円。ただし購入するのはすべてモミだ（玄米重量はモミ重量の約八割）。自分で乾燥して運んでくる農家には、この販売代金がそのまま支払われ、農協のライスセンターやカントリーエレベータ経由の場合は、農協での乾燥代・保管料・運賃などが引かれて農家に支払われる。

　新規需要米の補助金一〇a八万円もあって、飼料米の栽培面積は急拡大中だ。ただ、飼料米を定着させるためには、補助金への依存を減らす多収栽培の追求が重要だという気持ちが石澤さんの中では一貫している。そのモデルとなるべく、トキワ養鶏では当初から試験圃場を設けて自ら飼料米栽培にも取り組んできた。

　昨年は、早生品種の「べこごのみ」で玄米一tどりを実現した。施肥は元肥の鶏糞二tのみ。収穫は出穂から三か月近く経った十月末で、秋に雨が多い年だったが、立毛乾燥を進めることで水分は一九％まで落ち、乾燥コストを減らせることも実証できた。さすがに胴割れ米も混じっていたが飼料米ならなんの問題もない。

　「日本の農業、まだまだ馬力がありますよ。工夫していけば、おもしろいもの。鶏糞だけで一t米がとれたり、田んぼで乾燥すれば水分一九％まで下がって乾燥機の油代が安くなったりさ。誤解されると困るので大きい声ではいえませんが、一tとれて胴割れも入ったべこごのみ、食味計にかけてみたら食味値が九五もあったんですよ。食用米だって、単収の低いコシヒカリ系統の品種ばっかり追いかけないで、鶏糞でおいしい米を多収して、余ったら輸出したらいいんですよ」

　飼料米の食味はともかく、一tどりを実現してみせたことで、今年は飼料米の肥料に鶏糞を使う農家が増えた。周辺の農家には「鶏糞を入れるとイネが転ぶ」という思い込みが強くて、これまで田んぼでの鶏糞利用はなかなか広がらなかったそうだ。それが、もともと倒伏に強い品種で米の品質を問われない飼料米を入り口に鶏糞利用が急増中だ。トキワ養鶏が販売契約を結んだ一九七戸・二三四haではどの田んぼにも鶏糞が入っている。石澤さんの話を聞いて、食用米に試す農家も出てきた（鶏糞は袋詰めだと一袋一五kgが三一五円、一t約四〇〇〇円で提供）。

誇りの飼料米

　「今年これだけ飼料米の面積が増えたのは、八万円もらえるからだけじゃないと思うんですよ。自分の作った米で鶏が育つ、卵ができる。その鶏の糞でまたイネが育つ――。そういう農業のあり方に誇りを持つ稲作農家が出てきたんですよ」

　トキワ養鶏ではすべてモミで給与することから、本田では除草剤以外の農薬は使わない

トキワ養鶏の圃場で栽培されている飼料米

トキワ養鶏では後藤もみじ（写真）と岡崎おうはんをモミ米で飼育

鶏のエサとなるモミ米

ことを条件に飼料米購入の契約を結んだ。そういう栽培に取り組もうという農家が一九七人集まったということでもある。

二三四ha分の飼料米は、合計四五万羽の鶏を飼育するトキワ養鶏が使う穀物飼料のなかではまだ一〇%ほど。しかし、以前は「アメリカのトウモロコシを卵に変える加工業者だった」という石澤さんにとっては「されど一〇%」。

飼料米の利用は、養鶏農家である石澤さん自身の誇りの回復でもある。

『現代農業』二〇一〇年十一月号　いいこといっぱい　二三四haのモミ米飼料米

トキワ養鶏組合長石澤直士さんの夢

青森県の養鶏は約四〇〇万羽、生産調整のための減反田は二万haある。半分の一万haに飼料米を作って四〇〇万羽のエサにすれば、青森の養鶏の飼料自給率は五〇%まで上がることになる。そして、全国のニワトリ一億二〇〇〇万羽のエサの自給率を五〇%にできれば、日本の食料自給率は五%上がる。

この三年が勝負だ。三年の間には、べこあおばに代わる、直播き栽培や施肥の工夫などで、いっそう手間を減らしながら収量を上げる技術ももう少し進むはずだ。

飼料米は、モミのままニワトリに食べさせても問題ない。そうなれば水田農家にとってはモミすりの手間も不要になる。これから三年が、飼料米の栽培を拡大・継続できるしくみを作り上げるための期間だ。

ニワトリも米が好き。飼料米入りのエサを競うように食べる。それに、米を食べて育ったニワトリは肉もすごくうまい。偽装地鶏騒ぎで廃鶏はすっかり悪モノにされてしまったが、一年間卵を産んでもらったら、最後は肉としておいしくいただく。そして、エサの米は鶏糞堆肥でつくる。こういう食の循環、資源の循環を青森からつくりたい。

飼料用米だからこそ高品質に結びついた「こめ育ち豚」

池原　彩　平田牧場生産本部

この記事は、現在の新規需要米制度が施行される一〇年以上前から、地域の米を飼料として豚肉を生産したいと取り組んできた山形県庄内地域の養豚家、平田牧場の試行錯誤の記録である。

豚肉生産への飼料米を利用したときの豚肉の質の変化や、生産費の上昇などについて詳細に報告されており、畜産農家だけでなく消費者にとっても、たいへん貴重な内容が盛り込まれている。

現在は作付面積が他県も含め八八〇ha、収穫量五〇〇〇t超まで拡大し、豚一頭当たりの飼料用給餌量は三〇kg（飼料全体の一五％）まで増加した。

（編集部　二〇一〇年）

飼料米へのこだわり

平田牧場のある山形県庄内地域は、県の北西部に位置し、福島県県境の吾妻山に源を発し酒田市に注ぐ総延長二二四kmの一級河川、最上川河口に広がる。北は鳥海山、東と南を出羽山地に囲まれ、日本海に面する。地域には水田を中心とした四万三五〇〇haの耕地が広がる。気象条件は、夏は暑く、冬は寒く厳しい。しかし、その寒暖の差が農産物を高品質のものとしている。最上川の扇状地として生成した土壌や豊富な水資源、さらには四季の変化に富み、寒暖差の大きい気候に恵まれ、なかでも、米の優良産地となっている。

しかし、近年少子化の進行や食生活の変化により主食用米の消費は減少している。そのため米の需要減少による米の生産調整が強化されつつあり、現在では日本の水田面積のうち、約三五％で水稲が耕作されていない。米どころとして知られてきた庄内地域も例外ではない。この地域は休耕地にダイズが多く作付けされているが、ダイズの単作だけでは連作障害などの問題もあり、限界がある。転作作物のもう一つの柱であるムギ生産は、東北地方では作付けされた時期もあったが、梅雨時期が収穫期に当たるため品質面の観点から不向きとされ、現在はほとんどない。

日本の総合食料自給率（カロリーベース）は四〇％と低い。飼料自給率にいたっては二五％という、世界的に見ても非常に低い水準となっている。一方で、米の生産調整は三五％にも及んでいる。米以外の作物をなかなか見出すことができないなか、平田牧場が考えたのが水田転作としての飼料用米であり、それを豚に与えることによって高品質であり、安全・安心な豚肉を生産しようという取組みであった。また、畜産も含めた新しい農業の未来を拓いていく夢をかけたものであった。とりわけ、平田牧場の創始者で現会長でもある新田嘉一が描いた夢であった（図1）。

図1　飼料用米を食べて育った「こめ育ち豚」

◆単胃動物にも利用できる米飼料

これまで、水田を水田として活用することで転作にもなる品目としてあげられてきたのは、家畜飼料用としての水稲である。ただ、水稲を飼料として利用する方法としては、水稲を黄熟期にかけて収穫し、それをサイレージに調製するホールクロップサイレージが中心である。しかし、サイレージを利用する家畜は主に反芻動物、特に牛であり、豚などの単胃動物には向いていない。もし、子実部位、つまり米が飼料として利用できるのであれば全畜種に対応できる。さらに子実利用であれば、主食用米と同じ機械や作業で行なえるのもメリットであり、稲わらも利用可能である。

飼料用米としての水稲栽培が可能となれば、国内での畜種を超えた穀物飼料自給率の向上へ貢献でき、しかも、農地（休耕田）の有効活用と水田の多面的機能（水源涵養、洪水防止機能など）による農村環境保全にもなる。また、凶作時など万が一の場合には食用米に回すことも可能であり、食の安全保障や、逆に豊作時には飼料にできるため、過剰米対策として相当の効果が期待される。一方、消費者には安全な飼料の確保に対する需要があり、世界的に問題となっている遺伝子組換え作物（ＧＭＯ）による飼料に依存することなく生産された畜肉が求められているはずである。

不耕作地を利用して家畜用の飼料用米を栽培し、それを豚へ給与して高品質な豚肉生産を行なう。豚の飼養で出た糞尿は堆肥や液肥にして再び農地へ還元する資源循環型農業の確立、食料自給率の向上、そして米の給与による良食味の豚肉生産を生産者と消費者が相互に協力して支え合う……平田牧場はそんな構想を描いて動き始めた。

◆産官学一体の飼料用米プロジェクト

資源循環型のシステム確立には、米の生産者、農協、全農、飼料会社、養豚企業および消費者の相互協力が重要である。そこで、二〇〇四（平成一六）年度から産学官一体となって食料自給率向上に関する調査検討のために、「飼料用米プロジェクト」（以下、「プロジェクト」と表記）を設置された。平田牧場も生産者としてワーキンググループに参加。プロジェクトにはさらに、助言や指導として（独）農業・食品産業技術総合研究機構東北農業研究センターや山形県、山形大学農学部からも協力を得ており、肉質の分析などでは山形県農業総合研究センター（畜産試験場、畜産試験場養豚支場）からも協力を得ている。

日本の畜産では、年間二〇〇〇万t近い飼料穀物を輸入している。プロジェクトの計画ではその一〇%にあたる、二〇〇万tの飼料穀物を自給するモデルをつくろうというものである。事業概要は、産地に適した飼料用米品種の選定、家畜への給与における肉質の調査ならびに食味への影響調査、生産費ならびに構造改善の具体策、飼料用米生産による国内自給率向上効果の調査などである。

飼料用米として利用する水稲品種は、飼料用米品種の、庄内Ｓ99、クサユタカ、奥羽飼387号（べこあおば）などである。

◆平田牧場での飼料用米の生産と流通

飼料用米の生産は一九九六（平成八）年度から行なわれているが、二〇〇五（平成一七）年度の飼料用米の収量は栽培面積二三・二haで一四一・三tであり、単位収量は六〇九kg／一〇aであった。目標は一〇a当たり一tを目指している。

飼料用米の価格は、主食用米と比べてはるかに低い。そこで、補助金制度の利用やダイズのブロックローテーション品目の一つとしても定着を図ることにより、生産組織の育成を行なっている。

収穫された飼料用米の流通も、通常の主食用米とはまったく別のルートを辿る。収穫した飼料用米は専用の乾燥調製施設へ搬入され、主食用米とは一切混ざらないようになっている。乾燥調製された飼料用米は年間を通じて全農庄内本部が在庫管理を行ない、毎月必要量を飼料会社へ渡し飼料会社が平田牧場の指定配合飼料へと加工する。飼料用米の配合された飼料は肥育の仕上げ飼料であり、現在の配合割合は一〇％である。

飼料用米を配合した飼料で生産された豚肉は、消費者団体である「生活クラブ生協」が共同購入し、各組合員へ届けられる。

平田牧場での米粉給与システム

◆肉のうま味は脂肪にあり

肉の旨味は脂肪にあるといっても過言ではない。その脂肪の質を左右するのは品種と環境、そして飼料である。平田牧場では用いている豚が独自の品種（三元交配豚ＬＤＢ種）であることと、安全で安心な豚肉生産を行なうために、牧場から配合材料と配合割合を指定し、それに基づいて飼料メーカーにつくってもらった指定配合飼料を給与している。仕上げ飼料には、遺伝子操作を行なっていない（ＮＯＮ－ＧＭＯ）、かつ収穫後農薬などの処理がされていない（ポストハーベストフリー）トウモロコシと大豆かすを使用している。仕上げ飼料は植物質性であり、動物質性の原料は一切用いていない。また、肉質を向上させるためにオオムギを二〇％配合している。飼料用米はこの仕上げ飼料に混合するわけだが、玄米を粉砕し、トウモロコシとの代替として配合されている。表１でわかるとおり、栄養価はトウモロコシと変わらない。

肥育のステージは前期と後期に分かれ、前期（三〇～六〇kgまで）は増体を目的とし、後期（六〇～一一〇kg（出荷）まで）は肉質をよくするための仕上げの期間となっている。給餌は、肥育後期の豚に対して、飼料用米一〇％配合の仕上げ飼料（平牧若豚用飼料）を不断給餌で行なっている（図２）。

表1　玄米とトウモロコシの組成（%）（日本標準飼料成分表，2001年版から）

	水分	粗蛋白質（CP）	粗脂肪	NFE	粗繊維（CF）	ADF	NDF	粗灰分（CA）	TDN	
									原物	乾燥
玄　米	13.8	7.9	2.3	73.7	0.9	—	—	1.4	82.5	95.7
トウモロコシ	13.5	8.0	3.8	71.7	1.7	2.6	9.1	1.3	81.0	93.7

図2　飼料用米を配合した豚用の飼料

飼料用米（玄米）

→ 粉砕

飼料用米（粉砕米）

平牧若豚用飼料（飼料用米10％配合）

◆飼料用米給与によるコスト増

飼料用米は一九八〇年代初め以降、転作作物として位置づけられるようになった。庄内地方で本格的に飼料用米生産が始まったのは前述したように一九九六（平成八）年で、飽海郡平田町（当時）の一農家と平田牧場との取組みからであった。それを皮切りに、しだいに広まっていった。

飼料用米生産費　一九九六年当時、飼料用米生産について、転作奨励金のほかに、平田町、経済連、平田牧場がそれぞれ一〇a当たり一万円を拠出し、一〇a当たり九万九〇〇〇円の補償を行なった。一九九九（平成十一）年には九市町で一〇〇〇tを超える生産が行なわれるが、その後転作作物としてダイズが優遇されたことなどにより、飼料用米の生産は減少してきている（二〇〇五年度の飼料用米の収量は、栽培面積二三・二haで一四一・三t）。

二〇〇三（平成十五）年には飼料用米価格は一八九〇円／六〇kgであり、この年の主食用庄内産米は、天候に恵まれず不足気味であったことから二万円／六〇kgを上回っていた。そのことを考えると、価格的には飼料用米は主食用の一〇分の一程度にしかならないということである。

二〇〇五（平成十七）年の飼料用米価格は二四〇〇円／六〇kgで、それをもとに飼料用米の収支を計算してみると、表2のようになる（遊佐町での試算）。

玄米収量を六五〇kg／一〇aとした場合、収入は、米代金が二万六〇〇〇円、産地づくり交付金などの補助金が三万五〇〇〇円で、計六万一〇〇〇円である。一方、支出の側を見ると合計八万円を超え、飼料用米生産者は収支として一〇a当たり二万二七九円の赤字を試算している。ただ、各項目を見ると不要と考えられるものもあり、検討の余地は残

表2　飼料用米試算（650kg/10a）

（平成17年度遊佐町標準小作料試算より）

	内　訳	金　額（円）	備　考
収　入	米代金	26,000	@40,000/t
	産地づくり交付金	30,000	基本＋担い手加算
	その他助成金	5,000	町
	計	61,000	
支　出	種苗費	1,750	@350/kg×5kg
	肥料費	3,163	
	農薬費	4,181	
	光熱動力費	3,932	
	その他諸費材料費	1,809	
	水利費	4,968	
	建築費	9,292	
	農機具費	39,821	
	施設利用料	11,375	@1,050/60kg
	販売・出荷手数料	3,488	
	計	83,779	

されている。

飼料用米は輸入穀物と代替であるため、利益を求めることはできない。飼料用米は食用米と比べても低価格であるうえに、食用米の流通とは異なる流通体制が必要である。そのため、従来の生産体制では採算がとれず、飼料用米の継続的な生産はむずかしくなる。そこで、遊佐町がいったん農地所有者から農地を借り受け、それをＮＰＯ法人へ貸し付ける事業を実施する。これは政府の構造改革の一つである構造改革特区および地域再生計画に申請し、「食料自給率向上特区」に認定された事業である。ＮＰＯ法人が不耕作地を活用し、低コスト栽培実現のための栽培実験に取り組む。農業生産法人以外の法人の農業への参入により、新たな担い手の確保や不耕作農地の有効活用が期待される。

豚肉生産費　一般的に、豚は生まれてからおよそ半年（一八〇日）で出荷される。平田牧場の場合、通常よりも肥育期間を延長し、二〇日ほど長い約二〇〇日をかけて飼養している。これは、豚の品種が一般とは異なることと、品質を追求するために仕上げ期にオオムギを二〇％加えて、さらに食用米を配合した植物性の飼料としているためで、効率よりもじっくりといい肉質を追求しているからである。

仕上げ飼料を給与する期間は約八〇日（三か月弱）である。平田牧場では、豚一頭当たり、出荷までに仕上げ飼料を一九〇kg食べている。一〇％の飼料用米配合割合であれば、飼料用米を一九kg食べている勘定である。

飼料用米の購入価格は四万円／ｔであり、代替対象のトウモロコシは一万八〇〇〇円／ｔ前後で推移しているため、養豚農家にとっては割高になる。養豚経営において、飼料購入費は経費の約六割を占めるため、飼料

表3　飼料の増高経費の試算（円）

飼料用米価格		買増価格/1頭		枝肉コスト
t当たり	60kg当たり	対トウモロコシ	10%配合時	1kg当たり
30,000	1,800	＋12,000	＋228	＋3
40,000	2,400	＋22,000	＋418	＋6
50,000	3,000	＋32,000	＋608	＋9
60,000	3,600	＋42,000	＋798	＋11
70,000	4,200	＋52,000	＋988	＋14
80,000	4,800	＋62,000	＋1,178	＋17
90,000	5,400	＋72,000	＋1,365	＋20
100,000	6,000	＋82,000	＋1,558	＋22
150,000	9,000	＋132,000	＋2,508	＋36
200,000	12,000	＋182,000	＋3,458	＋49
250,000	15,000	＋232,000	＋4,408	＋63

図3　飼料用米を利用したときの肉質の違い

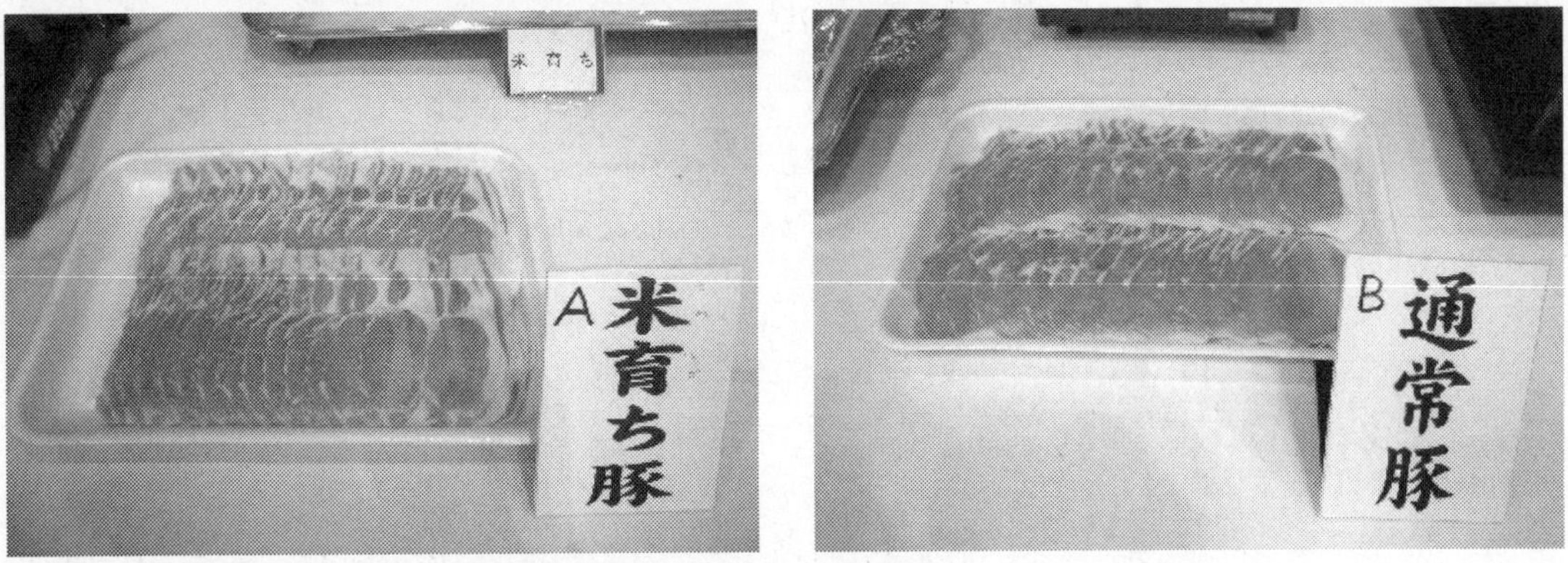

2006年2月15日、生活クラブ飼料用米シンポジウム時の試食用肉
左：飼料用米を給与した豚肉、右：対照区の豚肉

の価格変動は収益を大きく左右する。

　飼料用米生産農家の負担を軽くするには、飼料用米の低コスト栽培の実現および飼料用米を畜産農家が高く買うことである。しかし、飼料費が高くなれば豚一頭当たりのコストも上がり、それは消費者の負担へとつながる。それを試算したのが表3である。飼料用米価格が四万円／tの場合、トウモロコシと比べ二万二〇〇〇円／t高くなり、仕上げ飼料で考えると豚一頭当たりの飼料費は四一八円増加する。その結果、枝肉コストは一kg当たり約六円増加する。平田牧場の場合、この枝肉コストの増加を物流コストを抑えることでカバーしている。それを可能にしているのが、当初から取り組んできた産直方式であった。

発育・肉質と食味の変化

　昔から庄内地方では、鉄砲打ち（猟師）たちが、落穂を食べたカモは非常に美味であると珍重している。米を食べることにより、肉質が向上しているということであろう。

　実際に飼料用米一〇％配合飼料を給与された豚と、飼料用米が配合されていない飼料を給与された豚の肉質を比較調査した。実験は、平田牧場の肥育農場の一つである庄内町の千本杉農場で行ない、飼料用米一〇％配合の仕上げ飼料をＬＤＢ種へ給与した。仕上げ飼料の給与期間は約三か月である。

◆発育・肉質への影響

　飼料用米一〇％配合の飼料については通常の飼料と比較して採食量は変わらないため、嗜好性もそれほど変わらないようである。また、発育については配合段階で飼料計算が行なわれているため、発育性に違いはなかった。嗜好性や発育についての知見でもトウモロコシと変わりなくよいようである。

　二〇〇五（平成一七）年一月下旬から二月中旬にかけて、計一七頭分を肉質分析用サンプルとして採取した（飼料用米一〇％区、以下「一〇％区」）。同農場では農場内のすべての飼料タンクが試験飼料となっているため、平田牧場の別農場より同時期に出荷されたＬＤＢ種九頭を比較対照とした（飼料用米を使用していない区、以下「対照区」）。

　肉質の調査項目は、水分含量、粗脂肪含量、肉色および脂肪色、ドリップロス、加熱損失率、内層脂肪融点、テクスチャー、内層および筋肉内脂肪の脂肪酸組成、食味試験である。図3が豚肉の比較写真である。

　水分含量と粗脂肪含量　肉に含まれる水分や脂肪は、食べたときの肉汁感などに影響するといわれている。豚の水分含量は約七〇～七五％である。粗脂肪含量は約三～四％で肉の質を左右する大きな要因の一つでもあるが、その量は品種や飼養方法により大きく変動する。近年は豚の銘柄化が進み、多種多様な豚肉が生産されているが、最近では筋肉内の脂肪、いわゆるサシを増やした「ＴＯＫＹＯ Ｘ」や「しもふりレッド（伊達の赤豚）」などの高脂肪交雑豚が生産されている。

水分含量と脂肪含量は拮抗的であり、どちらかが増加すればもう一方は減少する関係にある。

一〇％区と対照区を比較した場合、水分は一〇％区が七〇・二三％で対照区が七二・四五％、脂肪含量は一〇％区が四・六六％で対照区が二・八八％であった（表４）。この結果から、一〇％区は、脂肪、いわゆるサシが増えた結果であろうと推察される。

ドリップロスと加熱損失率　肉を静置しておくと、肉から水溶性蛋白質や血液成分、旨味など、さまざまな成分を含んだ水が出てくる。これがドリップである。ドリップの少ない肉ほど保水性が高く、旨味や肉汁を保持できる高品質の肉である。ドリップロスとは、肉を四～五℃で二四～四八時間保存した後のドリップの流出による重量損失分を示したものであり、だいたい二～五％である。

加熱損失率とは、肉を調理した際に失われる肉汁などの重量損失分を示したものである。七〇℃で三〇分加熱した場合の加熱損失率はだいたい二〇～三〇％である。

この二つの指標を調べると、ドリップロスは一〇％区が二・七四％で対照区が四・七四％と、飼料用米を配合した一〇％区のほうが低い（表５）。これは一〇％区のほうが水分含量が少なく、脂肪含量が高かったことが一因と考えられる。

加熱損失率は一〇％区が二四・五六％で対照区が二八・三六％と、一〇％区のほうが低い（表５）。

有意な差ではないが、飼料用米を給与することで保水性が高まり、加熱損失率は反対に低くなる傾向にあるといえる。つまり、肉の旨味を逃がしにくい豚肉に仕上がる傾向があるということである。

肉色と脂肪色　肉の色は消費者の購買意欲に非常に大きく影響する。近年の消費者は淡い肉色のものを好む傾向がある。これは、色の淡いほうが軟らかそうに見えるという理由からである。しかし、色の識別は主観的であり、人それぞれで見え方が異なる。さらに光の加減や温湿度など、さまざまな要因で変わってくる。そのため色の測定には人の主観に左右されないよう機械による測定が行なわれる。

色調を記号や数値によって表現する方法を表色という。表色は色調の伝達や記録に優れた方法で、人の色調感覚とよくマッチするように、昔から色立体が考案されてきた。最近は肉色を数値化して表現するようになっており、現在最も普及している表色法はＬ、ａ、ｂ値によるものである。これはＪＩＳ（日本工業標準調査会、一九八〇）でも採用されている。

通常、肉は暗赤色をしているが、空気（酸

表4　水分含量と粗脂肪含量

	水分含量（%）	粗脂肪含量（%）
10%区	70.23b	4.66a
対照区	72.45a	2.88a

注　a,b：異符号間に有意差あり（P＜0.05）

表5　ドリップロスと加熱損失率

	ドリップロス（%）	加熱損失率（%）
10%区	2.74a	24.56a
対照区	4.74a	28.36a

注　a,b：異符号間に有意差あり（P＜0.05）

素）に触れることにより明るい色へと変色する。これをブルーミングという。肉色を測定する場合はこのブルーミングを行ない、肉色が安定してから測定する。機械を肉へ接触させ、明度（L値）、a値（赤色度）、b値（黄色度）を測定する。各数値は数値が高いほど明るく、色が濃くなることを示す。豚肉の場合、L値が四五～五五、a値が七～一四、b値が〇～五が平均である。経験上、消費者が好みやすいのはL値が五〇±二のもののようである。

脂肪については、純白であることが理想とされる。L値が高く、a値とb値が低いほどよく、L値が八〇以上であればかなり白い。特に脂肪は飼料の影響を最も受けやすい部位であり、品質のよしあしもこの部位に現れやすい。

測定結果は、肉色で一〇％区が対照区より明るく、脂肪色も一〇％区が有意に白いという結果となった（表6）。つまり、消費者に好まれる肉になっているということである。特に脂肪が白くなったことについては、飼料用米がトウモロコシとの代替であるため、トウモロコシによるカロテノイド色素が相対的に少なくなったことが考えられる。

表6　肉色と脂肪色

	肉　色			脂肪色		
	L	a	b	L	a	b
10%区	51.40a	9.53a	9.64a	81.14a	4.33a	7.75a
対照区	50.89a	9.71a	7.74b	79.53b	4.22a	5.13b

注　a,b：異符号間に有意差あり（P＜0.05）

表7　テクスチャー

	硬　さ	凝集性	ガム性
10%区	2.36a	0.45a	71.33a
対照区	2.75a	0.63a	73.45a
リンゴ	2.25	0.00	0.00
ラ・フランス	0.13	0.00	0.00
カ　キ	0.11	0.00	0.00
キュウリ	3.50	0.00	0.00
食パン	1.83	0.32	58.03
パンの耳	3.28	0.58	190.13
魚肉ソーセージ	1.08	0.07	7.36
セミドライサラミ	10.62	0.63	671.57
まんじゅう	1.25	0.21	25.83
柿の種（菓子）	0.42	0.21	8.68

注　a,b：異符号間に有意差あり（P＜0.05）

テクスチャー　テクスチャーとは、硬さや弾力性、もろさ、歯ごたえなどの物理特性の総称である。測定はテクスチュロメーターという機械で行なった。咀嚼運動を模した機械で、皿に乗せた物質をV形の金属でつぶしそのときの硬さや弾力性を数値として表わすものである。

このテクスチュロメーターで測定した場合、各食品のテクスチャーは表7のとおりである。リンゴやキュウリなどは食べるとバリッと割れるためガム性（弾力）はなく、そのため凝集性もない（もろい）。肉やかまぼこ、ウインナーなどはガム性がある。さて、豚肉の比較であるが、テクスチャーに関しては一〇％区と対照区で差はなかった。

脂肪酸組成　脂肪というのは、グリセリンに脂肪酸が三つ結合したトリグリセリドという形で形成されている。その脂肪酸にはさまざまな種類があり、どんな脂肪酸が結合するかで脂肪の質は大きく変わってくる。

脂肪酸には、結合の中に二重結合をもたない飽和脂肪酸と、二重結合を一つ以上もつ不飽和脂肪酸に分けられる。一般に飽和脂肪酸は融点が高く、不飽和脂肪酸は低い。また、不飽和脂肪酸の二重結合部は非常に不安定であり、すぐに酸素と結合してしまうために酸化が起こる。特に二重結合が二つ以上の多価不飽和脂肪酸は非常に酸化しやすく、豚肉の質が落ちやすい。

　現在注目されている脂肪酸は、ステアリン酸やオレイン酸、リノール酸などの種類がある。オレイン酸はオリーブオイルなどに多く含まれ、コレステロールを下げたり、胃腸を守ったり、腸を滑らかにしたり、紫外線から肌を守るなどさまざまな有益な効果がある。熱にも強く、酸化しにくい。また、旨味成分としても知られている。ステアリン酸は飽和脂肪酸なのでコレステロールを上げる働きがあるとされてきたが、近年では逆にオレイン酸のコレステロールを下げる働きを補助する働きがあるといわれている。リノール酸は人体では合成されず、食物から摂取しなければならない必須脂肪酸であるが、多すぎるとアレルギーの原因となるため取りすぎはよくないとされている。また、リノール酸などの多価不飽和脂肪酸が多くなると脂肪の融点が下がり、脂肪がゆるく（軟らかく）なる。

　では、飼料用米を与えた豚肉と与えない豚肉との脂肪酸組成はどう違っているかを見ていこう（表8）。

　一〇％区では対照区に比べ、パルミチン酸やステアリン酸の飽和脂肪酸とリノール酸の多価不飽和脂肪酸が減少し、パルミトレイン酸やオレイン酸の一価不飽和脂肪酸が増加する傾向にあった。飼料成分表によれば、トウモロコシはリノール酸が多く、玄米はオレイン酸が多いことから、これらの影響が脂肪に現れたものと考えられる。

　米給与による脂肪酸への影響については、さまざまな結果が出ているようである。これについては米の給与割合や飼養環境、品種などさまざまな要因が複雑に影響していると考えられ、今後も調査の必要があると思われる。

　脂肪の融点　脂肪の融点とは脂肪が溶け始める温度であり、脂肪の質の目安となる。豚の脂肪は約三〇～四〇℃であるが、低すぎると軟脂と呼ばれ、風味も悪いために品質の悪い豚として敬遠される。また、高すぎても食べたときになめらかさがなく、一般的には口の中で程よく溶ける温度（三五～三七℃）くらいがよいとされている。

表8　脂肪酸組成

〈皮下内層脂肪〉

	14：0	16：0	16：1	18：0	18：1	18：2	18：3	飽　和	不飽和
10%区	1.61a	28.37b	2.92a	14.83a	43.38a	8.52a	0.33b	44.84a	55.16a
対照区	1.62a	29.18a	2.54a	16.08a	42.40a	9.00a	0.12a	46.88a	53.12a

〈筋肉内脂肪（ロース芯）〉

	14：0	16：0	16：1	18：0	18：1	18：2	18：3	飽　和	不飽和
10%区	1.59a	26.68b	4.74a	13.80a	46.16a	6.83a	0.18a	42.09a	57.91a
対照区	1.70a	27.90a	4.37a	13.47a	45.97a	6.50a	0.13a	43.06a	56.94a

〈飼料中の脂肪酸〉

	14：0	16：0	16：1	18：0	18：1	18：2	18：3	飽　和	不飽和
トウモロコシ	—	10.5	—	1.8	29.5	57.6	0.7	12.3	87.7
玄　米	0.4	17.8	0.2	2.5	46.1	32.6	0.6	20.7	79.3

注　a,b：異符号間に有意差あり（$P < 0.05$）
14：0ミリスチン酸，16：0パルミチン酸，16：1パルミトレイン酸，18：0ステアリン酸，18：1オレイン酸，
18：2リノール酸，18：3リノレン酸（脂肪酸の種類を、炭素数と二重結合の組み合せで表した例）

　脂肪融点は脂肪酸組成により大きく変動するが、一〇%区が対照区より低くなったことは、脂肪酸組成の変化と一致する（表9）。融点が下がることにより、なめらかさが若干向上するものと推測される。

表9　脂肪融点

	内層脂肪（℃）
10%区	34.36a
対照区	35.46a

注　a,b：異符号間に有意差あり（P＜0.05）

◆食べてみての食味評価への影響

　飼料用米を給与した豚を、消費者である生活クラブの組合員に実際に食べてもらった。一〇%区と対照区を用意し、約一〇〇名の組合員に対し試食とアンケート調査を行なった。試食はしゃぶしゃぶで行なった。

　アンケート項目については表10のとおりで、結果は、すべての項目において一〇%区のほうがよかった、という回答を得た。

　全体的に見て飼料用米の配合割合を増加させることにより、脂肪が白くサシが入りやすくなり、脂肪酸組成はオレイン酸が多くリノール酸が少なくなる傾向があった。不飽和脂肪酸が増加することにより脂肪の軟化が予想されたが、脂、肉ともにしっかりと枝肉の締まりのある肉であった。豚肉に限らず、牛肉、鶏肉、魚など脂肪がおいしさの決め手といってもよい。その脂肪に好影響を及ぼしている可能性が示されたのである。

　平田牧場では今後も飼料用米プロジェクトを継続し、おいしく、安全で安心な高品質な肉を生産し、食料自給率の向上に貢献していくものである。

　問い合わせ先　山形県酒田市みずほ二丁目一七―八　株式会社平田牧場

URL　http://www・hiraboku・com

農業技術大系畜産編第七巻二〇〇六年追録より抜粋

【平田牧場　二〇一〇年追記】

　飼料用米生産に対する助成額が増加したことにより生産者の生産意欲が増し、飼料用米の生産量は年々増加している。二〇〇四年の飼料用米プロジェクト開始当時、遊佐町のみであった飼料用米の生産は、地元の酒田市、宮城県のＪＡ加美よつば、栃木県の栃木県開拓農協、岩手県のＪＡ新いわて、北海道が加わり、二〇一〇年は栽培面積八八〇ha、収穫量五二〇〇tを見込んでいる。また、飼料用米の給与体系もこれまでの地元利用から、平田牧場における生産体系全体への給与、給与割合の増加を経て、さらには給与期間の増加へと拡大した。飼料用米買い取り価格もこれまでの四六円／kgから三六円／kgとなった。

表10　食味アンケート結果

項　目	アンケート内容	10%区（%）	対照区（%）	決められない（%）
見た目	Q1. 見た目はどちらが好きですか？	45.7	27.7	26.6
	Q2. 脂肪の色はどちらが好きですか？	53.2	18.1	28.7
	Q3. 色つやはどちらがいいですか？	40.2	25.0	34.8
香り（調理）	Q. 香りがよいと感じたのはどちらですか？	47.8	12.0	40.2
食感（調理）	Q1. 軟らかさはどちらがよかったですか？	80.9	13.8	5.3
	Q2. 食感はどちらがよかったですか？	74.5	19.1	6.4
	Q3. ジューシー感（肉汁感）はどちらがよかったですか？	73.7	14.7	11.6
	Q4. どちらが飲み込みやすかったですか？	75.3	12.9	11.8
味・風味（調理）	Q. 味・風味がよかった肉はどちらですか？	64.1	15.2	20.7
総合評価	Q1.（見た目，香り，食感，味・風味を総合して）どちらの肉が好きですか？	73.1	17.2	9.7

液状飼料に、籾ごと米を粉にして混ぜ「米仕上げ」豚完成

イナ作・畜産農家・市の連係プレー

千葉県旭市　編集部

千葉県旭市では稲作農家、畜産農家、飼料メーカー、それに市や県の農林振興センターにより「旭市飼料用米利用者協議会」が組織され、飼料米の販売に関わる事務を市の農水産課が担当している。

米をたくさんとる

「ブライトピックは偉いぞ。米は米、トウモロコシと米をエサとしての価格だけでは比べないと言ってる。この会社が地元にあったから、旭の飼料米はこれだけ増えた」

そう話すのは金谷斌《たけし》さん（六七歳）。飼料米を四ha栽培する。個人でこれだけの面積をつくる農家は、全国でもまだそうはいないはずだ。（有）ブライトピック千葉は養豚会社で、金谷さんは一昨年からここに飼料米を販売している。収穫された飼料米は、協議会によって割り振られた販売先へ各稲作農家が自分で持ち込むしくみになっている。

今年は、四haのうち二・五haが多収品種のモミロマン、一haが千葉28号、残り〇・五haは初めてつくるべこあおばという多収品種だ。何より、米をたくさんとること自体が純粋におもしろくもある。実際、昨年のモミロマンは多いところは乾燥モミで九〇〇kgくらいとれている。今年は一tどりが目標だ。

ブライトピックの場合は、乾燥モミや生モミでも買い取る。生モミは冷蔵施設に入れないと変質しやすいので受け入れ量は少ないが、乾燥モミなら何の問題もない。それどころか、年間を通じて貯蔵しながら豚のエサにするには乾燥モミのほうが好都合という。

液状飼料に、モミごと粉にして混合

ニワトリなら砂嚢があるのでモミ米をそのまま食べても平気だが、豚はそうはいかない。日本の米のような短粒種では、玄米であっても挽き割り程度では糞中に白いままの米が残ることがある。

ブライトピック千葉は、六農場で三五〇〇頭の母豚を飼養、月に六五〇〇～七〇〇〇頭もの肥育豚を出荷する。旭市にある自前の飼料工場は、期限切れのコンビニ弁当やパン、惣菜類、食品工場の残渣・副産物などをリサイクル利用して液状飼料（リキッドフィード）をつくる工場であり、ここでつくる液状飼料のなかに、モミごと粉砕して粉状にした飼料米を混ぜている。

飼料工場の責任者、ブライドピック千葉の石井俊裕さんはこう話す

「当初は、ほかの食品残渣などといっしょにふつうのエサの一部として、何の特徴も出さないようにさっさと使い切ってしまおうと考えていたんですよ。しかし、収穫されたばかりの米が次々に運ばれてくるのを見るうちに考えが変わりました。それでは米にも豚に

㈲ブライトピック千葉の取締役部長・石井俊裕さん

飼料米は30kg袋（古袋を利用）やフレコンで秋にブライトピックに運び込まれる

金谷斌さん。息子さんとともに、作業受託を含めイネ15ha（うち4haが飼料米）、ハウストマト70a、レタス1.5haなどの経営

も申しわけない、もったいないって思ったんです。考えを一八〇度あらためて、米をエサにすることで肉に特徴が出るよう、通年で使っていくことにしました」

ただ、農場全体で通年で使うには、二〇〇t程度の量ではとても足りない。そこで飼料米の利用は一つの農場に集約して、仕上げ時期・四五日間のエサに七～八％混合して給与することにした。だが肉に特徴を出すにはこれでも足りない。そこで、この仕上げ飼料には、リサイクル食品のなかからご飯やもち、米菓子、和菓子などの米由来のものを選んで調合している。合計でエサの一五％以上が米になる配合設計だ。飼料米をエサにした豚肉は、千葉県産の「米仕上げ」をうたったブランドでまもなく売り出す予定になっている。

日本人に合った豚肉ができる

米をエサにした豚肉は、脂の白さが増してきれいな淡いピンク色だ。さっぱりした味でありながら、口の中には甘み、うまみが後味として残る。米をエサにした豚肉の脂はオレイン酸が増えるといったこともいわれるが、石井さんは、そうした能書きよりも、食べておいしいと感じることがいちばんの効果だと評価する。

「豚のエサは一般にはトウモロコシが中心ですが、リサイクル飼料をつくっていると、日本人のふだんの食事には、米や麦に比べてトウモロコシ由来の食品は少ないことがよくわかります。トウモロコシはアメリカに合った穀物で、アメリカでは家畜もトウモロコシを食べ、お酒もバーボンが生まれた。一方、ヨーロッパでは昔から麦がつくられ、これが家畜のエサにもなり、ビールやスコッチが生まれている。だとすれば、日本の風土と日本人に合うのは米由来の食べもの、飲みものであり、米を食べた豚肉も日本人の口に合うのではないかと考えるようになりました」

石井さんはまた、水田でつくられる米は、環境を守る働きをもつ唯一の作物ではないかとも言う。

『現代農業』二〇一〇年七月号　稲作・畜産農家と市の連携でできた　飼料米の地域内流通

飼料米で遊休湿田復活！
牛・豚・鶏の米 すべて地域内自給

青森県東北町　沼山喜久男さん

編集部

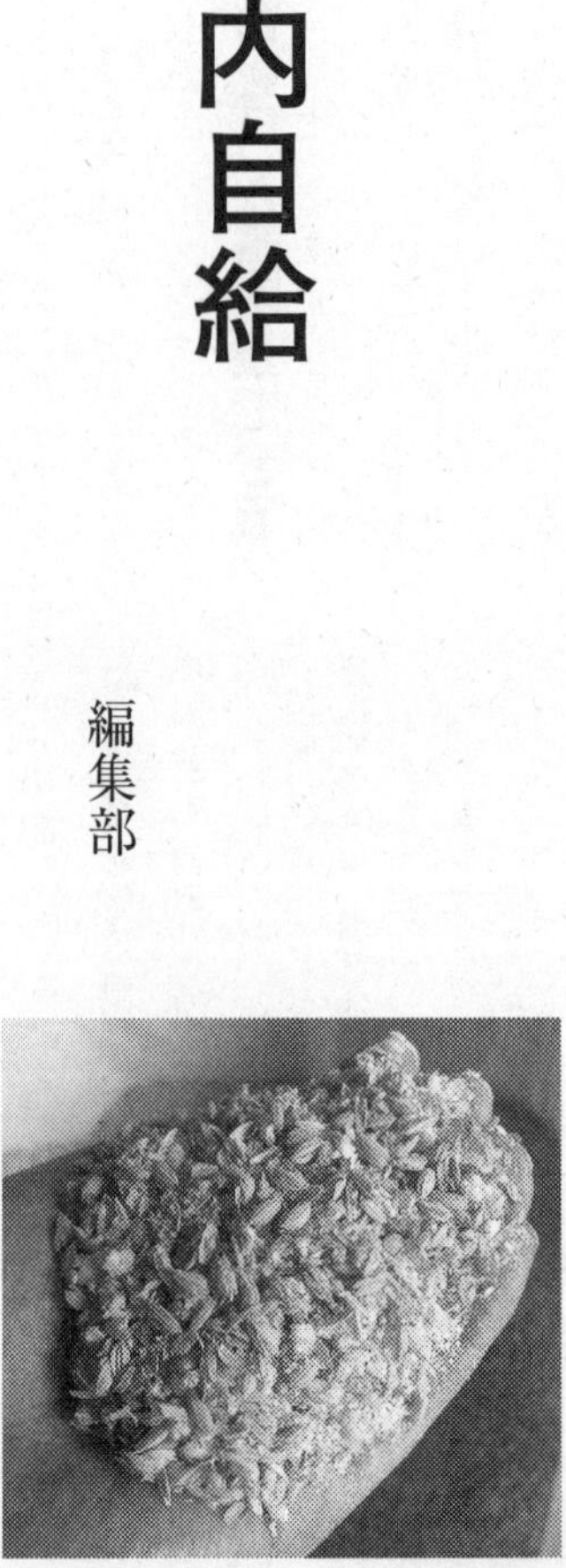

牛用、豚用、鶏用の米を地域内自給

青森県東部にある東北町――。町内四戸の畜産農家で構成する東北町黒毛和牛育成組合が利用する飼料米には三通りある。モミを破砕機にかけて砕いた牛用の米、モミすりした玄米を同じ機械で砕く豚用の米、それに、モミをそのまま食べさせる鶏用の米だ。

「なーに、去年から始めたばかりで、威張って言えるようなことは何もないんだ」と組合代表の沼山喜久男さん（七〇歳）は笑う。名前は黒毛和牛育成組合（以下、和牛組合）だが、組合員が飼う家畜は黒毛和牛ばかりではない。沼山さん自身も、黒毛和牛の母牛二五頭と子牛・肥育牛二〇頭余りのほか豚も飼っている。他の組合員も、酪農と乳雄牛の肥育、短角牛と乳雄の肥育、そして鶏とさまざまだ。

飼料米の栽培面積は、昨年の一六・七haから今年は三六haへと倍以上に増えた。うち三〇haは沼山さんの所有地と借地で、残り六haは二戸の農家の田んぼ。これらは和牛組合に集積されているが、栽培は沼山さんたちが自分で行なうわけではなく、育苗から収穫までの作業を三戸の耕種農家でつくる「有機の杜《もり》飼料生産組合」という組織に委託している。

収穫されたモミは、和牛組合が所有する乾燥機で乾燥し、フレコンなどに詰めてモミの状態で常温保管する。今年の夏は暑かったので、乾燥機に入れたまま保管したモミだけはさすがに何度か循環させて風を通したが、モミの状態なら常温保管でも問題なさそうだという。こうして一か所にまとめて保管する飼料米を、畜産農家がそれぞれ年数回に分けて、自分で持ち帰ってエサとして利用する。鶏ならモミのまま引き取ればいいが、豚用ならモミすりしたうえで、牛用はモミの状態で飼料米破砕機にかけてから持ち帰る。

「間にいろいろ入ると余計な経費がかかる。農家どうし（耕種農家と畜産農家）直接向き合うことで無駄な経費をなくすことを考えた」

そういう沼山さん自身は耕種農家でもあり畜産農家でもあるが、両者の間の飼料米価格は、モミで一kg三二円、玄米では四〇円に設定した。流通や保管の経費が引かれて販売代金がほとんど残らない全農への出荷に比べると、わずかとはいえ米の代金が生産農家のもとに入ることになる。

「町内の湿田すべてを飼料米でよみがえらせたい」と沼山喜久男さん（東北町黒毛和牛育成組合代表）

町内の湿田四〇〇haを飼料米でよみがえらせたい

「東北町というところは湿田が多いんだよ。だから、畑にして飼料作物を作れるような田は限られている。減反率は約六〇%で、町内に三二〇〇ha ある水田のうち二〇〇〇haが減反しているが、一〇〇〇ha以上は何もつくっていない不耕作地だ。その三分の一くらいは、イネならすぐに植えられる」

沼山さんは農家でもあるが、保育園経営者であり、町議でもある。六〇歳のときまでの一〇年間は農協の組合長も務めた。現在、収入の多くは農業以外から得ているが「福祉や政治の仕事をしていても、農家の長男に生まれた自分の体の三分の二は農家魂なんだよ」と、地域の農家、農業のことが気になってしかたがない。国が新規需要米の制度を始めると、東北町では三〇〇〜四〇〇ha規模の飼料米栽培を振興することを議会で提案した。そして自らそのモデルとなってみせることに決めたのだ。

町に飼料米が不可欠と考えた理由には、土地改良（基盤整備）の賦課金の問題もある。

「農家は、好むと好まざるとにかかわらず土地改良をやらされてきて、毎年いくらかの賦課金を支払っている。昨年までなら、田んぼに水を張るだけの調整水田にも一〇a六〇〇〇円の補助金があったが、今年はそれがなくなってしまった」

畜産農家や耕種農家の組織が、高齢で田んぼをつくりきれなくなった農家から借地して飼料米をつくれば、その借地料が土地改良の賦課金に充てられるというのだ。

ナガイモのクズと組み合わせて

飼料米を始めた沼山さんは、空いていた牛舎を利用して豚も飼い始めた。牛だけではエサにしきれない事態に備えて、飼料米を有効活用するためだ。

といっても一年中飼うわけではない。昨年は、米の収穫後、十一月から子豚を導入して、今年四月までに一〇〇頭肥育した。今年はその後、八月からふたたび月に二五頭ずつ子豚を入れて、来年六月までに一五〇頭くらい肥育する予定でいる。

豚のエサは、破砕した玄米三〇%に、地元特産品のナガイモを選別・袋詰めする加工場から出るクズイモ三〇%、濃厚飼料三〇%、クズ大豆一〇%を混ぜる。一日二t出るクズイモは、これまでは一t五〇〇〇円払って堆肥センターに引き取ってもらって

くずいも・くず大豆、破砕米で育つ豚たち

いたくらいなのでタダで手に入る。飼料米は濃厚飼料の三分の二くらいの価格ですむうえ、無料のナガイモなどが加わるので、豚のエサ代はだいぶ安くすむ。肥育期間はふつうより少し延びるが、エサ代が減るので、いまの豚肉の相場でも十分やっていけるという。

高齢者の仕事おこしに

豚の飼育は、地元の高齢者の冬の仕事にしたいというねらいもある。じつは沼山さんは、七〇代の男女約四〇人が出資してつくった（有）高齢者雇用対策という会社の相談役でもある。この会社が、農協からナガイモの包装やダイコンの共選作業を請け負っているのだが、豚を飼うことで冬の仕事ができるからだ。

地域経済の活性化というと、工業誘致がこれまでの常套手段だ。しかし本当は「農村ほど仕事が眠っているところはないのではないか」と沼山さん。農村は、人が生きていくうえで欠かせない食べものを生む場所だからだ。

「高齢者は一日八時間、週五日働く必要はない。自分の都合や体に合わせて、週に数時間だけでもいい。子どもを抱えた世代と違って高い給与もいらないから、工夫しだいで、そこそこの値段でおいしいものがつくれるはずだ。高齢者にとっては、体の動く限り農作業することが、生きがいや健康につながる」

ちなみに、飼料米やナガイモのクズイモで育った豚の試食会を開いたところ、「ふつうの豚肉とひと味違う」「おいしい」と好評だった。

仲間もやる気になってきた

黒毛和牛のほうは、肥育のエサにするにはちょっと不安でまだ使っていない。いまのところは、妊娠した母牛に一日三kgほど給与している。一方、和牛組合の仲間は、「短角牛と乳雄牛の肥育には、飼料米とフスマがあれば濃厚飼料はいらない」というくらい、飼料米に本気になり始めている。全部で五〇〇頭くらい肥育している農家だけに、来年の需要が増えるのは確実だ。

飼料米で東北町の遊休湿田を稲穂いっぱいに

沼山さんは、機械メーカーの実演機を借りてイネのホールクロップサイレージ（WCS）も三haほど試している。収穫機械が高価なのがネックだが、これも自分がやってみせて他の畜産農家もやる気になれば、共同で導入するのは難しくないだろう。

「今年の面積でも、飼料米のおかげで、道路からよく見えていた草だらけの田んぼがだいぶ減ったよ」

町内には一〇〇～二〇〇頭規模の酪農家も何戸かある。飼料米に飼料イネも組み合わせれば、米で転作四〇〇haは夢物語ではない。

『現代農業』二〇一〇年十一月号　飼料米で遊休湿田復活、地域の仕事おこしをねらう

乾燥機の手前に設置された機械が飼料米破砕機（デリカ）。最大処理能力は1時間当たり2t。平成20年度あおもりの水田フル活用推進事業で半額助成を受けて導入（希望小売価格135万5000円）

飼料米の畜産利用　最新情報

鶏ふん十町提供の屎尿液肥で、飼料米を籾で一tどり

福岡県築上町　城井ふる里村

鶏糞散布サービス付きでモミ米を購入

　徳永隆康さんが経営する城井ふる里村は、成鶏二万五〇〇〇羽、育成鶏五〇〇〇羽を飼う養鶏場。今年の飼料米の契約面積は四〇haだ。

　品種はすべてミズホチカラ（北陸193号）。九州農業研究センターで育種された飼料米や米粉用米に向く多収品種だ。ふる里村の契約農家のなかでも、昨年はモミで一〇a当たり九七〇kgとれた田んぼがある。

　飼料米はすべてモミで購入。価格は一t当たり二万五〇〇〇円。また、生産農家の多収と経費削減に協力するため、ふる里村が一〇a二四〇kgの乾燥鶏糞の散布を無料で引き受けている。もっとも、一t近い収量をねらうにはこれだけでは足りないので、生産農家は、築上町が提供する屎尿液肥（＊）や尿素などの安い肥料を組み合わせているそうだ。

　秋、収穫された飼料米は、一五〇tがフレコンですぐにふる里村へ運ばれ、そのまま常温で保管される。残り二〇〇tは農協の古い倉庫を借りて、やはりフレコンで常温保管。この保管料、一か月一t当たり一〇〇〇円はふる里村が負担する。

飼料米の恩恵は消費者にもある

　鶏にはやはりモミ米のまま給与する。従来のエサは、トウモロコシがエサ重量の六五%を占めるが、そのうち二〇%をモミ米に置き換えている。

　徳永さんによると、トウモロコシはふたたび値上がりの気配がある。遺伝子組換え（GMO）トウモロコシは一kg二四円だが、非遺伝子組換え（NON―GMO）トウモロコシは三〇円で、すでに飼料米のほうが安いくらいだ。かつてのように一五円前後まで下がることはもうないだろうという。

　四割も転作している田んぼに飼料米をつくってもらえれば、畜産農家は国際相場で決まるトウモロコシの価格に左右されない経営ができる。それには、飼料米に交付される補助金も一時的なものではなく定着させてほしい。

　飼料米の補助金はけっしてムダではないし、バラマキという批判も当たらない、と徳永さん。アメリカだってトウモロコシに、ヨーロッパは麦に補助金を付けている。飼料米の補助金は、消費者にとっても、得体の知れないファンドマネーなんかに食を左右されなくてすむ利点がある。田んぼにイネが植えられ、水がためられれば、洪水防止機能もあるというではないか。だから徳永さんは飼料米をエサにする。

『現代農業』二〇一〇年十一月号　養鶏農家が鶏糞散布サービス

（＊編集部注）福岡県築上町では、平成六年に有機液肥製造施設が完成し、町内の屎尿と集落排水処理施設などの汚泥を回収し、空気を送り込んで発酵させたものを、肥料として農家に供給している。

　住民の屎尿も含めて地域で資源循環する活動は全国から注目され、平成十五年から、液肥で育てられたお米を学校給食に利用している。

牛を田んぼに放し飼いしてお米を食べさせる!?

茨城県常総市
ドリームファーム＋菅生農園

写真の光景、どう見ますか？　電気牧柵の下から首を突っ込んで、たわわに稔った稲穂と茎を食べている牛たち。じつはこれ、牧草の生育が衰える九月〜十一月の放牧飼料として飼料イネを利用している様子。

電気牧柵を張って、帯状に食べさせる範囲を決め、牛たちの食べ残しがないように、少しずつ電気牧柵をずらしながら順番に食べさせていく飼育方式。

糊熟期から黄熟期から放牧を開始し、完熟する前に食べ終わるようにする。そのため、晩生品種で茎葉比率の高い飼料イネ専用品種「たちすがた」「リーフスター」「タチアオバ」を六月下旬に移植栽培する。

この方式で、牧草→稲立毛→稲発酵粗飼料と連続して飼料を供給できるため、畜産農家にとっても管理の手間が省け、秋に不足する飼料も供給できて大助かり。

シリーズ『地域の再生』「水田活用新時代」より編集部作成

和牛農家とイナ作農家が手を結んで飼料米作り

熊本県　JA菊池

「えこめ牛」は地場米育ち

飼料米で肥育した牛の肉を「えこめ牛」の名前で売り出すJA菊池管内では、今年（二〇一〇年）の飼料米栽培面積は約八〇ha。今のところ食用品種である「あきまさり」の栽培面積が多い（約五〇ha）が、「ミズホチカラ」といった飼料向き多収品種の栽培も試験的に始まっている。

晩生種の「あきまさり」の作付けが多いのは、裏作の麦やイタリアンがあるためで、「ミズホチカラ」などの多収品種は、五月中旬から遅くても六月上旬までには田植えをすませなければならないことが普及のネックとなっている。

管内の飼料米栽培は耕畜連携のなかで行なっており、畜産農家がイナワラとの交換で無料で堆肥散布を引き受けている（一〇a当たり二〜三t）ことが肥料代減らしに役立っている。飼料米栽培の肥料代は一〇a当たり五〇〇〇円以内に抑えることが目標だ。

収穫は機械利用組合などが受託

収穫はできるだけ遅らせ、圃場で水分一八%まで立毛乾燥を進める。刈り取りは、異品種混入防止、横流し防止の観点から、耕作者以外の機械利用組合や集落営農組織が受託する体制になっている。収穫されたモミはJA菊池のカントリーエレベータへ。

JA菊池が生産農家から飼料米を買い入れる価格は、農協からの助成四円を加えて一kg四一・八円。一方、畜産農家への販売価格は四二円で、実際は、この四二円のなかで、刈り取り料や乾燥調製料、その他の流通経費をまかなうしくみになっている（米代金は相殺されて生産農家には支払われない）。

牛のエサにするときは、玄米を破砕機にかけて破砕し、配合飼料の上にかけて給与している。量は一日二kgで、給与量の二〇%が目安。

いまのところ畜産農家には、粉砕した玄米が六〇〇kg単位のフレコンで届けられているが、来年度には飼料工場で配合飼料の中に混ぜて供給する予定だそうだ。

『現代農業』二〇一〇年十一月号　耕畜連携で飼料米づくり

本書は『別冊 現代農業』2011年1月号を単行本化したものです。

著者所属は、原則として執筆いただいた当時のままといたしました。

農家が教える
米粉　とことん活用読本
パン・麺・菓子・惣菜から製粉まで

2011年9月20日　第1刷発行

農文協　編

発行所　社団法人　農山漁村文化協会
郵便番号 107-8668 東京都港区赤坂7丁目6-1
電 話 03(3585)1141(営業)　03(3585)1147(編集)
FAX 03(3585)3668　振替 00120-3-144478
URL http://www.ruralnet.or.jp/

ISBN978-4-540-11175-4　DTP製作／ニシ工芸㈱
〈検印廃止〉　印刷・製本／凸版印刷㈱